ABHANDLUNGEN DER DEUTSCHEN AKADEMIE
DER WISSENSCHAFTEN ZU BERLIN

Klasse für Mathematik, Physik und Technik
Jahrgang 1955, Nr. 1

JAHRESTAGUNG
DER DEUTSCHEN AKADEMIE DER WISSENSCHAFTEN ZU BERLIN VOM 28. MÄRZ BIS 2. APRIL 1955

FACHKONFERENZ METALLURGIE DES EISENS

1956

AKADEMIE-VERLAG · BERLIN

Erschienen im Akademie-Verlag GmbH., Berlin W 8, Mohrenstraße 39
Lizenz-Nr. 202 · 100/415/56
Gesamtherstellung: Druckhaus „Maxim Gorki", Altenburg
Bestell- und Verlagsnummer: 2001/55/I/1
Preis: 21 DM
Printed in Germany

INHALT

ÖFFENTLICHE SITZUNG

FACHKONFERENZ „Metallurgie des Eisens"

ÖFFENTLICHE SITZUNG

Hochansehnliche Festversammlung!

Eingedenk der Tatsache, daß für unsere Forscher und Denker in erster Linie die stille Atmosphäre ihrer wissenschaftlichen Arbeitsstätten, ihrer Laboratorien und Bibliotheken, das adäquate Milieu ihres produktiven Schaffens darstellt, legte sich die Deutsche Akademie der Wissenschaften zu Berlin nach ihrer Reorganisation im Jahre 1946 hinsichtlich der Veranstaltung größerer öffentlicher Feiern eine angemessene Beschränkung auf. Abgesehen von dem alljährlich zu Ehren des Gründers unserer Akademie stattfindenden LEIBNIZ-Tag hat die Deutsche Akademie der Wissenschaften zu Berlin im letzten Dezennium eine einzige größere Feier veranstaltet, die Feier ihres 250jährigen Jubiläums im Jahre 1950. Mit jener Jubiläumsfeier konnte der internationalen wissenschaftlichen Welt dokumentiert werden, daß die Deutsche Akademie der Wissenschaften zu Berlin, erfüllt vom Optimismus ihres genialen Gründers und seitens der Regierung der Deutschen Demokratischen Republik in verständnisvoller Weise unterstützt, bereits erfolgversprechende Maßnahmen eingeleitet hatte, um den Tiefstand der deutschen Forschung nach dem letzten Weltkriege zu überwinden und dieselbe auf das inzwischen erheblich gestiegene internationale Niveau der Wissenschaft zu erheben.

Seitdem sind fünf Jahre vergangen, in denen die Arbeit unserer Akademie der Erreichung dieses Zieles gewidmet war. Zugleich hat aber die Deutsche Akademie der Wissenschaften zu Berlin im Bewußtsein ihrer sozialen Verpflichtung in dieser Epoche nach Wegen gesucht, welche im Sinne ihres Gründers, GOTTFRIED WILHELM LEIBNIZ, und in Koinzidenz mit den Plänen der Regierung der Deutschen Demokratischen Republik eine verstärkte soziale Wirksamkeit der Ergebnisse wissenschaftlicher Arbeit zum Wohle unseres Volkes gewährleisten sollen. Die zunehmende Zahl entsprechender Organisationsversuche bei anderen Nationen läßt keinen Zweifel darüber bestehen, daß derartige Bestrebungen künftig in immer stärkerem Maße integrierende Bestandteile der Entwicklungslinie der gesamten Menschheit bilden werden.

Derartige Überlegungen waren bestimmend für den Beschluß des Präsidiums der Deutschen Akademie der Wissenschaften zu Berlin, über bestimmte wissenschaftliche Resultate und organisatorische Formen der Akademie im Rahmen einer größeren Tagung den interessierten in- und ausländischen Kreisen der Wissenschaft Bericht zu erstatten und führten zur Organisation dieser Jahrestagung.

Es ist mir der ehrenvolle Auftrag zuteil geworden, diese Tagung zu eröffnen. Indem ich die Eröffnung der

Jahrestagung 1955
der Deutschen Akademie der Wissenschaften zu Berlin

hiermit vollziehe, darf ich Sie, hochverehrte Anwesende, im Namen unserer Akademie auf das herzlichste willkommen heißen und Ihnen unseren wärmsten Dank für Ihre Teilnahme zum Ausdruck bringen. In Verbindung mit der Versicherung, daß unsere Akademie Ihrer aller vielfach mit mühevollen Reiseanstrengungen verbundene Teilnahme an dieser

Tagung bestens zu würdigen weiß, beehre ich mich, mit besonderer Herzlichkeit zu begrüßen

von den Teilnehmern aus dem Ausland insbesondere

die Herren IWANOFF und SCHIWATSCHEFF
als Vertreter der Bulgarischen Akademie der Wissenschaften,

die Herren HAVRANEK, THURZO, WICHTERLE und SIEBENSCHEIN
als Vertreter der Tschechoslowakischen Akademie der Wissenschaften,

Herrn LEHR-SPLAVINSKI und Frau, die Herren DOROSCHEWSKI, GAJEK, SASNOWSKI
als Vertreter der Polnischen Akademie der Wissenschaften,

den Minister für Kultur- und Kirchenwesen der Rumänischen Volksrepublik
Herrn CONSTANTINESCU-IASE sowie die Herren PETROVICI und GEORGIU
als Vertreter der Rumänischen Akademie der Wissenschaften,

die Herren WEDÉNSKI und KORSCHAK
als Vertreter der Akademie der Wissenschaften der UdSSR,

die Herren JÁNOSSY, MORÁVCSIK und NEMETH
als Vertreter der Ungarischen Akademie der Wissenschaften,

Herrn DOMI
als Vertreter des Wissenschaftlichen Instituts der Volksrepublik Albanien.

Aus Ländern, die durch keine Delegationen vertreten sind, begrüße ich herzlich

Herrn KAUKONEN
aus Finnland,

die Herren COHEN und FOURQUET
aus Frankreich,

die Herren CHILDE und WOOSTER
aus England,

Herrn VAN GIFFEN
aus den Niederlanden,

die Herren BRANDWEINER und BURGSTALLER
aus Österreich,

Herrn VON WARTBURG
aus der Schweiz,

Herrn ARBMAN und Frau MAGNUSSON-STRÖMBERG
aus Schweden.

Mit dem Ausdruck gleicher Herzlichkeit begrüße ich die Teilnehmer aus der Bundesrepublik, insbesondere

Herrn DÖLGER
als Vertreter der Bayerischen Akademie der Wissenschaften und der Universität München,

Herrn KIENLE,
Präsident der Heidelberger Akademie der Wissenschaften,

Herrn BÖHRINGER,
Präsident des Deutschen Archäologischen Instituts.

Mit dem Gefühl tiefer Dankbarkeit für die unserer Akademie stets gewährte Hilfe begrüße ich von den Teilnehmern aus der Deutschen Demokratischen Republik herzlich die Herren Vertreter des Staates und der Regierung, insbesonders

den Ministerpräsidenten und Vorsitzenden des Ministerrats
Herrn OTTO GROTEWOHL,

den Präsidenten der Volkskammer
Herrn Dr. JOHANNES DIECKMANN.

Des weiteren habe ich die Ehre, als Vertreter wissenschaftlicher Einrichtungen der Deutschen Demokratischen Republik in meine Begrüßung einbeziehen zu können

Herrn STUBBE,
Präsident der Deutschen Akademie der Landwirtschaftswissenschaften zu Berlin,

Herrn FRINGS,
Präsident der Sächsischen Akademie der Wissenschaften in Leipzig,

Herrn MOTHES,
Präsident der Deutschen Akademie der Naturforscher in Halle,

Herrn STEINHAUS,
Präsident des Deutschen Amtes für Maß und Gewicht in Berlin,

sowie hohe Vertreter zahlreicher Hochschulen, Fachhochschulen und anderer wissenschaftlicher Einrichtungen der Deutschen Demokratischen Republik, deren namentliche Anführung ich mir leider aus zeitlichen Gründen versagen muß.

Wenngleich der Zweck der Jahrestagungen von Akademien ein rein wissenschaftlicher ist, so möchte ich doch unter kulturphilosophischem Aspekt noch eine andere, ethische Wirkung derartiger Tagungen internationalen Charakters erhoffen. Die heutige Menschheit leidet schwer unter der ständigen Furcht des Mißbrauchs wissenschaftlicher Resultate. Ich möchte hier den Wunsch aussprechen, daß derartige Tagungen internationalen Charakters dazu beitragen mögen, die Menschheit von dieser Furcht zu befreien durch den Nachweis, daß das Gefühl sozialer Verantwortung bei den Wissenschaftlern in raschem Ansteigen begriffen ist. Geben wir der Welt zu verstehen, daß wir die ethische Höhe eines LEONARDO DA VINCI fordern, der die Pläne des von ihm erfundenen Unterwasserbootes zerriß, als er hörte, daß es zur Vernichtung der türkischen Hafenflotte von Lepanto eingesetzt werden sollte und nicht zum Wohle der Menschen, weil er sich mitverantwortlich fühlte für die Folgen des Mißbrauchs seiner Erfindung durch die menschliche Gesellschaft. Möge sich auch unsere Tagung im Sinne dieses leuchtenden Kultursymbols aus der Zeit der italienischen Hochrenaissance auswirken.

Zum Gelingen dieser Tagung haben uns herzliche Glückwünsche übermittelt:

die Accademia dei Lincei in Rom,

die Union Académique Internationale in Brüssel,

die Akademie der Wissenschaften der Volksrepublik China,

die Akademie der Volksrepublik Korea,

die Akademie der Lettischen Sozialistischen Sowjet-Republik,

die Chinese Medical Association in Peking.

Abschließend möchte ich hier dem Wunsche des Präsidiums der Deutschen Akademie der Wissenschaften zu Berlin Ausdruck geben, daß Sie, hochverehrte Anwesende, mit Ihrer späteren Erinnerung an diese Festtagung stets die Überzeugung verbinden mögen:

Die Deutsche Akademie der Wissenschaften zu Berlin ist mit ihrer Arbeit aufrichtig bestrebt, über das Wohl und die Ehre unseres gesamten deutschen Vaterlandes hinaus zum allgemeinen Kulturaufstieg der Menschheit und zum Aufbau einer friedlichen Welt nach besten Kräften beizutragen.

Meine Damen und Herren,

verehrte Gäste, liebe Kollegen!

Die Jahrestagung ist ein großes und neues Ereignis im Leben unserer Akademie.

Bisher vereinigte sich alljährlich die Akademie mit ihren Freunden zu einer festlichen Kundgebung zu Ehren ihres Gründers und ersten Präsidenten, G. W. Leibniz, an ihrem traditionellen Leibniztage. Er, dessen Interessen auf die allgemeine Veredelung und Verbesserung des Lebens aller Menschen und ihrer Beziehungen untereinander gerichtet waren, war es, der unserer Akademie ihre Aufgaben vorzeichnete. So wahrte die Akademie alljährlich ihre alten akademischen Traditionen und wird dies auch in Zukunft in jedem Jahre tun. Wenn sie heute erstmalig mit der Jahrestagung etwas Neues an die Seite des ehrwürdigen Alten setzt, so will sie den Forderungen unserer heutigen gesellschaftlichen Ordnung gerecht werden und mithelfen, die für das Leben unserer Menschen so wichtige Verbindung zwischen Theorie und Praxis enger und besser zu gestalten. Unsere Jahrestagung, meine Damen und Herren, soll damit nicht nur ein Tag der Besinnung und Rückschau, sondern zugleich ein Ausblick auf neue Aufgaben der Wissenschaft sein, die aus den Bedürfnissen unserer Gesellschaft erwachsen. Die Jahrestagung verstärkt zugleich die wissenschaftlichen und freundschaftlichen Beziehungen zu den Akademien Westdeutschlands und den Akademien der mit der Deutschen Demokratischen Republik befreundeten Länder und gewinnt im Hinblick auf die Vielzahl der anwesenden westdeutschen und ausländischen Gäste eine hohe Bedeutung im helfenden Kampf der Wissenschaft um die Erhaltung des Friedens und die Schaffung der Einheit unseres Vaterlandes.

Da die Herren Sekretare gesondert über die Arbeit ihrer Klassen, Sektionen und der zugeordneten Institute berichten, kann ich mich in meinen Ausführungen auf die allgemeine Entwicklung der Akademie im Jahre 1954 beschränken.

Mein Bericht soll auch in diesem Jahre Rechenschaft vor der Öffentlichkeit über die von der Akademie geleistete Arbeit ablegen. Eine solche Rechenschaftslegung ist ein wichtiger Faktor im gesamten staatlichen Leben unseres Landes und der Ausdruck einer wahren Demokratie. Auch Wissenschaft und Forschung treten vor das Forum der Öffentlichkeit, um über ihre Ergebnisse zu berichten, die sie dank der großzügigen Förderung unserer Regierung erreichen konnten. In Anerkennung der Bedeutung, die unsere Regierung der Wissenschaft beimißt, wurden auch im vergangenen Jahre alle Zweige der Wissenschaft in wirkungsvollster Weise gefördert. Einige Institute konnten neu gegründet werden, wie das Institut für Wirtschaftswissenschaften und das Institut für Vergleichende Pathologie. In den Bereich der Akademie übernommen wurden z. B. das Institut für Katalyseforschung, Rostock, und das Institut für Magnetische Werkstoffe, Jena. Eine Zusammenfassung aller Unternehmen auf dem Gebiete der klassischen Philologie in einem Institut für griechisch-römische Altertumskunde ist in Vorbereitung. Zahlreiche Aufgaben auf vielen Wissensgebieten wurden erweitert und wichtige Forschungen abgeschlossen.

Im staatlichen Leben unserer Republik war das hinter uns liegende Jahr 1954 dazu ausersehen, gemeinsam mit allen Kräften die Lebensverhältnisse unserer werktätigen Menschen entscheidend zu verbessern, und konnte auch auf allen Gebieten des Lebens in dieser Richtung sichtbare Erfolge aufweisen. Unsere Wissenschaft und Forschung trugen ebenfalls in diesem Jahre charakteristische Akzente eines ständigen Vorwärtsschreitens. Wenn über dem LEIBNIZ-Tag 1954 als Losung das LEIBNIZ-Wort stand „Unsere Wohlfahrt liegt in unseren Händen", so beweist das, daß unsere Akademie im Sinne der Konzeption dieser Gedanken gewillt war, zu einer wahren Akademie des Volkes zu werden, und den Sinn ihrer Zukunft in der bewußten Verwirklichung der darin ausgesprochenen Verpflichtung erkannt hat.

Am bedeutungsvollsten für die weitere Entwicklung der Akademie und ihre gesamte Arbeit waren zweifellos im letzten Jahre die Beratungen über das neue Statut. Es galt, die ruhmreiche 250jährige Tradition unserer Akademie zu wahren und mit den neuen großen Aufgaben zu verbinden, die sich aus der gesellschaftlichen Entwicklung nach 1945 ergeben. 1946 erhielt erst die Akademie in unserem Arbeiter- und Bauernstaat die Voraussetzungen für eine Entwicklung, wie sie ihr in den Jahren ihrer langen Vergangenheit bisher nicht geschenkt war, und wurde so in den letzten Jahren zur Trägerin der größten und bedeutendsten Forschungseinrichtungen und damit zum Zentrum des wissenschaftlichen Lebens in der DDR. Da das alte Statut dieser Entwicklung nicht mehr gerecht wurde, hatte bereits Ende 1953 eine vom Plenum eingesetzte Kommission begonnen, in einer Reihe von Sitzungen ein neues Statut auszuarbeiten. Das Plenum beschäftigte sich dann mit der neuen Fassung des Statuts in der April-Sitzung und nahm es in der Sitzung vom 13. Mai 1954 nach Überarbeitung in zweiter Lesung einstimmig an. Nach der Bestätigung durch den Ministerrat der Regierung bildet dieses neue Statut für die Akademie eine feste Grundlage ihrer Arbeit und bestimmt für die Zukunft ihr Wesen, ihre Aufgaben und Zielsetzung.

Die Deutsche Akademie der Wissenschaften zu Berlin ist heute eine Gemeinschaft hervorragender Gelehrter und zugleich Träger bedeutender Forschungsunternehmen, wie im Statut ausdrücklich betont wird. Sie genießt als höchste wissenschaftliche Institution die besondere Fürsorge des Volkes und Staates und hat die Aufgabe, durch ihre Arbeiten, Denkschriften und Gutachten zur Schaffung und Mehrung der geistigen und materiellen Güter unserer Nation beizutragen. Sie fördert die Verbreitung von Forschungsergebnissen und pflegt die wissenschaftlichen Beziehungen zwischen den Völkern. Zur Durchführung ihrer Aufgaben plant, unternimmt und leitet die Akademie wissenschaftliche Arbeiten. Sie gründet und unterhält Institute, Kommissionen und andere Arbeitsstellen, die der geistigen und materiellen Entwicklung Deutschlands dienen und von denen ihr zur Zeit als selbständige Institutionen auf naturwissenschaftlichem und gesellschaftswissenschaftlichem Gebiet 51 zur Verfügung stehen, an denen über 3500 Wissenschaftler und Mitarbeiter beschäftigt sind.

Ausgehend von dem Gedanken der Präambel des Statuts, daß es Aufgabe der Akademie sei, eingedenk des Vermächtnisses ihres Gründers, G. W. LEIBNIZ, theoriam cum praxi zu vereinigen und daher eine möglichst enge Verbindung zwischen der Theorie und der Anwendung zu schaffen, wurde auch eine veränderte Klasseneinteilung im Bereich der Naturwissenschaften durchgeführt. Die Mitglieder der beiden alten Klassen, der Klasse für Mathematik und allgemeine Naturwissenschaften und der Klasse für technische Wissenschaften, verteilen sich jetzt auf eine Klasse für Mathematik, Physik und Technik und eine Klasse für Chemie, Geologie und Biologie.

Die alte Einteilung faßte in zwei Klassen die grundlegenden und die angewandten Wissenschaften getrennt zusammen, während in der jetzigen Einteilung die grundlegenden und angewandten Wissenschaften zusammengefaßt werden und nur nach Fachgebieten getrennt sind. Dadurch verspricht sich die Akademie eine breitere Anwendung und einen stärkeren Einfluß auf die Entwicklung der Wissenschaften, während andererseits die

Praxis mit ihren Erfahrungen in ständiger Wechselwirkung die grundlegenden Wissenschaften befruchten wird.

Die Akademie gliedert sich nunmehr in folgende Klassen, die gleichen Rang haben:

Klasse für Mathematik, Physik und Technik

Klasse für Chemie, Geologie und Biologie

Klasse für Medizin

Klasse für Sprachen, Literatur und Kunst

Klasse für Philosophie, Geschichte, Staats-, Rechts- und Wirtschaftswissenschaften

Außerdem bestehen für viele wichtige Fachgebiete bisher insgesamt 19 Sektionen, die sich aus ordentlichen und korrespondierenden Mitgliedern sowie weiteren namhaften Vertretern des Fachgebietes zusammensetzen und in denen heute über 400 Gelehrte mitwirken. Diese Sektionen befassen sich im besonderen mit der Entgegennahme von Übersichten über den Stand der wissenschaftlichen Arbeiten des Fachgebietes als Voraussetzung für die Planung der Grundlagenforschung im Bereich der Deutschen Demokratischen Republik und der Zusammenarbeit mit den Vertretern der Praxis. Weiterhin sieht das Statut die Angliederung wissenschaftlicher Gesellschaften vor, die völlig selbständig sind und von der Akademie betreut werden. Sie erhalten bei der Durchführung ihrer Tagungen durch den Organisationsapparat der Akademie wesentliche Unterstützung und führen ihre Kongresse unter der Ägide der Akademie durch. Es konnten im vorigen Jahre die Chemische, die Geologische und die Physikalische Gesellschaft in der Deutschen Demokratischen Republik der Akademie angegliedert werden.

In Auswirkung des Statuts wurde es notwendig, die Verantwortlichkeit der leitenden Organe der Akademie klarer herauszustellen. Das höchste Organ der Akademie, das Plenum, tritt monatlich einmal zusammen, um wissenschaftliche Vorträge und Mitteilungen allgemeinen Charakters entgegenzunehmen, über wissenschaftliche Fragen zu beraten und in allen grundsätzlichen Angelegenheiten, insbesondere bei wissenschaftlichen Unternehmungen, seine Entscheidung zu treffen. Das Präsidium soll stärker als bisher die Arbeit der Akademie so organisieren, daß die Akademie die großen langfristigen Perspektiven für die einzelnen Zweige der Wissenschaft festlegen und so zum Zentrum der Koordinierung der wissenschaftlichen Tätigkeit in unserer Republik werden kann. In Koordinationssitzungen der Klassen, Sektionen und Institute der Akademie sollen unter Teilnahme von Vertretern der Universitäten, Hochschulen und der wissenschaftlichen Einrichtungen, der Ministerien neue Formen und Methoden der wissenschaftlichen Planung und Zusammenarbeit gefunden werden. Das Präsidium soll sich nicht mehr mit untergeordneten Problemen befassen, sondern alle Angelegenheiten, die nicht von grundsätzlicher Bedeutung sind und nicht die Akademie als Ganzes und ihr nationales und internationales Ansehen betreffen, dem Entscheidungsbereich der Klassen und der Verwaltung zuweisen. In erster Linie muß daher die Verantwortlichkeit der Sekretare, des wissenschaftlichen Direktors, der wissenschaftlichen Referenten und des Verwaltungsdirektors erhöht werden. Auch wird es erforderlich sein, eine Geschäftsordnung und Geschäftsverteilung für die Akademie auszuarbeiten. Die Klassen und Sektionen sollen so zum Mittelpunkt des wissenschaftlichen Lebens auf ihren Gebieten werden und die Arbeiten in den ihnen zugeordneten Instituten und Kommissionen anleiten und kontrollieren. Um die Schwerpunkte der weiteren Entwicklung, vor allem in den naturwissenschaftlichen Disziplinen, besser zu erkennen, sollen die Klassen, Sektionen und Institute auch ihre Beziehungen zu den Arbeitskreisen für Forschung und Entwicklung bei den Ministerien verbessern und die Verbindung zwischen Theorie und Praxis verstärken. Die leitenden Mitarbeiter der wichtigsten Institute der Ministerien sollten zu Mitgliedern der Sektionen berufen werden und in diesen Gelegenheit haben, ihre speziellen Probleme vorzutragen. Zur weiteren aktiven Gestaltung des wissenschaftlichen Lebens sollten die Klassen, Sektionen und Institute die mit Vertretern der Industrie teils engeren, teils nur lose bestehenden Verbindungen vertiefen und durch regelmäßige gemeinsame Beratungen den wissenschaftlichen Ergebnissen den Weg in die Praxis und zur Produktion ebnen.

Für die Arbeit des Präsidiums war die personelle Verstärkung durch die Neuwahl des Vizepräsidenten für den gesellschaftswissenschaftlichen Bereich, Hrn. STEINITZ, von Bedeutung, die nach dem Hinscheiden des hervorragenden deutschen Gelehrten und Patrioten JOHANNES STROUX erfolgte. Da die Amtsperiode der Sekretare der Klassen ablief, erfolgten zugleich auch die Neuwahlen der Sekretare, und in den Sitzungen des Plenums im September und Oktober wurden Hr. ROMPE zum Sekretar der Klasse für Mathematik, Physik und Technik, Hr. NOACK zum Sekretar der Klasse für Chemie, Geologie und Biologie, Hr. LOHMANN zum Sekretar der Klasse für Medizin, Hr. FRINGS zum Sekretar der Klasse für Sprachen, Literatur und Kunst und Hr. UNVERZAGT zum Sekretar der Klasse für Philosophie, Geschichte, Staats-, Rechts- und Wirtschaftswissenschaften gewählt und im November vom Ministerpräsidenten bestätigt.

Von der Gesamtzahl der 104 ordentlichen Mitglieder der Akademie Ende 1954 nahmen in der Hauptsache nur die in der Deutschen Demokratischen Republik und Berlin wohnenden aktiv an den Arbeiten der Akademie teil. Dieser Kreis von etwa 60 Gelehrten wurde nach der im November 1954 erfolgten Sonderwahl des aus der Sowjetunion zurückgekehrten Nobel- und Stalinpreisträgers GUSTAV HERTZ, Professor für Physik an der Karl-Marx-Universität Leipzig, nunmehr durch Zuwahlen in der Sitzung vom 24. Februar 1955 um weitere 31 Mitglieder erhöht, die ich auf unserer Jahrestagung hiermit zugleich auf das herzlichste begrüße.

Die Zuwahlen in der Klasse für Mathematik, Physik und Technik wurden vor allem unter dem Gesichtspunkt durchgeführt, für volkswirtschaftlich bedeutende Gebiete namhafte Vertreter zu gewinnen, das so wichtige Fach Mathematik zu verstärken und bisher nicht vertretene Fächer neu zu besetzen, wie z. B. die Energiewirtschaft und die technische Mechanik. Deshalb wurden in dieser Klasse folgende Wissenschaftler zugewählt:

GEORG BILKENROTH
Leiter des Projektierungs- und Konstruktionsbüros sowie Leiter der Forschungsabteilung der HV Kohle im Ministerium für Schwerindustrie

OTTO EMICKE
Professor an der Bergakademie Freiberg

PAUL GÖRLICH
Professor und wissenschaftlicher Hauptleiter des VEB Carl Zeiss, Jena

ERNST HÖLDER
Professor für Mathematik (Analysis) an der Karl-Marx-Universität Leipzig

ERICH KÄHLER
Professor für Mathematik (Arithmetik und Algebra) an der Karl-Marx-Universität Leipzig

HEINZ NEUBER
Professor für Mechanik an der Technischen Hochschule Dresden

FRITZ OBENAUS
Professor für Hochspannungstechnik an der Technischen Hochschule Dresden

WALTER PAUER
Professor für Energiewirtschaft an der Technischen Hochschule Dresden

Die Klasse für Chemie, Geologie und Biologie legte besonderen Wert auf eine Verstärkung der physikalischen Chemie und der Mineralogie. Neu führte die Klasse mit mehreren Vertretern das Fach Zoologie ein, das nunmehr für systematische Zoologie, für allgemeine physiologische Zoologie, Ornithologie und Geschichte der Zoologie besetzt ist. Auch das Fach Mikrobiologie ist nunmehr in dieser Klasse vertreten. Aus diesem Grunde wählte die Klasse folgende Wissenschaftler:

HANS FALKENHAGEN
Professor für theoretische Physik an der Universität Rostock

MANFRED GERSCH
Professor für Zoologie an der Universität Jena

ALFRED KÄSTNER
Professor für Zoologie an der Humboldt-Universität zu Berlin

HANS KNÖLL
Professor, Direktor des Instituts für Mikrobiologie und experimentelle Therapie in Jena

ARNO SCHÜLLER
Professor für Mineralogie an der Humboldt-Universität zu Berlin

ERWIN STRESEMANN
Professor für Zoologie an der Humboldt-Universität zu Berlin

In der Klasse für Medizin galt es, das wichtige Fach der Chirurgie wieder lebensfähig zu machen und bisher überhaupt nicht vertretene Gebiete wie die Kinderheilkunde, die Virusforschung und die Pharmakologie zu besetzen. In dieser Klasse wurden daher folgende Wissenschaftler gewählt:

HEINRICH BREDT
Professor für allgemeine Pathologie und pathologische Anatomie an der Karl-Marx-Universität Leipzig

MAX BÜRGER
Professor für innere Medizin an der Karl-Marx-Universität Leipzig

WILLY FELIX
Professor für Chirurgie an der Humboldt-Universität zu Berlin

ALBRECHT PEIPER
Professor für Kinderheilkunde an der Karl-Marx-Universität Leipzig

HEINZ RÖHRER
Professor, Präsident der Forschungsanstalt „Friedrich Löffler" auf der Insel Riems bei Greifswald

PAUL WELS
Professor für Pharmakologie an der Universität Greifswald

Für die Klasse für Sprachen, Literatur und Kunst war es wichtig, nach dem Tode von JOHANNES STROUX das Gebiet der griechisch-römischen Altertumswissenschaft zu verstärken. Auch die vor Jahren in der Akademie vertreten gewesenen Gebiete Indologie und Japanologie werden neu besetzt. Deshalb wurden in dieser Klasse folgende Wissenschaftler gewählt:

CARL BLÜMEL
Direktor der Antiken-Abteilung der Staatlichen Museen Berlin

WERNER HARTKE
Professor für klassische Philologie an der Humboldt-Universität zu Berlin

MARTIN RAMMING
Professor für Japanologie an der Humboldt-Universität zu Berlin

WALTER RUBEN
Professor für Indologie an der Humboldt-Universität zu Berlin

Die Klasse für Philosophie, Geschichte, Staats-, Rechts- und Wirtschaftswissenschaften schuf durch Zuwahl die Voraussetzungen für eine fruchtbare Arbeit auf dem Gebiete der Philosophie, die nach 1945 nicht mehr im engeren Arbeitskreis vertreten war. Wegen der großen Bedeutung der Wirtschaftsgeschichte wählte man zwei Gelehrte dieses Faches. Auf dem Gebiet der Geschichte wurden angesichts der allgemeinen Intensivierung der Forschungsarbeiten und der bevorstehenden Gründung eines Instituts für Geschichte an der Akademie drei Gelehrte gewählt, die insbesondere die mittelalterliche Geschichte, die Geschichte der Arbeiterbewegung und die Geistesgeschichte der Neuzeit vertreten. In dieser Klasse wurden folgende Wissenschaftler gewählt:

Ernst Bloch
Professor für Philosophie an der Karl-Marx-Universität Leipzig

Hans Haussherr
Professor für Wirtschafts- und Sozialgeschichte an der Universität Halle

Jürgen Kuczynski
Professor für Wirtschaftsgeschichte an der Humboldt-Universität zu Berlin

Martin Lintzel
Professor für mittelalterliche Geschichte an der Universität Halle

Leo Stern
Professor für neuere Geschichte und Geschichte der Arbeiterbewegung an der Universität Halle

Eduard Winter
Professor für Geschichte der Völker der Sowjetunion an der Humboldt-Universität zu Berlin

Zur Erweiterung der wissenschaftlichen Beziehungen der Akademie wurden vom Plenum am 13. Januar und 10. Februar 1955 weiterhin 51 namhafte Gelehrte des In- und Auslandes als korrespondierende Mitglieder zugewählt, und zwar aus der Deutschen Demokratischen Republik 17, aus Westdeutschland 13, aus der Sowjetunion 5, aus Polen 2, aus der Tschechoslowakischen Republik 3, aus Ungarn 4, aus Finnland 1, aus Frankreich 3, aus Österreich 2 und aus der Schweiz 1, die diese ehrenvolle Wahl annahmen und von denen ein Teil auch unmittelbar an den Arbeiten der Akademie mitwirken wird.

In der Überzeugung von der Unteilbarkeit deutscher Wissenschaft hat die Akademie ihre Beziehungen zur Bayerischen Akademie der Wissenschaften und zu den Akademien der Wissenschaften in Göttingen und Heidelberg und zu anderen hervorragenden wissenschaftlichen Einrichtungen der Bundesrepublik sowie zu vielen westdeutschen Gelehrten gepflegt und sich bemüht, in allen Zweigen der Wissenschaft und Forschung den engen wissenschaftlichen Kontakt mit dem Westen unseres Vaterlandes zu fördern.

Trotz der durch die Ratifizierung der Pariser Verträge entstandene neue Situation mit allen ihren sich noch entwickelnden Schwierigkeiten wird die Akademie unbeirrt wie bisher alles dazu tun, um diesen Kontakt nicht nur aufrechtzuerhalten, sondern noch zu verstärken. Wir sind davon überzeugt, daß unsere Jahrestagung und die Anwesenheit so vieler hervorragender westdeutscher Kollegen hierzu wesentlich beitragen wird.

Durch die wissenschaftlichen Veröffentlichungen und gesamtdeutschen Organe unterstützt sie das gegenseitige Verständnis zwischen allen deutschen Gelehrten und beweist so in ihrer Zusammenarbeit, daß es in der deutschen Wissenschaft keine Teilung in ost- und westdeutsche Wissenschaft gibt. In ihren großen traditionellen Unternehmungen und in den Kommissionen der Akademie sind viele westdeutsche Wissenschaftler tätig und nehmen am wissenschaftlichen Leben der Akademie regen Anteil. Die bestehenden gemeinsamen Unternehmen werden in Anerkennung ihrer hohen Bedeutung für die gesamtdeutsche Zusammenarbeit weitergeführt, und die Aufnahme neuer gemeinsamer Arbeiten mit westdeutschen Akademien ist vorgesehen. Der gegenseitige Erfahrungs- und Gedankenaustausch reißt nicht ab; westdeutsche Wissenschaftler sprechen bei uns über ihre Arbeiten, unsere Mitarbeiter halten Vorträge über ihre Forschungsergebnisse an westdeutschen Instituten. Durch diese wissenschaftliche Zusammenarbeit mit dem Westen unseres Vaterlandes hat sich unsere Akademie laufend bemüht, mitzuhelfen, die künstlichen Grenzen zwischen dem Osten und dem Westen durch die Einheit einer deutschen Wissenschaft zu überbrücken und immer neue Möglichkeiten des Zusammenfindens zu verwirklichen.

Auf Grund der Erfahrungen des letzten Jahres glaube ich erwarten zu können, daß sich aus den vorhandenen wissenschaftlichen und persönlichen Beziehungen doch wieder stärker offizielle Beziehungen unserer Akademie mit den westdeutschen Akademien entwickeln werden. Auf Grund ihrer nationalen und internationalen Anerkennung muß es der Akademie bei der Entfaltung des wissenschaftlichen Gedanken- und Erfahrungsaustausches immer mehr gelingen, die Wissenschaftler im Westen unseres Vaterlandes davon zu überzeugen, daß eine ständige Festigung der wissenschaftlichen Beziehungen die Grundlage für ein geeintes Deutschland und für die Erhaltung des Friedens bedeutet. Daher muß die Akademie in Zusammenarbeit mit unseren wissenschaftlichen Gesellschaften viel mehr als bisher die Initiative bei der Durchführung gesamtdeutscher wissenschaftlicher Tagungen ergreifen, um damit den Wissenschaftlern aus dem Westen Deutschlands Gelegenheit zu geben, die Entwicklung der Wissenschaft und Forschung, unsere großen Arbeitsmöglichkeiten und die Unterstützung der Wissenschaft durch unsere Regierung kennenzulernen. Wir brauchen auch hierbei nur auf dem Vorhandenen aufzubauen, denn Akademietagungen wie die Riemann-Tagung unseres Forschungsinstituts für Mathematik vom Oktober 1954, die Slavisten-Tagung vom November 1954, die Konferenz unseres Instituts für Wirtschaftswissenschaften sowie die Arbeitstagung des Instituts für Vor- und Frühgeschichte, die beide gerade in diesen Tagen zu Ende gingen, zeigen immer wieder unsere großen Möglichkeiten einer fruchtbaren wissenschaftlichen Zusammenarbeit mit Westdeutschland und dem Ausland.

Auch die Beziehungen unserer Akademie zu den wissenschaftlichen Institutionen des Auslandes, insbesondere den Akademien, haben eine lange und reiche Tradition. Mit mehr als 450 ausländischen wissenschaftlichen Institutionen aus 45 Ländern steht unsere Akademie in regelmäßigem Schriftenaustausch. Unsere Mitglieder und Mitarbeiter nahmen an den wichtigsten internationalen wissenschaftlichen Tagungen des Auslandes teil. Im vergangenen Jahre war die Akademie auf 40 ausländischen Kongressen, zum Teil mit größeren Delegationen, vertreten. Unsere Gelehrten, die das Ausland besuchten, brachten neue Erkenntnisse, neue Methoden mit und trugen oft nicht nur zur Entwicklung ihres Wissenschaftsgebietes, sondern darüber hinaus auch zur Förderung unserer Volkswirtschaft bei.

Größere Akademie-Delegationen wurden im vergangenen Jahre aus Prag, Budapest und Sofia empfangen, die die Aufgabe hatten, die Arbeit unserer Akademie und ihrer Institute kennenzulernen. Zugleich besuchten Delegationen unserer Akademie die Tschechoslowakische Republik und die Volksrepublik Polen, Ungarn und Bulgarien. Durch diese Besuche bahnten sich mannigfache Formen der Zusammenarbeit an, und einigen Instituten, wie dem Institut für Wirtschaftswissenschaften, gelang es, bereits einen festen und engen Kontakt mit gleichartigen Akademieinstituten im befreundeten Ausland zu gewinnen. Im Jahre 1955 werden diese Beziehungen, vorbereitet durch die Arbeitspläne zu den mit den volksdemokratischen Ländern geschlossenen Kulturabkommen, vor allem mit den Akademien in Warschau und Prag durch persönliche Besuche und Studien weiter gepflegt und vertieft werden. Auch die Verbindungen unserer Akademie zum westlichen Ausland wurden weiterhin sorgfältig gepflegt, und den überwiegenden Anteil der Auslandsreisen unserer Mitarbeiter macht der Besuch wissenschaftlicher Kongresse im westlichen Ausland aus. Auch sei besonders daran erinnert, daß eine größere Gruppe Wissenschaftler zur Beobachtung der Sonnenfinsternis im Jahre 1954 auf die schwedische Insel Öland entsandt wurde und sich die Akademie auch in diesem Jahre gemeinsam mit der Royal Society und der Sternwarte St. Andrews in Schottland an der Beobachtung der diesjährigen Sonnenfinsternis auf der Insel Ceylon beteiligt. Ein Wissenschaftler der Akademie nimmt z. Z. an einer geographischen Expedition in der Sahara teil, und weitere Expeditionen und gemeinsame wissenschaftliche Unternehmungen sind in Vorbereitung. Die Vertiefung und Ausbreitung der internationalen Beziehungen unserer Akademie findet auch ihren Ausdruck in ihrem Anschluß an mehrere wissenschaftliche Weltunionen, in denen sie korporativ oder durch ihre Mitglieder und Mitarbeiter vertreten ist, wie zum Beispiel in der Union Académique International, in der Internationalen Astronomischen Union, in der Internationalen Union für Geodäsie und Geophysik, im Internationalen Komitee für Biochemie u. a. m.

Von besonderer Bedeutung war im vorigen Jahre der Besuch des Präsidenten der Akademie der Wissenschaften der Sowjetunion, Akademiker A. N. NESMEJANOW, und des Generalsekretärs Akademiker A. W. TOPTSCHIJEW, die als Mitglieder der Delegation der Sowjetunion zum 5. Jahrestage der Gründung der Deutschen Demokratischen Republik nach Berlin kamen. Den Mitgliedern und Direktoren der Akademie-Institute stand Akademiker A. W. TOPTSCHIJEW zur Aussprache über Fragen der Planung der Grundlagenforschung in einer Sondersitzung zur Verfügung und beriet am 18. Oktober 1954 mit den Mitgliedern des Präsidiums über die Verbesserung der wissenschaftlichen Zusammenarbeit zwischen der Akademie der Wissenschaften der Sowjetunion und der Deutschen Akademie der Wissenschaften.

Wesentlich wurde die Zusammenarbeit mit Westdeutschland und dem gesamten Ausland auch durch die Arbeit des Akademie-Verlages gefördert, der neben den Publikationen der Akademie ebenfalls die Arbeiten der Sächsischen Akademie der Wissenschaften zu Leipzig und seit dem 1. Januar 1955 die Publikationen der Deutschen Akademie der Landwirtschaftswissenschaften zu Berlin verlegt. Gemessen am Jahre 1953 betrug seine Produktionssteigerung 1954 40%. Er verlegte im Jahre 1954 225 wissenschaftliche Monographien und brachte 26 wissenschaftliche Zeitschriften heraus. Die Zusammenarbeit mit westdeutschen Verlagen konnte vor allem durch die Herausgabe von Zeitschriften und Einzelmonographien in Arbeitsgemeinschaft unseres Akademie-Verlages mit verschiedenen westdeutschen Verlagen erweitert werden.

Um den international anerkannten Vorsprung, den unsere Republik auf dem Gebiet der wissenschaftlichen Dokumentation hat, weiter auszubauen, wäre es wünschenswert, wenn zur Koordinierung der gesamten wissenschaftlichen Dokumentation ein Institut für Dokumentation bei der Akademie gegründet werden könnte.

Gestatten Sie mir, meine Damen und Herren, daß ich zum Abschluß meines Berichtes noch einiges über den Haushalt und die Investitionen, über die Perspektive und Verbesserung der Arbeiten unserer Akademie sagen darf.

Die der Akademie vom Staat zur Erfüllung ihrer Aufgaben zur Verfügung gestellten Haushaltsmittel wiesen auch im Jahre 1954, wie in den vorangegangenen Jahren, eine Steigerung auf. Die Ausgaben der Akademie waren 1954 um 19% höher als im Vorjahr. Den verbesserten objektiven Voraussetzungen entsprach auch ein höheres Arbeitsergebnis. Es konnten 98 Themen des Planes Forschung und Technik erfolgreich abgeschlossen werden. Am Plan gemessen ist das einer Steigerung um 10% gegenüber dem Vorjahre gleichbedeutend. Leider waren noch Verstöße gegen die Haushaltsdisziplin und Blockierungen von Kassenmitteln zu verzeichnen, was aber im neuen Jahr nicht mehr der

Fall sein wird. Auch der Haushaltsvoranschlag für 1955 weist gegenüber der Ist-Ausgabe von 1954 eine Erhöhung der Mittel aus: Eine echte Steigerung von 9,7%, die der Akademie zur weiteren planmäßigen Entwicklung ihrer Arbeiten zugute kommt. Der Wirkungsgrad dieser zusätzlichen Mittel kann noch dadurch erhöht werden, wenn die Einsparungsmaßnahmen, die der Verwaltungsdirektor angeregt hat, konsequent durchgeführt werden. Diese entsprechen auch den Beschlüssen unserer Regierung und der Volkskammer zu den Fragen des Sparsamkeitsprinzips und seiner Durchführung in unserem Lande. Nach unseren Berechnungen werden allein im 1. Quartal auf dem Gebiet der Neubeschaffungen von Geräten und Maschinen 50000 DM eingespart werden können, ohne daß dabei eine Minderung des Arbeitsergebnisses in Erscheinung treten wird. Es wird darauf ankommen, die Anschaffungen zu koordinieren und die vorhandenen Geräte besser auszunutzen.

Auf dem Gebiete der Investitionen wurde das Augenmerk darauf gerichtet, zunächst die vorhandenen Institute voll auszubauen und nur in beschränktem Umfange Neubauten zu beginnen. Die Erfüllung des Investitionsplanes mit 90% wies gegenüber dem Jahre 1953 eine Steigerung um 5,5% aus. Trotzdem zeigt diese Ziffer, daß noch bedeutende Schwächen in der Durchführung des Investitionsplanes bestehen, an deren Beseitigung systematisch weitergearbeitet werden muß. Die Mittel wurden im wesentlichen auf die Institute für Medizin und Biologie, für Bodendynamik und Erdbebenforschung, für Kulturpflanzenforschung, für Festkörperforschung und für Technologie der Fasern konzentriert. Aber nicht nur die naturwissenschaftlichen Einrichtungen konnten erweitert werden, es wurde auch auf dem Gebiet der Gesellschaftswissenschaften investiert. So erhielt zum Beispiel das Institut für Vor- und Frühgeschichte bessere Arbeitsmöglichkeiten in Magdeburg und Hohenviecheln. Neben anderen Erweiterungen und Ausbauten wurde die Vervollständigung der Erstausstattungen mit wissenschaftlichen Apparaten und Ausrüstungen fortgesetzt. Der Investitionsplan 1955, der in der gleichen Höhe wie der des Vorjahres liegt, wird hauptsächlich den Einrichtungen zugute kommen, die bereits im Jahre 1954 im Mittelpunkt des Baugeschehens standen, um den Endausbau möglichst bald herbeizuführen und die Institute damit voll arbeitsfähig zu machen.

Die Akademie muß trotz ihrer Erfolge auf bestimmten Wissenschaftsgebieten feststellen, daß gegenwärtig wichtige Gebiete der Naturwissenschaft und Technik in noch ungenügendem Maße bearbeitet werden und daß auf den Gebieten der Gesellschaftswissenschaften die Aufnahme notwendiger Arbeiten noch zu wenig Beachtung fand. Es war daher für das Präsidium eine begrüßenswerte Hilfe, daß ihm am 24. März 1955 Gelegenheit gegeben wurde, vom Ministerrat empfangen zu werden, um gemeinsam mit den Ministern und Staatssekretären Vorschläge des Ministerrats über die weitere Entwicklung und Verbesserung der Arbeit der Akademie beraten zu können, die auf Anregungen aus zahlreichen Konferenzen und Aussprachen mit Wissenschaftlern und Angehörigen der technischen Intelligenz beruhen. Ich darf es daher begrüßen, daß in der Sitzung des Ministerrats einige gemeinsame Vorschläge diskutiert worden sind, die unsere Zusammenarbeit mit der Regierung besonders fördern werden. So wird es sich fühlbar auswirken, wenn das Präsidium regelmäßig Fühlungnahme mit dem Herrn Ministerpräsidenten haben und stärker als bisher eine Zusammenarbeit zwischen den Klassen und Sektionen mit den einzelnen Ministern, Staatssekretären bzw. deren Stellvertretern und insbesondere mit dem Staatssekretariat für Hochschulwesen durchgeführt werden könnte. Mehr als bisher werden gemeinsame Beratungen mit den Leitern der tragenden staatlichen Organe die Koordinierung der wissenschaftlichen Arbeiten fördern und die Zusammenarbeit zwischen der Forschung und der Produktion wesentlich verbessern. Für die Arbeiten zum zweiten Fünfjahrplan wird es wichtig sein, wenn die Staatliche Plankommission der Akademie als Grundlage baldigst Richtzahlen für die Invest -und Haushaltsmittel bekanntgeben und diese mit dem Präsidenten der Akademie beraten würde. Zugleich sollten die Staatliche Plankommission und die Ministerien die Klassen zur Lösung bestimmter Probleme heranziehen und eine bestimmte Form der Zusammenarbeit festlegen. Die Regierung kann sich jederzeit auf die Akademie stützen und wird ihr für die Entwicklung der Volkswirtschaft wichtige Staatsaufträge erteilen. Die Verbindung zur Produktion müßte durch gemeinsame Beratungen zwischen Akademiemitgliedern, wissenschaftlichen Mitarbeitern unserer Institute und den Männern der Praxis verbessert werden. Für die Arbeiten unserer Institute wäre es weiterhin vor allem zweckmäßig, wenn Institute gleicher Fachrichtung in bestimmten Orten wie z. B. Dresden, Leipzig, Jena und dem Ostseeraum konzentriert würden. Eine wesentliche Hilfe für unsere Arbeit wird es auch sein, daß unsere Wünsche für die Versorgung mit wissenschaftlichen Geräten und Materialien vordringlich berücksichtigt werden und diese in kürzester Frist zur Verfügung stehen sollen.

Wir sind davon überzeugt, daß wir bei einer stets wachen kritischen Betrachtung unserer Arbeiten noch manche Mängel und Schwächen aufdecken können. So wurde die Ausrüstung unserer gesamten Einrichtungen mit wissenschaftlichen Geräten aller Art in den letzten Jahren nicht koordiniert. Ich halte es daher für notwendig, für die Zukunft mit Hilfe einfacher verwaltungsmäßiger Mittel eine Koordinierung herbeizuführen. Zur schnellen Befriedigung unseres Bedarfs an Spezialgeräten sollte eine Akademiewerkstätte für Einzelanfertigungen von wissenschaftlichen Geräten geschaffen und zur besseren Ausnutzung vorhandener Geräte und Anlagen eine zentrale Leihkammer eingerichtet werden.

Zum Schluß möchte ich nicht versäumen, auf die Bedeutung der Auswahl, Entwicklung und Förderung unseres wissenschaftlichen Nachwuchses hinzuweisen. Wir sollten die Entwicklung unserer Mitarbeiter planmäßiger lenken und bei Einstellung die richtige Auswahl treffen.

In unserer Republik, meine Damen und Herren, sind Wissenschaft und Staat durch ihren gemeinsamen Weg so eng miteinander verbunden, daß die Wünsche des Staates im Wesen unserer Akademie beschlossen liegen. Wir danken an dieser Stelle unserer Regierung, daß sie die Voraussetzungen materieller und ideeller Art für die Arbeit unserer Wissenschaftler geschaffen hat, wie sie in Deutschland noch niemals bestanden, und versichern, daß wir bereit sind, unsere Kräfte beim Aufbau unserer Gesellschaft voll einzusetzen für das Wohl unserer werktätigen Menschen, für die Erhaltung des Friedens und die Schaffung der Einheit unseres deutschen Vaterlandes. Die Akademie wird sich auch weiterhin nach dem Richtspruch eines unserer ältesten Akademieunternehmen, der Monumenta Germaniae Historica, richten, der auch für uns stets eine Mahnung und Verpflichtung bleiben wird:

„*Die heilige Liebe zum Vaterlande beflügelt uns.*“

Bericht

des Sekretars der Klasse für Mathematik, Physik und Technik

Entsprechend dem neuen Statut der Deutschen Akademie der Wissenschaften zu Berlin ist die Klasse für Mathematik, Physik und Technik — ebenso wie die Klasse für Chemie, Geologie und Biologie — entstanden aus der Klasse für Mathematik und allgemeine Naturwissenschaften und der Klasse für technische Wissenschaften.

Angeregt wurde diese wesentliche strukturelle Veränderung der Deutschen Akademie der Wissenschaften durch den Wunsch einiger Mitglieder, vor allem Vertreter der Technik, nach einem engeren und fruchtbareren Kontakt mit den Vertretern der theoretischen Fächer ihres Schaffensgebietes. Die alte Klasseneinteilung legte einen Schnitt zwischen die theoretischen Fächer wie Mathematik, Physik und die technischen Fächer wie Maschinenbau, Elektrotechnik und bot wenig Möglichkeiten zu einer ständigen Zusammenarbeit. In der neuen Klasse sollte die Verwirklichung der Einheit von Theorie und Praxis angestrebt werden.

Man kann nicht bestreiten, daß diese neue Klasseneinteilung tatsächlich der modernen Entwicklung der Wissenschaft Rechnung trägt. Es gibt große Aufgaben der modernen Wissenschaft, die sich mit der Arbeitsteilung der wissenschaftlichen Disziplinen des ausgehenden 19. Jahrhunderts, wie sie sich in der alten Klasseneinteilung widerspiegelt, nicht lösen lassen. Um ein Zyklotron zu bauen, mußten Mathematiker, theoretische Physiker, Experimentalphysiker, Hochfrequenz-Ingenieure, Elektro-Ingenieure und Schwermaschinenbauer zusammenarbeiten. Genau dasselbe gilt auch für den Bau eines Reaktors. Aber auch die großen Aufgaben der modernen industriellen Chemie erfordern gleichfalls die Zusammenfassung vieler durch das Problem angesprochener wissenschaftlicher Disziplinen. Die Wissenschaft hat eine neue Form von Aufgaben größten Ausmaßes zu bewältigen gelernt, deren Lösung nur durch Kollektive möglich ist — ohne daß dadurch die wissenschaftliche Einzelleistung für die Entwicklung von Wissenschaft und Technik weniger bedeutungsvoll geworden wäre.

Naturgemäß kann die Zusammenarbeit in der neuen organisatorischen Form nicht sofort optimal sein. Vor allem gilt es, eine gemeinsame Sprache zu finden, die durch die Spezialisierung der letzten Jahrzehnte manchmal etwas verlorenging. Es wird für die Vertreter der theoretischen Fächer in gleicher Weise interessant sein, wie für die der technischen, daran zu arbeiten, denn das gegenseitige Verstehen ist eine der Voraussetzungen dafür, daß einerseits die von der Praxis ausgehenden Impulse tatsächlich zu einer Befruchtung der theoretischen Wissenschaften führen, und daß andererseits deren Ergebnisse voll und unmittelbar der Praxis zugute kommen.

Die besondere Fürsorge der neuen Klasse wird der Tätigkeit der Sektionen zu gelten haben. Die Klasse ist das höchste Gremium der Akademie in Fragen der fachlichen Kompetenz, deren Autorität durch die Sektionen über den Rahmen der Akademie hinaus sich auswirken soll.

Die Sektion für Physik übt bereits seit längerer Zeit ihre Tätigkeit aus. Im Jahre 1954 hat sie begonnen, die wissenschaftliche Thematik der Forschungsarbeiten in den Instituten der Deutschen Akademie der Wissenschaften und der Hochschulen und sonstigen staatlichen Einrichtungen zu koordinieren, soweit diese auf dem Gebiet der Physik und der angrenzenden Gebiete tätig sind. Diese Arbeit lieferte als erstes Ergebnis eine Übersicht über die Verteilung der wissenschaftlichen Kräfte auf die Hauptarbeitsgebiete der Physik. Sie hat auch gezeigt, wo wichtige Arbeitsrichtungen ganz vernachlässigt worden sind oder zu schwach bearbeitet werden und wird die Grundlage schaffen für eine Entwicklung der physikalischen Forschungsarbeiten, die in gleicher Weise der perspektivischen Entwicklung der physikalischen Wissenschaften wie der volkswirtschaftlich wichtigsten technischen Gebiete Rechnung trägt. Die Koordinierungsarbeit des Jahres 1954 ist zunächst nur als ein Beginn, als Vorbereitung für eine wirklich produktive, perspektivische Planung der physikalischen Forschungsarbeiten zu werten, sowohl im Bereich der Akademie der Wissenschaften als auch im Bereich der physikalischen Institute, der Hochschulen und anderer staatlicher Einrichtungen.

Die Sektion für Astronomie ist hingegen aus Gründen personeller Besetzung in ihrer Tätigkeit auf einige Schwierigkeiten gestoßen. Es wird die Aufgabe der Klasse sein, der Sektion Astronomie zu einer Entwicklung zu verhelfen, die der großen kulturellen Bedeutung der Astronomie und Astrophysik entspricht und die den bedeutenden Forschungseinrichtungen angemessen ist, die gerade auf astronomischem und astrophysikalischem Gebiet bei der Deutschen Akademie der Wissenschaften vorhanden sind. Bis zur Wiederherstellung ihrer Arbeitsfähigkeit werden die Angelegenheiten der Astronomie gemeinsam mit der Sektion Physik behandelt werden.

Eine Sektion für Metallurgie wird sich nach längeren, gründlichen Diskussionen, die die außerordentliche Bedeutung einer solchen Einrichtung bei der Akademie unterstreichen, nach der Jahrestagung der Deutschen Akademie der Wissenschaften zu Berlin im März 1955 konstituieren.

Eine Sektion für Bergbau ist in Vorbereitung.

Eine Sektion für angewandte Mathematik und Mechanik wird ebenfalls demnächst zustande kommen. Diese wird sich mit der Koordinierung theoretischer Arbeiten, mit dem Problem der Entwicklung von modernen Rechenmaschinen und ihrem Einsatz, sowie mit den theoretischen Grundlagen der Regelungs- und Steuerungstechnik beschäftigen.

Das neue Statut regelt in konkreter Weise die Beziehungen der Forschungsstätten zu den Klassen. Es ist vorgesehen, daß in den Klassen die Arbeiten der Institute zur Diskussion gestellt und daß regelmäßig Berichte der Direktoren entgegengenommen werden können.

Bei ihrer Tätigkeit wird die Klasse bestrebt sein, die Pflege der grundlegenden wissenschaftlichen Probleme ihres Arbeitsbereiches schöpferisch zu vereinigen mit der Förderung der Entwicklung der Technik und der Volkswirtschaft in der Deutschen Demokratischen Republik.

Es ist nicht zu bezweifeln, daß die großen geistigen Reserven, der große Schatz an wissenschaftlichen Erfahrungen, die in der Akademie vorhanden sind, zu einem wichtigen Element des Fortschrittes der Technik in der Deutschen Demokratischen Republik werden können. Es ist aber auch zu erwarten, daß die Entwicklung der grundlegenden wissenschaftlichen Probleme in der Deutschen Akademie der Wissenschaften zu Berlin durch eine solche aktive Anteilnahme an den volkswirtschaftlich bedeutenden Aufgaben entscheidende Impulse erhalten wird. Diesen Zielen zu dienen und damit zur Hebung des kulturellen Niveaus und materiellen Wohlstandes unseres Landes beizutragen, wird sich auch die Klasse für Mathematik, Physik und Technik angelegen sein lassen.

Zur Klasse für Mathematik, Physik und Technik gehören 17 Institute, die im verflossenen Jahr beachtliche Forschungsergebnisse aufzuweisen hatten, von denen hier nur einige erwähnt werden.

Auf dem Gebiet der Astronomie sind in den Forschungsstätten der Akademie die traditionellen Aufgaben allgemein weitergeführt worden.

Das Astrophysikalische Observatorium in Potsdam führte eine Expedition nach Schweden zur Beobachtung der totalen Sonnenfinsternis am 30. Juni 1954 durch, die aber wegen schlechter Wetterverhältnisse keine Ergebnisse brachte. Die Projektierung des 2-m Spiegelteleskops wurde durch wissenschaftlich-technische Zusammenarbeit mit dem VEB Carl Zeiß in Jena weiter gefördert. Besonders zu erwähnen sind die Arbeiten für radioastronomische Beobachtungen. Im Wellenbereich von 1,8 Metern und 3 Metern sind registrierende Empfangseinrichtungen mit einem Verhältnis von Signal:Raumpegel entwickelt worden, eine gleiche Anlage im 7-Meter-Gebiet ist begonnen worden. Mit diesen Anlagen sind z. B. anläßlich der totalen Sonnenfinsternis interessante Ergebnisse erzielt worden.

Auf der Sternwarte Babelsberg wurde mit gutem Erfolg ein selbstentwickeltes 52-cm-Spiegelteleskop für lichtelektrische Messungen von Sternhelligkeiten, besonders der Klasse abnorm und unregelmäßig veränderlicher Sterne, neu in Betrieb genommen.

Die Sternwarte Sonneberg führte den Felderplan zur Statistik der veränderlichen Sterne und ihre Untersuchungen an solchen Sternen durch die photografische Himmelsüberwachung fort. Besonderes Gewicht wurde den Arbeiten zur Physik der hohen Atmosphäre beigemessen. Das Astronomische Recheninstitut gab das Berliner Astronomische Jahrbuch heraus; die Bahnberechnungen einiger kleiner Planeten wurde weitergeführt, ebenso die Geschichte des Fixsternhimmels.

Im Forschungsinstitut für Mathematik führte die Abteilung Reine Mathematik und Editionen neben ihrer laufenden Editionsarbeit im Oktober 1954 eine erfolgreiche Tagung zu Ehren des großen deutschen Mathematikers RIEMANN durch.

In der Abteilung Angewandte Mathematik dieses Forschungsinstituts wurden wissenschaftlich und z. T. auch volkswirtschaftlich bedeutungsvolle Arbeiten auf den Gebieten der Elektrizitätslehre, der turbulenten Strömung, der Thermoelastizität und der Reaktionskinetik durchgeführt. Besondere Beachtung wurde der Anwendung statistischer Methoden auf Probleme der Medizin, der Technik und der Forstwirtschaft gewidmet.

Im physikalischen und technischen Sektor der Klasse wurden vom Heinrich-Hertz-Institut für Schwingungsforschung raumakustische Beratungen für eine große Reihe von Bauten durchgeführt und im Dienste der Lärmbekämpfung, besonders in Neubauwohnungen, gute Arbeit geleistet. Die Industrie wurde durch die Eichung akustischer Meßgeräte und durch Prüfung an Fabrikationsmustern unterstützt. Die Arbeiten über die Ausbreitung elektromagnetischer Wellen sind die Grundlage des sogenannten „Funkwellendienstes" für den Kurzwellen-Weiterverkehr. Der seit der zweiten Jahreshälfte eingerichtete Warndienst für Funkstörungen ist für unsere Schiffahrt und Seefischerei bedeutungsvoll. Im Institut wurden — in Ergänzung der in Potsdam laufenden radioastronomischen Arbeiten — zur Beobachtung des solaren Rauschens 2 vollständige Empfangsanlagen für das 20 cm-Wellengebiet und eine Anlage für das 3,2 cm-Gebiet entwickelt. Die Geräte wurden am 30. Juni 1954 zur Beobachtung der Sonnenfinsternis eingesetzt, wobei hier ebenfalls wertvolle wissenschaftliche und technische Ergebnisse erzielt werden konnten. Ergebnisse an Cäsium-Antimonschichten wurden der Industrie zur Fertigung von Fotozellen und Fotovervielfachern übergeben.

Schließlich wurde in Zusammenarbeit mit dem VEB Agfa Wolfen ein hartmagnetisches Tonband entwickelt, dessen Güte dem internationalen Stand entspricht.

Im Institut für Optik und Feinmechanik wird eine enge Zusammenarbeit mit dem Deutschen Amt für Material- und Warenprüfung und dem Deutschen Amt für Maß und Gewicht zur Prüfung und Begutachtung optischer und feinmechanischer Industrie-Erzeugnisse gepflegt. Die im Institut entwickelten Meßverfahren der Äquedensitometrie und der Dupligrammetrie finden in der optischen Industrie und an mehreren wissenschaftlichen Instituten bereits belohntes Interesse. Besondere Aufmerksamkeit wird auch Methoden der Augenuntersuchung und Problemen der physiologischen Optik gewidmet.

Im Institut für Gasentladungsphysik in Greifswald sind bedeutungsvolle Arbeiten über das Rekombinationsleuchten in der Quecksilber-Hochdruckentladung, über Feld- und Raumladungsverhältnisse in der positiven Säule einer Glimmentladung, zur Langmuirschen Sondentheorie und über besondere Formen der elektrodenlosen Entladung in Edelgasen abgeschlossen worden.

Das Institut für Festkörperforschung hat in vielen Einzeluntersuchungen neue, wesentliche Erkenntnisse zum Problem des Kontaktes Metall-Halbleiter erarbeitet.

Von den zahlreichen sonstigen Untersuchungen des Institutes sind hervorzuheben die Arbeiten zur Reinstdarstellung von Metallen und Metallverbindungen, die für viele industrielle Fragen von Bedeutung sind, z. B. für die Herstellung von Halbleiter-Dioden, Transistoren, für Sperrschichtgleichrichter und dergleichen mehr. Diese Untersuchungen haben erheblich dazu beigetragen, die Qualität der Fertigung in der Volkseigenen Industrie zu verbessern.

Im Institut für Kristallphysik konzentrierte sich die Arbeit auf die Probleme der photochemischen Vorgänge in Kristallen, wo interessante Ergebnisse erzielt wurden. Um die Messungen bei tiefen Temperaturen durchführen zu können, wurde eine Anlage zur Verflüssigung von Wasserstoff begonnen, die in Kürze betriebsfähig sein wird.

Das Institut für Strahlungsquellen hat sich sowohl mit grundsätzlichen Fragen des Hoch- und Niederdruckplasmas als auch mit der Entwicklung einer Hochintensitätsganzmetall-Lichtquelle mit Wasserkühlung beschäftigt, wobei die Ergebnisse der Industrie zugänglich gemacht wurden. Weitere Untersuchungen führten zu einer wesentlichen Verbesserung der Zündgeräte für Hochdrucklampen. Die elektrischen Eigenschaften von durchsichtigen Metalloxydschichten auf Glas für Zwecke der Elektrolumineszenz-Lichtquellen wurden eingehend untersucht. Ein Verfahren zur Herstellung haltbarer Metalloxyd-Schichten mit geringem Widerstand wurde ausgearbeitet. Zu erwähnen sind auch Arbeiten über den elektrischen Durchschlag in Gasen bei hohen Drucken und in der kondensierten Phase, ferner zur Gasentladungschemie und zur Inaktivierung von Bakteriophagen durch N. V.-Strahlung. Schließlich hat sich das Institut bemüht, die Infrarot-Spektroskopie zu fördern, teils durch eigene Entwicklungsarbeiten, teils durch Abhaltung von zwei Arbeitstagungen.

Im Institut Miersdorf konnte der Neubau bezogen und der 2 Millionen-Volt-Generator fertig montiert werden. Es wurden eine leistungsfähige Ionenquelle und ein entsprechender Auffänger entwickelt, ferner spezielle Meß- und Nachweisgeräte für Korpuskularstrahlen. Die Untersuchung kosmischer Strahlung mit Kernemulsionen führte u. a. zur Verbesserung der Emulsionstechnik. Es konnten eingehende Untersuchungen über den Charakter der Strahlungskomponente, die zur Auslösung von Sternen in den Meßemulsionen führt, durchgeführt werden. Es wurde die Energieverteilung von Trümmerteilchen leichter bzw. schwerer Elemente gemessen, die durch hochenergetische Teilchen in Kernphotoplatten auf der Zugspitze erzeugt waren.

Das Institut für Magnetische Werkstoffe in Jena ist im Jahre 1954 von der Akademie übernommen worden. Das Institut beschäftigt sich hauptsächlich mit den Grundlagen des Magnetismus, mit den magnetischen Grund- und Sonderwerkstoffen, ferromagnetischen Verbindungen und den Anwendungen der ferromagnetischen Werkstoffe. An der Aufklärung der Elementarvorgänge der Magnetisierung wurde theoretisch und experimentell gearbeitet, wobei es erstmalig gelang, Ummagnetisierungskeime an einer Eisen-Nickel-Legierung mikrophotographisch festzuhalten. Die Methode der Bitterschen Streifen zur

Untersuchung der Mikrovorgänge bei der Magnetisierung wurde wesentlich verbessert. Bisher noch nicht bekannte Ferritsysteme konnten hergestellt werden. Eine größere Reihe von magnetischen Meßgeräten wurde neu entwickelt und steht für die verschiedensten Bedürfnisse zur Verfügung. Auf Grund eingehender Versuche über neue magnetostriktive Werkstoffe und über die Eigenschaften magnetischer Feinstpulvermaterialien wurden Herstellungsverfahren entwickelt, die in der Produktion Eingang finden werden. Methoden der zerstörungsfreien Werkstoffprüfung wurden mit Erfolg praktisch eingeführt.

Das Institut für Technologie der Fasern beschäftigt sich hauptsächlich mit Problemen der einheimischen Textil-Fasergewinnung, mit der Technologie der Faserverarbeitung, mit der Veredlung der Textilien sowie mit ihrer Prüfung.

Für die einheimischen Textilstoffe Flachs und Hanf wird in umfassenden Versuchen durch bessere Verfahrenstechniken, die sich von der Aussaat bis zum Faseraufschluß nach der Ernte erstrecken, eine Produktionssteigerung ohne Qualitätsverminderung angestrebt. Die Textil-Technologie beschäftigte sich mit einer Vielzahl von Verarbeitungsmaschinen für sämtliche Fasern der Textil-Industrie. Im Institut entwickelte Hochverzugs- und Gleitstreckenwerke für die Verspinnung aller Faserarten werden mit dem Ziel untersucht, das Fasermaterial zu schonen und gleichmäßige Garne zu bekommen. Ein Herstellungsverfahren für feine Glasfasergarne wurde mit der Herstellung eines halbkontinuierlichen Verfahrens erfolgreich beendet. Eine erfolgreiche Tätigkeit ist auf dem Gebiet der Filze aus Fasern aller Art zu nennen. Die Textilveredlung befaßt sich mit der Entwicklung faserschonender Bleichverfahren, mit der Wasserdichtimprägnierung von Leinengeweben und schließlich mit den rationellsten und besten Färbemethoden bei Textilien. Auf dem Gebiet des Prüfwesens sind neue Prüfverfahren und Prüfgeräte entwickelt worden. Für die Praxis sind dabei von besonderer Bedeutung ein Scheuerprüfgerät, das Testfadenverfahren, ein Torsionsfestigkeitsprüfer, ein Schnellzerreißapparat und viele andere mehr. Weiterhin gelang es, aus Flachs- und Hanfschäben hochwertiges Plattenmaterial herzustellen, die als Tischlerplatten, Bauplatten, Isolierplatten und noch für viele andere Zwecke verwendet werden können.

Auf dem Gebiet der Geophysik befaßte sich das Geodätische Institut in Potsdam mit der Methode der korrelierten Beobachtungen auf die Ausgleichung polygonaler Netze, ein Problem, das durch die moderne Entwicklung der streckenmessenden Apparate besonders aktuell geworden ist. Der Zeit- und Uhrendienst des Instituts ist nach wie vor einer der besten der ganzen Welt. Die technischen Voraussetzungen für neue geodätische Basismessungen wurden geschaffen. Im Harz wurde mit einem Pendelapparat eine Eichstrecke für gravimetrische Messungen in der DDR genauestens ausgemessen; Arbeiten, die z. B. für die Erforschung von Lagerstätten von besonderer Bedeutung sind.

Im Zentralinstitut für Erdbebenforschung in Jena konnten weitere Verbesserungen der Instrumente für Lagerstättenforschung auf refraktions- und reflexionsseismischer Grundlage erzielt werden; neue Instrumente für den Stationsdienst wurden entwickelt. Untersuchungen zur Bestimmung der Herdtiefen bei Erdbeben mit Hilfe der Isoseistenmethode wurden abgeschlossen. Theoretische und instrumentelle Untersuchungen von Einschwingvorgängen wurden fortgesetzt. Baugrunduntersuchungen bei Talsperren und schwingungstechnische Messungen an Brücken zur Erhöhung der Verkehrssicherheit wurden vorgenommen. Wesentliche Hilfe im Bergbau durch Kontrollmessungen von Gebirgs- und Geländebewegungen konnte geleistet werden.

Im Institut für physikalische Hydrographie wurden Arbeiten zur Klärung des thermischen Aufbaues von natürlichen und technischen Wasserreservoiren durchgeführt. Untersuchungen der Lichtextinktion und der Reflexion in und an Seen sind für die Zusammenhänge zwischen Lichtklima und Planktonausbreitung von Bedeutung. Wesentliche

Probleme der Küstenforschung wurden abgeschlossen; ebenso Überlegungen über den Wärmeinhalt im Meere und seine Wechselbeziehung zum Salzgehalt bzw. zum Vertikalaustausch von Wasserdampf. Die Arbeiten an hydrographischen Karten der DDR und an der Witterungsgeschichte Europas wurden fortgesetzt.

Dies ist ein kleiner Querschnitt aus der Fülle wissenschaftlicher Arbeit, die in der Akademie im Bereich der Klasse für Mathematik, Physik und Technik geleistet wurde. Es würde weit über den Rahmen meiner Redezeit hinausführen, wollte ich des näheren etwa noch auf die vielfältigen Beziehungen aller dieser Institute mit den Werken unserer Industrie, mit anderen wissenschaftlichen Institutionen und mit vielen staatlichen Dienststellen eingehen. Ich kann jedoch darauf hinweisen, daß heute alle Akademie-Institute mit derartigen Stellen, zum Teil in direkter Mitarbeit, in Kontakt stehen, soweit dies ihrer Arbeitsrichtung nach überhaupt möglich ist. Darüber hinaus gibt es einige Institute, deren Inanspruchnahme durch oft mehr oder weniger zufällige Gutachten und Beratungen bereits die derzeitigen Möglichkeiten, sei es personell oder sachlich, voll ausgeschöpft bzw. das richtige Verhältnis zwischen eigener Forschung und solcher Hilfe zu stören beginnt. Es wird eine der Aufgaben der Klasse für Mathematik, Physik und Technik sein, dafür zu sorgen, daß die großen und erstrangigen Probleme der Wissenschaft wie sie in unserer Industrie und Volkswirtschaft wirklich bearbeitet werden können im Vordergrund der Arbeiten der Akademie stehen werden, und daß viele kleinere Probleme vor ihrer Bearbeitung auf ihre Notwendigkeit geprüft werden müssen, um eine gute und erfolgreiche Arbeit unserer Institute in jeder Hinsicht für die Zukunft zu gewährleisten.

Die Wurzel der Pflanzen – eine chemische Werkstatt besonderer Art

Von Kurt Mothes

In der Regel nimmt die Entwicklung einer vielzelligen Pflanze ihren Anfang bei der Eizelle, die im einfachsten Falle kugelig ist und nach allen Richtungen gleichmäßig gebaut zu sein scheint. Bei den höheren Pflanzen ist diese Eizelle im Embryosack in eine ungleichartige Umgebung eingebettet, und es ist nicht unwahrscheinlich, daß diese Umwelt die Teile der Eizelle bereits ungleich beeinflußt. Wie dem auch sei: In allen Fällen höher organisierter Pflanzen tritt in den frühesten Stadien der Embryonalentwicklung eine ausgesprochene Polarisierung in Erscheinung, indem die herausgebildeten Gewebeteile eine Prägung erhalten, die sie nunmehr bestimmt, entweder als apikaler Pol den blättertragenden Sproß zu differenzieren oder als basaler die Wurzel. Diese Polarisierung betrifft aber nicht allein die Spitzenteile und dort vorhandene primäre Bildungsgewebe, sondern alle Teile der sich herausbildenden Pflanze, wahrscheinlich sogar jede einzelne Zelle.

Die Polarisierung ist der erste sichtbare und entscheidende Schritt der weiteren Differenzierung. Und ihre Produkte, Wurzel und Sproß, unterscheiden sich nicht allein durch ihre Gestalt, sondern auch chemisch und in ihrem Reizverhalten gegenüber Schwerkraft, Licht usw.

Einige Funktionen der Wurzel sind augenfällig. Sie verankert meist die Pflanze im Boden und nimmt Wasser und darin gelöste Nährsalze auf. Dieser Prozeß der Stoffaufnahme ist keine einfache Diffusion. Wird selbst die Wasseraufnahme durch die Atmung gefördert, so wird die komplizierte artspezifische Ausbildung der Salzaufnahme dadurch deutlich, daß sie qualitativ und quantitativ nicht in erster Linie durch die Zusammensetzung der Außenlösung bestimmt wird, sondern durch ein Selektionsvermögen, das auf spezifische Unterschiede der Organisation der Wurzel hinweist und damit auf chemische Unterschiede: Aus der gleichen Lösung nehmen verschiedene Pflanzen die Salze in verschiedenen Mengenverhältnissen auf.

Stoffwechselphysiologisch stellt die Wurzel ein abhängiges Organ dar. Sie ist heterotroph und muß in Ermangelung von Chlorophyll und Licht Kohlenhydrat von den photosynthetischen Laboratorien, den Blättern, beziehen. Aber damit ist ihre Abhängigkeit noch nicht umrissen. Will man Wurzeln isoliert vom Sproß unter aseptischen Bedingungen in vitro kultivieren (Tafel II, Abb. 8), so muß man in den einfachsten Fällen neben anorganischen Salzen und Zucker noch Vitamin B_1 bieten, in anderen auch Vitamin B_6 oder noch weitere Vitamine („Hefesaft", „Kokosmilch") oder einzelne Aminosäuren. Im übrigen muß vermerkt werden, daß in der Mehrzahl der Fälle die Kultur solcher isolierter Wurzeln noch nicht gelungen ist, was sicherlich ein Ausdruck ihrer komplizierten stofflichen Abhängigkeit vom Sproß ist.

Es muß hier gesagt sein, daß von diesen an sich bescheidenen Erfahrungen über die Heterotrophie der Wurzeln und über Vorgänge bei der Stoffaufnahme hinaus die Wurzel stoffwechselphysiologisch sehr wenig bekannt ist. Sie stellt eines der vernachlässigsten Organe der Pflanze dar. Der unmittelbaren Beobachtung weitgehend entzogen, in einen Boden eingebettet, der nicht jeden zur Untersuchung reizt, hat man ihr nicht viel Interesse abgewonnen, bis erst in jüngster Zeit die Frage wie eine dringende Forderung aufstand, ob nicht auch der Sproß in spezifisch-chemischer Weise von der Wurzel abhängig ist oder zumindest von ihr beeinflußt wird.

Wenn man einen Sproß, ähnlich wie für die Wurzel beschrieben, isoliert von dem unteren Teil unter aseptischen Bedingungen kultivieren könnte (Tafel I, Abb. 1), müßte diese Frage wenigstens zum Teil zu klären sein. Aber dieser Versuch ist sehr schwierig, denn in den meisten Fällen bildet der Sproß — seiner Wurzel beraubt — bald wieder Wurzeln (Tafel I, Abb. 2). Aber es deuten einige Bemerkungen von PRIESTLEY und WORMALL und unsere eigenen Versuche darauf hin, daß tatsächlich ein wurzelloser Sproß nicht lange gesund bleibt. Der Abbau der Eiweiße greift immer rascher um sich, was durch ein von unten nach oben fortschreitendes Vergilben der Blätter äußerlich sichtbar wird. Und wenn auch in der ersten Zeit die Spaltprodukte, aus den älteren in die jüngsten Blätter transportiert, dort erneut in Eiweiß verwandelt werden und der Sproß sogar weiterwächst, schmilzt doch dieser intakte gesunde Bezirk immer mehr und mehr ein, und man hat den Eindruck, daß eine für den normalen Stoffwechsel nötige Substanz in immer geringerer Menge vorhanden ist oder daß eine den Stoffwechsel vergiftende Substanz in immer gefährlicherer Weise angehäuft wird. Bewurzelt sich aber der Sproß, so ist er auch gerettet. Bereits vergilbende, an Eiweiß verarmte Blätter werden wieder grün und füllen ihre Zellen erneut mit Eiweiß auf.

Noch auffälliger sind die Vorgänge an isolierten Blättern (Tafel I, Abb. 3). Wenn WOOD (1953), vor allem MOYSE zitierend, meint, daß solche abgeschnittenen Blätter im Gegensatz zu den an der Pflanze befindlichen keine Eiweißsynthese zu betreiben vermögen, so ist das in dieser allgemeinen Formulierung nicht richtig. Jüngere Blätter vermögen durchaus Protein zu bilden; aber diese Fähigkeit erlahmt bald. Die Blätter „altern“ im isolierten Zustande schnell. Typisch alte Blätter zeigen aber losgelöst von der Pflanze meist ein Überwiegen der abbauenden Prozesse über die aufbauenden. CHIBNALL (1939) hat deshalb vor Jahren schon auf die Möglichkeit einer hormonalen Steuerung der Eiweißsynthese seitens der Wurzel hingewiesen und neuerdings seine alte Auffassung durch die bekannte Erscheinung gestützt, daß isolierte Blätter, die Adventivwurzeln bilden, ihre Lebensdauer verlängern können.

Wir haben solche Versuche mit bewurzelten Blattstecklingen seit längerer Zeit unter verschiedenen Gesichtspunkten durchgeführt und dabei gefunden, daß selbst alte vergilbende Blätter, die isoliert zum baldigen Absterben verurteilt sind, wieder Chlorophyll und Eiweiß bilden und stark in die Dicke wachsen, wenn es gelingt, sie rechtzeitig zur Wurzelbildung zu bringen. Mit anorganischem Stickstoff und den üblichen Salzen versorgt, „verjüngen“ sie sich dann in kürzester Zeit (Tafel I, Abb. 4 u. 5). Blätter von einjährigen Kräutern, die normal ein Lebensalter von wenigen Monaten erreichen, können länger als ein Jahr aktiv und gesund erhalten werden. Ein bewurzeltes, aber vom Sproß losgelöstes Blatt übertrifft demnach an Vitalität ein unbewurzeltes und selbst ein am Sproß befindliches Blatt ganz bedeutend. Diese Befunde deuten auf stoffliche Beziehungen zwischen Wurzel und Blatt hin, die der Erklärung bedürfen.

Diese stofflichen Beziehungen sind zweifellos sehr komplexer Natur. Wenn man ein panaschiertes (weiße neben grüne Spreitenteile tragendes) Blatt z. B. von Pelargonium isoliert unter Bedingungen günstiger Wasserversorgung und Belichtung kultiviert, so sterben die weißen Teile unter Hungererscheinungen ab, während die grünen gut mit Kohlenhydraten infolge der eigenen photosynthetischen Produktion versorgt sind. Sorgt man für eine rechtzeitige Bewurzelung des isolierten Blattes, so stirbt der weiße Bezirk nicht ab. Man gewinnt den Eindruck, daß die stoffliche Kommunikation zwischen verschiedenen Teilen einer Blattspreite auf direktem Wege sehr erschwert ist, auf indirektem über die Wurzel aber gut möglich ist. Danach wäre die Wurzel eine wichtige Zentrale für den Stoffaustausch verschiedener Blatteile. Es müßten Stoffströme zur Wurzel hin und von ihr weg gehen.

Dafür sprechen auch noch andere Befunde. Isolierte Wurzeln sind sehr sauerstoffbedürftig; in Anoxybiose sterben sie in kurzer Zeit. Wahrscheinlich werden sie durch die bei O_2-Mangel entstehenden Gärprodukte vergiftet. An der Pflanze befindliche Wurzeln vertragen Anoxybiose aber viel besser. Man möchte annehmen, daß dabei die Gärprodukte an den Sproß abgeleitet werden.

Solche oder andere Stoffwechselprodukte der Wurzel könnten für den Sproß bedeutsam sein.

Dafür noch einige andere Hinweise. NITSCH (1953, S. 216) hat bedeutende Erfolge auf dem Gebiete der aseptischen Kultur junger isolierter Fruchtanlagen bis zur Samenreife erzielt und schreibt bei der Erörterung der Bedingungen des Fruchtwachstums: „On the other hand, the presence of roots greatly stimulates fruit growth in vitro!"

Andere Forscher (z. B. LIBBERT) berichten, daß der Zusammenhang von Sproß und Wurzel wichtig für das Austreiben von Knospen ist. Ganz besonders deuten aber Pfropfungsversuche auf Wirkungen von Wurzelstoffen hin. So wächst ein nordafrikanisches Bilsenkraut (*Hyoscyamus muticus*) auf Tabakwurzel besser als auf eigener; besonders schlecht aber gedeiht es auf der Wurzel des Tomatenbaumes (*Cyphomandra betacea*), obwohl dieser für viele Reiser aus der Familie der Nachtschattengewächse eine vorzügliche Unterlage darstellt (Tafel II, Abb. 6).

Noch auffälliger ist das Verhalten reziproker Pfropfungen. So wächst nikotinreicher Bauerntabak (Machorka) gut auf Tomatenwurzel; die umgekehrte Pfropfung Tomate auf Machorka gelingt schlechter. Das Reis wächst wohl an, aber es kümmert, die Blätter verlieren ihre gesunde grüne Farbe und vertrocknen. Auch bei reziproken Pfropfungen von Steinklee (*Melilotus*) mit anderen Hülsenfrüchtlern beobachtet man ähnliches: Steinklee gedeiht wohl als Reis leicht, gibt aber eine schlechte Unterlage ab. So wächst Erbse auf Steinklee mangelhaft vegetativ; merkwürdigerweise blüht sie aber und setzt Früchte an. Diese Fälle würden zweifellos eine einfachste Erklärung dadurch finden, daß man wurzelspezifische Stoffe nachweisen könnte, die hemmend oder fördernd auf das Reis oder allgemein auf den Sproß wirken.

Solche Stoffe konnten in der Tat gefunden werden, zunächst im Bereich der Alkaloide. Darunter verstehen wir Pflanzenbasen, die Stickstoff in heterozyklischen Ringen enthalten. Sie sind im molekularen Bau sehr vielgestaltig und über das ganze Pflanzenreich verbreitet. So auffällig sie wegen ihrer Wirkung auf das Nervensystem sind, haben sie doch keine exklusive Stellung unter den Pflanzenstoffen. Sie zeigen oft auffällige Verwandtschaften zu anderen Pflanzenprodukten und sind nur eine Gruppe in der großen Welt der sekundären Pflanzenstoffe, zu denen auch Duftstoffe, Farbstoffe, Bitterstoffe, Harze usw. gehören. Diese Stoffe hat die Pflanze dem Tier voraus, ihnen verdankt sie ihre besondere Rolle als Lieferant natürlicher Heilmittel (vgl. MOTHES 1952).

So weit seit SERTÜRNERS Entdeckung des Morphins vor 150 Jahren die chemische Kenntnis dieser Alkaloide gefördert wurde — wir kennen etwa tausend derartiger Stoffe —, so wußten wir über ihre Bildung und Funktion im pflanzlichen Organismus bis vor kurzem noch so gut wie nichts.

Pfropfungsversuche haben hier entscheidend Wandel geschaffen. Pfropft man Tabak auf Tabakwurzel, so findet man im Sproß und in der Wurzel Nikotin. Man war noch vor wenigen Jahren der Meinung, daß das Tabakblatt das Alkaloid bildet und daß es vom Sproß zur Wurzel wandert. Wenn man nun Tabak auf Tomatenwurzel pfropft (Abb. 7), so enthält das Tabakreis nur Spuren von Nikotin, es ist „praktisch" nikotinfrei. Pfropft man umgekehrt Tomatenreis auf Tabakwurzel, so enthalten Reis und Wurzel Nikotin. Diese und ähnliche Ergebnisse wurden in gleicher Weise vor 15 Jahren in verschiedenen Ländern erzielt. Die daraus gezogenen Schlüsse waren aber sehr verschieden. Wir folgerten, daß Nikotin in nennenswerten Mengen nur in der Wurzel des Tabaks gebildet wird und daß diese das Alkaloid an das Reis oder bei einer intakten Tabakpflanze an den eigenen Sproß abgibt. ,,Die Wurzel muß als eine Hauptbildungsstätte des Alkaloids angesehen werden" (Mothes und Hieke 1943). Wir bewiesen diese Behauptung durch den Nachweis der Alkaloidbildung in isolierten Wurzeln (Tafel II, Abb. 8) und durch den des Alkaloidvorkommens im Blutungssaft, das bedeutet in dem aufwärts gerichteten Saftstrom. Soviel auch über die Fragen diskutiert worden ist — ich kann hier im einzelnen nicht auf die Geschichte des Problems eingehen —, dürfen wir feststellen, daß heute alle daran interessierten Laboratorien dieser vor allem von Dawson und uns begründeten Auffassung beigetreten sind (vgl. Mothes 1955).

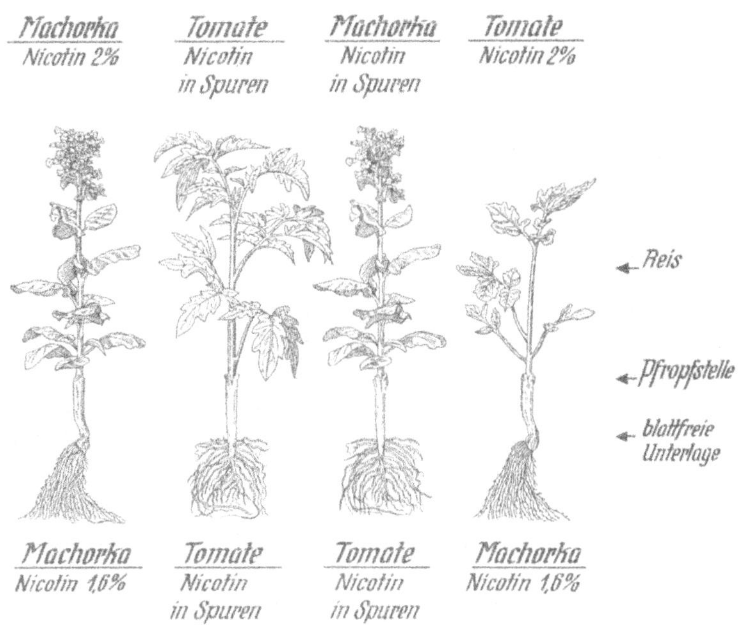

Abb. 7. Nikotinführung in der reziproken Pfropfung Tomate mit Machorka (*Nicotiana rustica*) und in den Kontrollpfropfungen (Schema).

In der Folge wurde gezeigt, daß auch der Sproß Alkaloide bilden kann, meist aber nur in Spuren, in einigen Fällen aber in großen Mengen: so die Kartoffelpflanze und ihre Verwandten die Solanine, eine Tabakart (*Nicotiana glauca*) das Anabasin, die Chinarindenbäume die Chininalkoloide, die Lupinen die Lupinenalkaloide usw. Aber in großen Zügen blieb die Wurzel ein bevorzugter Ort der Alkaloidsynthese. Damit war zum ersten Male die Vorrangstellung des Blattes gebrochen. Die Wurzel ist nicht allein ein chemisch abhängiges Organ, sie bringt auch eigene bedeutende chemische Leistungen hervor.

Wir schrieben 1943: ,,Diese Untersuchungen lenken zum ersten Male das Augenmerk auf die Wurzel als chemische Werkstätte besonderer Art und auf den Blutungsstrom als Transportmittel spezifischer Substanzen. Gelangten auf solche Weise bei unseren Versuchen wirkungslose Alkaloide in den Sproß, so könnten es in anderen Fällen auch physiologisch aktivere Stoffe sein. Damit wird nicht nur die Frage der Steuerung des Stoffwechsels der oberirdischen Organe durch unterirdische neu beleuchtet, sondern es erhält auch das Problem der chemischen Beeinflussung des Reises durch die Unterlage bei heteroplastischen Transplantationen ein neues Gesicht." Wir schrieben weiter: ,,Selbst wenn im Falle unserer Untersuchungen das einwandernde Nikotin oder Hyoscyamin über seine eigene Gegenwart hinaus den chemischen Charakter des Reises nicht ändern sollte, so schließt das nicht aus, daß in anderen Fällen solche Substanzen aktiver sind, entweder durch das Reis selbst in sekundären Reaktionen weiter modifiziert werden, wodurch ganz neue Stoffe auftreten könnten, oder aber reizend auf den Stoffwechsel des Pfropfsymbionten einwirken und diesen zu Neubildungen veranlassen" (siehe auch MOTHES 1953, 1955).

In jüngster Zeit sind nun mehrere Beispiele gefunden worden, die die Bildung noch anderer Substanzen in der Wurzel belegen.

ŽDANOVA (1954) pfropfte Rudbeckia, eine Composite, auf Taraxacum Kok-Saghyz, jenen Löwenzahn, der wegen seiner Fähigkeit, Kautschuk zu bilden, im vergangenen Jahrzehnt eine bedeutende Rolle in der sowjetischen Gummiwirtschaft gespielt hat. Rudbeckia selbst ist frei von Kautschuk. Die Kok-Saghyz-Unterlage enthielt aber auch dann Kautschuk, wenn Rudbeckia als Reis benutzt wurde. Das kann kaum anders gedeutet werden, als daß Kautschuk in der Wurzel entsteht (vgl. auch MCGAVACK und FAULKS). Während aber bei Kok-Saghyz wie auch bei Hevea Kautschuk in den isolierten Organen aus Kohlenhydraten gebildet werden kann, bedarf es bei der Guayule (*Parthenium argentatum*) der chemischen Mithilfe der Blätter durch Produktion spezifischer Vorstufen (BONNER).

CROMWELL und RENNIE (1953) zeigten, daß das Betain der Zuckerrübe in den Wurzeln gebildet und in den Sproß translociert und in den Blättern angereichert wird, ein treffendes Analogon zu den Alkaloiden auch unter dem Gesichtspunkt einer am Stickstoff methylierten Substanz.

Besonders wichtig erscheinen mir auch unsere Beobachtungen, daß Cumarine in der Wurzel in großen Mengen gebildet werden, so bei der Tollkirsche (*Atropa bella-donna*) Scopoletin und Umbelliferon (Tafel II, Abb. 8, MOTHES und KALA), und an den Sproß weitergegeben werden, was nicht allein durch Blutungssaftanalysen belegt ist (MOTHES 1953, WOLFGANG und MOTHES 1953), sondern auch durch die Tatsache, daß bei einer Pfropfung von Spargelklee (*Tetragonolobus*) auf Steinklee (*Melilotus*) im Reis auch Cumarin

Stickstoffverbindungen im Wurzelblutungssaft

(Analysen von REUTER und WOLFFGANG)

(*Sp = Spuren, 1 = wenig, 5 = sehr viel*)

	Sonnenblume	Fichte	Roßkastanie	Schwarzerle	Esche
Allantoinsäure			5		
Citrullin				5	
Glutamin	4—5	5	5	1	5
Asparagin	4		2	Sp.	
Glutaminsäure	3—4	2	3	Sp.	2
Asparaginsäure	Sp.	5	2	Sp.	2
Serin	3	1	1	Sp.	Sp.
Glycin		Sp.	1	Sp.	Sp.
Threonin	1		2		
Alanin	1	1			
Tyrosin	Sp.		Sp.		
γ-Aminobuttersäure	1	1	1		
Prolin			1		
Valin	1	Sp.	1		
Leucin			Sp.		
Isoleucin	Sp.	Sp.	1		
Lysin	1				
Arginin	1		Sp.		
Histidin			1		

vorkommt, das für Tetragonolobus ein fremder Stoff, für die Unterlage aber spezifisch ist (REPPEL und WAGENBRETH, unveröffentlicht).

Es liegen aus der jüngsten Literatur eine ganze Reihe bedeutsamer Hinweise vor, daß diese Cumarine als Keimhemmstoffe (Blastokoline) (EVENARI; KUHN und Mitarb.; MOEWUS; MAYER), als Wuchsstoffe und Antiwuchsstoffe (z. B. WINTER; GOODWIN und TAVES; BURSTRÖM 1954, LIBBERT) im Stoffwechsel der höheren Pflanzen eine wichtige Rolle spielen im Rahmen des sogenannten Auxin-Komplexes, der nicht allein für die vegetative Entwicklung, für Zellteilung und Zellstrekkung von ausschlaggebender Bedeutung ist, sondern offenbar auch in das Blühgeschehen eingreift, obwohl hier noch das meiste unklar ist.

Systematische Untersuchungen auf diesem Gebiet der Wurzeltätigkeit haben zu einigen überraschenden Ergebnissen auf dem Gebiete der Stickstoffassimilation geführt.

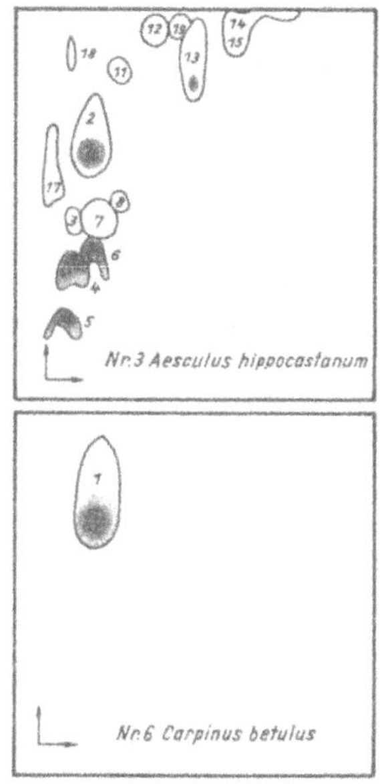

Abb. 9. Aminosäurennachweis mit Hilfe der Papierchromatographie in Wurzelblutungssäften. Nr. 3: Roßkastanie; Nr. 6: Hainbuche. Es bedeuten: 1 = Citrullin, 2 = Glutamin, 3 = Asparagin, 4 = Glutaminsäure, 5 = Asparaginsäure, 6 = Serin, 7 = Glycin, 8 = Threonin, 11 = γ-Aminobuttersäure, 12 = Prolin, 13 = Valin, 14 = Leucin, 15 = Isoleucin, 17 = Arginin, 18 = Histidin, 19 = unbekannte Aminosäure. Auf dem Chromatogramm von Nr. 3 nicht sichtbar die Allantoinsäure, da mit dem verwendeten Ninhydrin-Reagenz nicht anfärbbar (aus REUTER und WOLFFGANG).

Bereits BURSTRÖM (1937) hat darauf hingewiesen, daß Nitrat zum größten Teil in den Wurzeln der Weizenpflanzen assimiliert wird; aber es wurden daraus zunächst keine weiteren Konsequenzen gezogen. Wir fanden nun, daß bei fast allen untersuchten Pflanzen der in die Wurzel eindringende anorganische Stickstoff in organischer und zum Teil sehr spezifischer Form festgelegt und in dieser Form in den Sproß und vor allem in die Blätter transportiert wird. Dabei überwiegen jene Typen, die bevorzugt Asparagin und Glutamin und Asparaginsäure und Glutaminsäure neben anderen Aminosäuren bilden. Das überrascht nicht, da die leichte Bildung dieser Stoffe aus Intermediären des Tricarbonsäurezyklus ebenso bekannt ist wie ihre Eignung zur Weitergabe des Amino-Stickstoffes an α-Ketosäuren (MOTHES 1953; WOLFFGANG und MOTHES 1953).

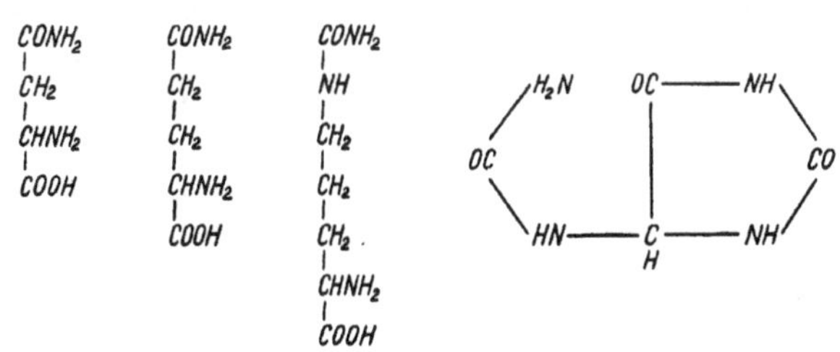

Asparagin Glutamin Citrullin Allantoin

Abb. 10. Die der Menge nach wichtigsten Produkte der primären Assimilation anorganischen Stickstoffes in der Wurzel.

Überraschender war, daß bei einer ganzen Reihe von Familien die Synthese dieser Substanzen stark zurücktrat und daß bisher im intermediären Eiweißstoffwechsel der Pflanzen fast unbekannte Stoffe sich in den Vordergrund schoben, im Extrem sogar als praktisch einzige Stickstoffverbindung von der Wurzel an den Sproß weitergegeben wurden. Das waren einmal Allantoin (Abb. 10) und Allantoinsäure, die im Blutungssaft von Ahornbäumen und Platanen beherrschend auftreten, aber auch in den Wurzeln verschiedener Hülsenfrüchtler, Borretschgewächse, der Roßkastanie (Abb. 9) (MOTHES und

ENGELBRECHT) u. a. entstehen. Diese Verbindungen waren bisher als Produkte des Nukleinsäurestoffwechsels aufgefaßt worden, in dessen Rahmen sie im tierischen Organismus tatsächlich gehören. Jetzt wurden neue Funktionen im pflanzlichen Stoffwechsel erkannt. Ähnliches gilt für das Citrullin, das in Wurzelblutungssäften der Betulaceen (Abb. 9) eine beherrschende Rolle spielt und dessen Bildung in der Wurzel noch im einzelnen zu erweisen sein wird. Durch diesen Citrullin-Strom, der von der Wurzel zum Sproß geht, sind alle einheimischen Betulaceen-Gattungen (Birke, Hasel, Hainbuche, Erle) scharf von den ihnen verwandten (einheimischen) Buchengewächsen chemisch unterschieden (s. Tab. S. 28, REUTER und WOLFFGANG).

Die Wurzel spielt demnach bei der primären Assimilation des anorganischen Stickstoffs eine entscheidende Rolle. Diese Aufgabe löst sie nicht nach einem allgemeinen Schema, sondern gelegentlich in einer sehr spezifischen Weise. Dabei haben äußere Bedingungen, wie z. B. die Sauerstoffversorgung, bedeutenden Einfluß.

In diesem Zusammenhang sind Versuche von KURSANOV von größtem Interesse, die dieser 1954 veröffentlicht hat. Er hat Wurzeln mit radioaktiv markiertem CO_2 gefüttert und das Schicksal dieser Verbindungen verfolgt und beobachtet, wie sie durch eine WOOD-WERKMAN-Reaktion schnell als Carboxylgruppe organischer Säuren erscheint. Der Akzeptor für dieses $^{14}CO_2$ ist eine aus dem Kohlenhydratabbau stammende Säure (Brenztraubensäure) (Abb. 11). Damit sind weitere wichtige assimilatorische Leistungen der Wurzel festgestellt. KURSANOV kommt im übrigen wie wir (MOTHES 1953, MOTHES und TREFFTZ 1954) zu der Feststellung, daß auch das in die Wurzel eindringende NH_3 dort zu Aminosäuren assimiliert wird. „Il faut donc reconnaître que le système radiculaire remplit une function importante dans le métabolisme protèique de la plante.“ In diesem Zusammenhang ist wichtig, auf eine Arbeit von KANDLER hinzuweisen, der durch den Nachweis von Aminosäurenausscheidungen isoliert und aseptisch kultivierter Maiswurzel dargelegt hat, daß solche Wurzeln mehr Aminosäuren bilden, als sie selbst benötigen. Die Vorstellungen von einer großen chemischen Potenz der Wurzel finden damit immer mehr Stützen. Uns aber interessierte ganz besonders die Frage, warum die Wurzel bestimmte Stoffe, wie die Alkaloide, fast ausschließlich synthetisiert, denn Aminosäuren werden auch in den Blättern gebildet. Und selbst Allantoin, das normal vorwiegend in der Wurzel und in den Achsen entsteht, kann z. B. bei hohen Temperaturen in Bohnenblättern oder in unreifen Samen in größeren Mengen entstehen.

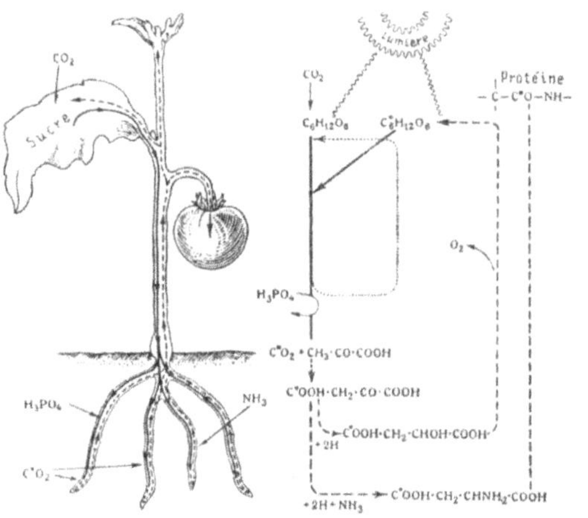

Abb. 11. Bindung von CO_2 und Synthese der Aminosäuren in der Wurzel. Schema (aus KURSANOV 1954).

Wir mußten zunächst prüfen, ob dieser wurzeleigene Prozeß der primären Assimilation des anorganischen Stickstoffs vielleicht die Ursache der Synthese der Alkaloide sein könnte. Wir versuchten deshalb diesen primären assimilatorischen Vorgang völlig in die Blätter zu verlagern.

Seit einiger Zeit werden in verschiedenen Ländern Obstbäume, Zuckerrübenpflanzen u. a. mit Lösungen besprüht, die Stickstoff meist in Form von Harnstoff enthalten. Dieser wird resorbiert und erhöht den Eiweißgehalt und die Stickstoffreserven der Pflanzen, was praktisch von großer Bedeutung sein kann. Hier handelt es sich um eine zusätzliche Stickstoffversorgung; der Hauptanteil des Stickstoffs wird dabei noch immer von der Wurzel aufgenommen. Wir haben diese Besprühung vor allem unter Benutzung von Ammoniumnitrat zu einer Methode entwickelt, um Alkaloidpflanzen allein (Tafel II, Abb. 12) über die Blätter unter völliger Umgehung der Wurzel mit Stickstoff zu versorgen. Solche Pflanzen wuchsen normal, sahen äußerlich den über die Wurzel mit gebundenem Stickstoff versorgten gleich aus und enthielten praktisch gleich viel Alkaloid. War dieses Alkaloid nun in den Blättern gebildet? Diese Frage mußte um so dringender gestellt werden, als einerseits erwiesen werden konnte, daß in jungen Sproßteilen tatsächlich eine geringe Menge von Alkaloid ständig gebildet wird (MOTHES und ROMEIKE; ROMEIKE), und daß andererseits die Blätter dieser Alkaloidpflanzen in der Lage waren, von der Mutterpflanze isoliert Wurzeln zu bilden (Tafel I, Abb. 4 u. 5). Es ist also die Potenz, Wurzel zu erzeugen, im Blattgewebe latent vorhanden. Konnten die Blätter nun auch spezifische chemische Funktionen der Wurzel übernehmen? Die genaue Analyse dieser Besprühungsversuche ergab ganz eindeutig, daß auch bei der Ernährung über das Blatt die Alkaloide in erster Linie und zum überwiegenden Teil in der Wurzel gebildet werden (MOTHES und TREFFTZ; MOTHES, TREFFTZ, REUTER und ROMEIKE). So zeigte sich, daß Wurzeln, die keinerlei Stickstoff von außen erhielten, wochenlang im Blutungssaft Alkaloid nach oben abgaben, und zwar nicht weniger als vom Boden her mit Stickstoff ernährte Wurzeln. Auch konnten Tollkirschenreiser, die sich über Tomatenwurzel befanden, nicht durch Besprühung zur nennenswerten Synthese von Alkaloiden des Atropintypus gezwungen werden (Tafel II, Abb. 13). Die Alkaloidsynthese ist also nicht ohne weiteres von der Wurzel loszulösen. Das Leben der Wurzel scheint sehr starr mit der Synthese solcher spezifischer Wurzelstoffe verbunden zu sein.

Daraus ergibt sich die Frage, ob diese in der Wurzel gebildeten Alkaloide eine Bedeutung haben. Darauf ist bis heute eine eindeutige Antwort nicht gegeben. Solange das Vorkommen von Alkaloiden sich als eine Ausnahme dargestellt hat, war man geneigt, eine allgemeine Funktion zu bestreiten. Und es scheint auch so zu sein, daß die großen Alkaloidmengen, die in den eigentlichen „Alkaloidpflanzen" vorkommen, für das Leben entbehrlich sind. Wenn wir Tabak oder Tollkirsche (Tafel II, Abb. 13) oder Stechapfel auf Tomatenwurzel pfropfen, so wachsen diese Reiser ganz normal; sie blühen und fruchten. Man sieht ihnen in keiner Weise an, daß sie auf fremder Wurzel stocken. Und dabei führen sie nur Spuren von Alkaloid. Sie sind aber nicht ganz frei davon. Solange es nicht gelingt, völlig alkaloidfreie Reiser zu erziehen, kann man nicht sagen, daß diese Stoffe völlig entbehrlich sind.

Noch schwieriger aber ist diese Frage bei den Wurzeln der Alkaloidpflanzen zu untersuchen, denn diese bilden unter allen Umständen Alkaloid. Wir haben uns bemüht, alkaloidfreie Sorten aus normal alkaloidführenden Arten zu entwickeln. Es ist bekannt, wie VON SENGBUSCH bei der Züchtung der „süßen Lupine", d. h. einer sogenannten „alkaloidfreien" Lupine, vorgegangen ist. Er hat Hunderttausende von Einzelpflanzen analysiert und die bitterstoffärmsten ausgewählt. So kam er allmählich zu Formen, die für die tierische Ernährung brauchbar waren, und dann konnte er den Alkaloidgehalt noch weiter drücken und Formen selektionieren, die für den menschlichen Genuß geeignet waren. Aber völlig alkaloidfreie Lupinen sind noch nicht bekannt geworden. Und obwohl wir Hunderte von Tabaksorten der ganzen Welt geprüft haben: es gibt wohl „praktisch" nikotinfreie Formen, genau genommen sind sie aber nur nikotinarm. Und so sind uns trotz vielfachen Bemühens alkaloidfreie Tollkirschen oder Stechapfelformen nicht bekannt geworden. Das ist doch sehr auffällig. Man hat den Eindruck, als könnten solche Formen nicht existieren. Denn wenn schon der Nikotingehalt des Tabaks von 10% bis 0,005% schwankt, warum erreicht er nicht 0%?

Wir sind dieser Frage nachgegangen und haben unter wertvoller Hilfe unserer Genetischen Abteilung Mutationsversuche mit Hilfe von Röntgenstrahlen an Tabak und Stechapfel durchgeführt und dabei mancherlei gestaltlich und chemisch neue, von der Norm abweichende Typen erhalten. Aber wir haben bisher keine Form gefunden, die frei ist von Alkaloid. Man kann sagen, die Versuche sind noch nicht groß genug angelegt. Statt 5000 Individuen der X_2-Generation müßte man 50000 untersuchen. Aber es bleibt auffällig, daß, obwohl chlorophylldefekte Mutanten mehrfach aufgetreten sind, eine total alkaloiddefekte bisher nicht anzutreffen war. Könnte das nicht im gleichen Sinne wie die ergebnislosen Selektionsversuche alkaloidfreier Formen gedeutet werden, daß in einem Mutationsversuch solche Formen wohl entstehen, aber die Jugend nicht überdauern, da Alkaloid zum Leben nötig ist? Totaler Alkaloidverlust würde danach ein Letalfaktor sein (Mothes, Romeike und Schröter 1955).

In diesem Zusammenhang muß darauf verwiesen werden, daß Alkaloide im Pflanzenreich viel weiter verbreitet sind, als bisher angenommen wurde. Das ist ein Ergebnis der ungeheuren Fortschritte auf analytischem Gebiet. Es werden also auch in Familien, die bisher als alkaloidfrei bezeichnet wurden, Alkaloide gefunden.

Ein sehr bezeichnendes Beispiel ist das Nikotin. Noch vor kurzer Zeit erschien das Nikotin so streng auf die Gattung Nicotiana—Tabak beschränkt, daß man es geradezu als ein sicheres Gattungsmerkmal bezeichnen konnte. Ja, man war geneigt, zu formulieren: Findet sich in einer Pflanze Nikotin, so gehört sie höchstwahrscheinlich in die Gattung Tabak.

Diese Vorstellung bedarf einer völligen Korrektur. Es zeigte sich nämlich, daß Nikotin keineswegs nur im Tabak, sondern vielleicht in allen Nachtschattengewächsen vorkommt, z. B. auch in der Tomate (Wahl). Aber nicht allein das; Nikotin findet sich auch in der *Composite Eclipta*, in *Asclepias*, im Mauerpfeffer, im Schachtelhalm und im Bärlapp. Diese Kenntnisse können keineswegs als abgeschlossen betrachtet werden. Man muß sich darüber völlig klar sein, daß wir im allgemeinen nur solche Stoffe finden, die sich durch ihre große Menge oder durch bestimmte Wirkungen auf unsere Sinne verraten, also durch Geruch, Geschmack, Farbe usw. Spurenstoffe ohne auffällige physiologische oder toxische Wirkungen werden nur auf großen Umwegen gefunden. Aber der Mensch oder das Säugetier schlechthin sind sehr beschränkte Teste. Die Antibiotika-Forschung hat nachdrücklich gelehrt, daß bei Wahl eines ganz neuen Test-Objektes, z. B. der eiterbildenden Staphylococcen, sich ganz neuartige Stoffe und Stoffgruppen verraten. Die chemische Erforschung der Pflanzen ist also noch nicht annähernd abgeschlossen. So ist es durchaus möglich, daß es noch viele Alkaloidpflanzen gibt und insbesondere noch viele Nikotinpflanzen.

Auf jeden Fall können wir heute nicht mehr sagen: Die Tabakpflanze ist dadurch gekennzeichnet, daß sie in ihrer Wurzel Nikotin bildet. Das können viele andere Pflanzen auch. Aber Tabak ist ausgezeichnet, große Nikotinkonzentrationen zu ertragen.

Und das ist ein sehr wesentliches Moment, das bisher vielfach übersehen wurde. Die Alkaloide verursachen tatsächlich nicht allein im Menschen bestimmte Wirkungen, sondern auch in Pflanzen. Wenn wir Tomate oder Tollkirsche auf nikotinreiche Machorkawurzel pfropfen, so wächst das Reis kümmerlich, zeigt chlorotische Erscheinungen an den Blättern. Besonders schön sind diese Schädigungen des Reises durch die Tabakunterlage bei der Tollkirsche zu sehen (Tafel III, Abb. 14). Im Licht bleichen die Blätter solcher Reiser vom Rande her aus. Das kann zu einem völligen Absterben des Reises führen (Mothes und Romeike 1954).

Nun fiel uns auf, daß diejenigen Tabakunterlagen das Reis am stärksten schädigen, die das meiste Nikotin produzieren. Und durch entsprechende Experimente konnte eindeutig gezeigt werden, daß tatsächlich Nikotin die Ursache der auffälligen Erscheinungen ist. Nun ist interessant, daß Tollkirsche normal selbst Nikotin bildet und führt, aber immer nur in Spuren. Nicht Nikotin an sich ist schädlich, sondern wir müssen mit PARACELSUS sagen: Die Dosis macht das Gift.

Wenn schon Tomate, Stechapfel, Tollkirsche usw. Nikotin in geringen Mengen selbst bilden, warum führen sie nicht soviel wie der Tabak? Weil sie es in hohen Konzentrationen nicht vertragen!

Wir haben Mutanten von Datura gefunden, die mehr als Spuren von Nikotin führten. Sie blieben im Wuchs zurück.

Jedes Alkaloid ist auch der eigenen Pflanzenart ein Gift. Es kommt allein auf die Konzentration an. Es ist deshalb nicht leicht, besonders alkaloidreiche Formen zu züchten. Den Alkaloidgehalt durch Mutationsversuche zu steigern, ist wohl prinzipiell nicht schwer, aber den Faktorenkomplex „resistent gegen viel Alkaloid“ zu entwickeln, das erscheint kompliziert.

Diese Versuche berühren ein anderes für den Gartenbau und besonders für den Obstbau sehr wichtiges Problem: das der Unverträglichkeit von Pfropfpartnern.

Man weiß seit langem, daß Birnen und Äpfel schwer aufeinanderzupfropfen sind, daß man andererseits Stachelbeeren auf Eberesche veredeln kann. Man hat die Ursache dieses Zusammenpassens bald in der Anatomie, bald in der Eiweißähnlichkeit gesucht. All das befriedigt aber sehr wenig. Ich möchte nur daran erinnern, daß darin keine Erklärung für die sehr häufige Verschiedenheit im Verhalten reziproker Pfropfungen gesehen werden kann. Wenn A auf B wächst, aber B nicht auf A, so sind Anatomie und Eiweiße der Partner doch unverändert. Aber der Fall der Pfropfungen mit Tabaksunterlagen beweist, daß spezifische Wurzelstoffe die Ursache der Unverträglichkeit sein können und sicher in vielen Fällen sind.

Dafür spricht auch, daß die Reiser oft zunächst gut anwachsen und daß die Schädigung erst ganz langsam einsetzt und sich verstärkt, wie das einleitend schon erwähnt wurde. Das deutet auf die allmähliche Akkumulation einer schädlichen Substanz hin.

Ein besonders treffendes Beispiel soll dies noch demonstrieren. Wir haben beim Studium der Nikotinsynthese nach solchen Pfropfpartnern gesucht, die wohl auf Tabakwurzel wachsen, aber selbst kein Nikotin führen. Wir waren glücklich, in der Zinnia elegans eine mit Tabak nicht verwandte Art zu haben, die sich gut auf Tabak pfropfen läßt (Tafel III, Abb. 15). Aber warum verträgt diese Zinnia die sonst so giftigen Wurzelstoffe des Tabaks? Die Antwort fiel sehr einfach aus. Mein Mitarbeiter SCHRÖTER (1955) untersuchte ungepfropfte Zinnia. Sie enthielt Nikotin in größeren Mengen, die denen durchschnittlicher Tabake entsprechen. Zinnia gehört also zu jenen seltenen Pflanzenarten, die Nikotin bilden und dieses wie Tabak in größeren Konzentrationen vertragen. Diese Verträglichkeit ist ein sehr wichtiges Moment für die Frage der Untersuchung einer lebenswichtigen Rolle der Alkaloide. Man hat sich bisher dabei an die typischen Alkaloidpflanzen, d. h. an die alkaloidreichen Pflanzen gewandt. Ist das richtig? Colchizin ist ein spezifisches Gift der Kernteilung, aber auf die Herbstzeitlose (*Colchicum*), in der es vorkommt, wirkt es nicht. Wir haben deshalb nach Wirkungen der Alkaloide auf solche Pflanzen gesucht, die diese Stoffe nicht oder nur in Spuren enthalten.

Diese Untersuchungen sind noch in vollem Gange. Aber gewisse Pfropfungen und gewebephysiologische Versuche (Dr. RAMSHORN, unveröffentlicht) deuten darauf hin, daß Alkaloide eine Rolle im Wuchsstoff-Antiwuchsstoffkomplex spielen können. In die gleiche Richtung weisen Versuche über die Blühförderung bei Sojabohnen durch FISHER und LOOMIS. Sie besprühten zwei Monate alte Pflanzen mit Nikotinsulfat und erreichten Blühen auch bei einer Tageslänge, die normal die Pflanze vegetativ läßt. Vielleicht sind hier wichtige Ansatzpunkte für die Weiterarbeit gegeben. Und es ist interessant, daß eine andere Klasse von Wurzelstoffen, die Cumarine, ebenfalls im Wuchsstoffkomplex eine wichtige Rolle zu spielen scheinen, worauf ich schon hingewiesen habe. Man muß aber vorerst diese Zusammenhänge mit der größten Vorsicht diskutieren.

Es wäre eine einseitige und die neuen Ergebnisse falsch einschätzende Darstellung, wenn ich nicht zum Schluß noch darauf eingehen würde, daß auch der Sproß die Wurzel tiefgreifend beeinflußt, und nicht nur dadurch, daß er Kohlenhydrate liefert und Vitamine. Es gibt noch andere Wirkungen, wahrscheinlich hormonaler Art, die die Aktivität der Wurzel bei der Stoffaufnahme wie auch bei der Produktion spezifischer Wurzelstoffe entscheidend fördern oder begrenzen.

Ich möchte, um dies zu demonstrieren, auf die bereits geschilderte Pfropfung Tollkirsche auf Tabak (Tafel III, Abb. 14) zurückkommen. Da sahen wir in der Verfärbung der Blätter des Reises unmittelbar die Nikotinwirkung, und wir können aus dem Grad der Verfärbung auf die Menge des aus der Wurzel aufsteigenden Nikotins schließen.

Es zeigte sich nun, daß, sobald das Tollkirschenreis zum Blühen kommt, offenbar die Nikotinwirkung nachläßt; die Blätter bleiben grün (Tafel III, Abb. 16). Sind diese nun nicht mehr empfindlich oder ist Nikotin nicht mehr in genügend toxisch wirkender Konzentration da? Die Untersuchung des Wurzelsystems ergab, daß tatsächlich wesentlich weniger Nikotin produziert wird. Das Blühen hemmt die spezifische chemische Aktivität der Wurzel.

Das ist übrigens die wissenschaftliche Erklärung für eine alte Erfahrung der Heilpflanzenanbauer. Man ernte kurz vor oder während der Blüte, dann erhält man die hochwertigsten Drogen.

Wenn man ein solches blühendes Reis zurückschneidet und aus dem Wundgewebe regenerieren läßt, so gestattet dieses vegetativ gewordene Reis sofort wieder intensivere Alkaloidbildung in der Wurzel. Dies beweist die Analyse. Auch traten die Schädigungen in den Blättern des Reises wieder auf (Tafel IV, Abb. 17). Diese Beobachtung ist von einer gewissen Bedeutung für die Steuerung der Wurzeltätigkeit vom Sproß her.

Diese einfachen Versuche finden ihre Parallelen in einer im Tabakanbau viel geübten Maßnahme: im ,,Geizen" und ,,Köpfen", d. h. im Ausschneiden der Seiten- und Endtriebe, wodurch die Blattentwicklung gefördert wird und die Assimilate aus den Blättern nur in geringem Maße abströmen. Solche künstlich am Blühen gehinderten Pflanzen sind reich an Alkaloid, nicht allein prozentual auf das Trockengewicht bezogen, sondern auch absolut. Man kann nicht, wie es vielfach geschehen ist, von einem Stauungseffekt sprechen, sondern es liegt eine echte Mehrerzeugung von Alkaloid vor. Diese gesteigerte Aktivität der Wurzel konnte schon dadurch demonstriert werden, daß der Blutungssaft der gegeizten Pflanzen bedeutend reicher an Nikotin ist als der der blühenden (REUTER, unveröffentlicht). Blühen bedeutet also Aktivitätsminderung der Wurzel.

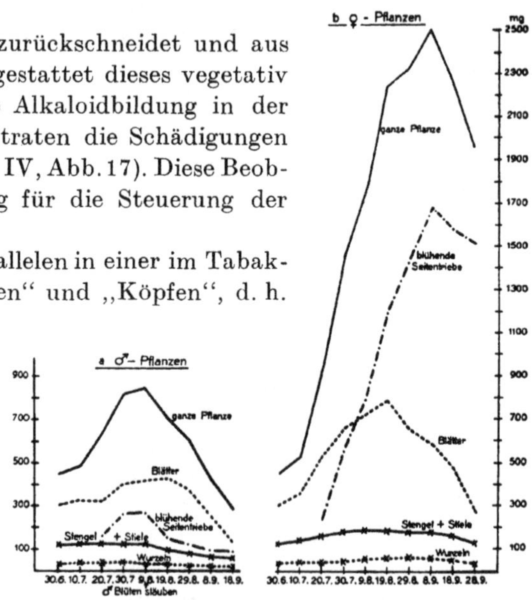

Abb. 18. Stickstoffaufnahme, Stickstoffverteilung und Stickstoffverlust in männlichen (a) und weiblichen (b) Hanfpflanzen. Ordinate: mg Gesamt-Stickstoff in 1 Pflanze; Abszisse: zeitliche Entwicklung. (MOTHES und ENGELBRECHT 1952.)

Diese sehr bedeutsamen Beziehungen haben wir beim Hanf näher studieren können. Es gibt Rassen, die ziemlich rein die Geschlechter auf verschiedene Individuen verteilt zeigen. Bis zum Beginn des Blühens verhalten sich beide Typen ziemlich gleich. Aber danach treten große Unterschiede auf. Während bei den weiblichen Pflanzen die Entwicklung fortgesetzt wird, ihre Seitenzweige und vor allem ihre Wurzeln stark weiterwachsen und während Stickstoff in großen Mengen der Nährlösung entzogen wird (Abb. 18b), stellen die männlichen Pflanzen mit der Entfaltung der Blüten ihr Wachstum ein. Das ist zunächst am Wurzelsystem zu beobachten (Tafel IV, Abb. 20), dann vergilben die Blätter von unten nach oben. Die ganze Pflanze welkt dahin und stirbt (Tafel IV, Abb. 19). Damit ist nicht nur eine völlige Bremsung der Stickstoffaufnahme durch die Wurzeln verbunden, sondern es setzt sogar ein rückläufiger Prozeß ein (Abb. 18a). Als Folge eines völligen Zusammenbruchs des Eiweißstoffwechsels überwiegt der Abbau, die gebildeten löslichen Stickstoffverbindungen verlassen die Pflanze und diffundieren in die Bodenlösung zurück. Je Pflanze können in etwa 2 Wochen 200 mg Stickstoff und mehr die Pflanze wieder verlassen (Mothes und Engelbrecht 1952, Mothes 1953).

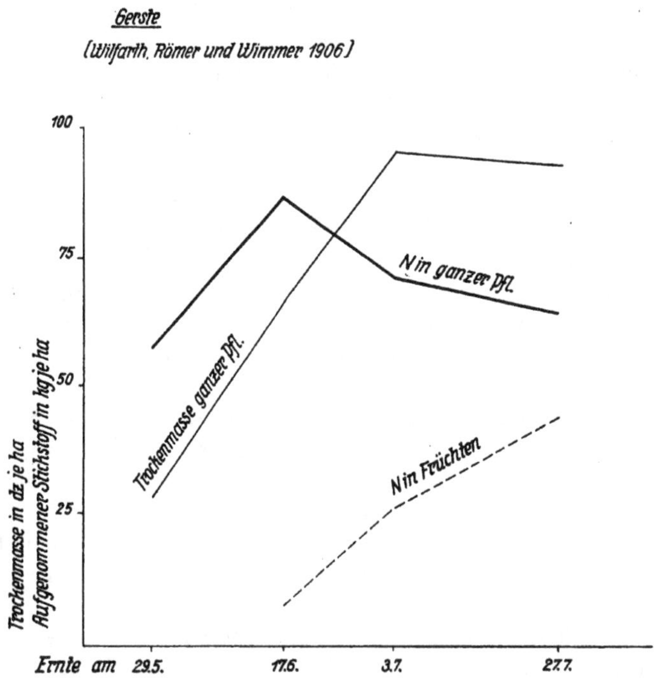

Abb. 21. Trockenmasse (dz je ha) und Gesamt-Stickstoff (kg je ha) der Gerste in der Entwicklung vom 29. 5. bis zur Vollreife (gez. nach Tab. von Wilfarth, Römer und Willer).

Dieser Vorgang der Inaktivierung der Wurzel in ihren spezifischen Funktionen der Stoffaufnahme und der Synthese ist von großer Bedeutung für viele einjährige Kulturpflanzen. Wir haben wiederholt darauf hingewiesen, daß schon vor einem halben Jahrhundert Wilfarth, Römer und Wimmer Belege dafür gebracht haben, daß z. B. Getreide die Stoffaufnahme mit dem Beginn des Schossens weitgehend einstellt. Die Pflanze wächst dann weiter auf Kosten der bereits gespeicherten Salze und Stickstoffverbindungen. Das hat Pearsall in neuen Untersuchungen ebenfalls schön belegt. Würde es uns gelingen, diese Wurzelinaktivierung zu überwinden, könnten wir wesentlich eiweißreicheres Getreide produzieren. Aber das natürliche Austrocknen des Halmes wäre erschwert. Man kann diese Prozesse hemmen, indem man durch starke Kopfdüngung die Stickstoffkonzentration des Bodens erhöht. Man kann aber auch durch Blattbesprühungen mit gebundenem Stickstoff den Rohproteingehalt der Früchte steigern.

Aus diesen Bemerkungen ist zu ersehen, daß die Funktionen der Wurzel sich nicht darin erschöpfen, daß sie die Pflanzen im Boden verankern und aus ihm Nährstoffe entnehmen. Sie leisten noch bedeutend mehr durch spezifische assimilatorische Prozesse und Synthesen. Diese werden in einer engen Wechselwirkung mit dem Sproß entfaltet. So unerläßlich es ist, einzelne biochemische Vorgänge dadurch sauber zu studieren, daß man sie aus dem Zusammenhang mit der ganzen Pflanze löst und selbst aus dem Zusammenhang mit einzelnen Organen und Geweben und ihnen im Gewebebrei und in Extrakten nachspürt, darf man doch nicht übersehen, daß die Biochemie nicht die ganze Physiologie darstellt. Diese hat ihre eigentümliche Problematik gerade im Zusammenhang des Ganzen, das mehr ist als eine einfache Summe seiner Teile. Die Kenntnis der Wechselwirkung der Teile wird nicht allein unsere Vorstellung vom Wesen eines Organismus vertiefen, sie ist auch von großer Bedeutung für die Lenkung der pflanzlichen Produktion und damit für die Landwirtschaft.

In diesem Zusammenhang muß noch auf folgendes hingewiesen werden. Da kein Zweifel mehr darüber bestehen kann, daß spezifische (Alkaloide, Cumarine) und unspezifische (Aminosäuren) Wurzelstoffe auch in den Boden ausgeschieden werden, muß auf solchem Wege die Welt der Mikroorganismen beeinflußt und vielleicht in eigentümlicher Weise geprägt werden. Auch ergibt sich die Frage, ob solche Wurzelstoffe für die Verträglichkeit der Arten oder das gegenseitige Ausschließen von Arten in bestimmten Gesellschaften entscheidend verantwortlich sind. Das ist ein wichtiges Problem für die Soziologie allgemein, für den Mischfruchtbau und die Fruchtfolge im besonderen. Darüber ist viel spekuliert worden. Hier haben wir einige neue Gesichtspunkte zur kausal-analytischen Behandlung des Problems mitgeteilt.

Ich bin am Ende meines Berichtes. Aber ich kann nicht schließen, ohne der Akademie für ihre großzügige Förderung unserer Arbeiten zu danken und allen meinen technischen und akademischen Mitarbeitern, von denen folgende an den geschilderten Experimenten in besonderem Maße und selbständig beteiligt sind:

Die Damen Fräulein Engelbrecht, Fräulein Romeike, Fräulein Trefftz und die Herren Kala, Ramshorn, Reppel, Reuter, Schröter, Wolffgang. Auch danke ich meinen westdeutschen Kollegen, die im Sinne eines unteilbaren geistigen Deutschlands uns ständig durch Chemikaliensendungen unterstützt haben.

Vielleicht hätte dieser oder jener meiner Zuhörer lieber etwas von Tagesaufgaben unseres Instituts, vom Wirken der Wissenschaft in der Praxis gehört. Es wäre nicht schwierig gewesen, über die Züchtung wertvollen Mutterkorns, über scopolamin- oder santoninreiche Pflanzen vorzutragen und über ähnliche Arbeiten, die belegen könnten, daß wir nicht uninteressiert an den Problemen unserer Wirtschaft sind. Aber man wird an einem solchen Tage von der Akademie erwarten, daß sie Rechenschaft darüber ablegt, ob in ihren Instituten noch neue Wege gegangen werden. Gewiß, man überschätzt leicht das Neue. Die neuen Gedanken werden sich erst im Schmelztiegel weiterer Untersuchungen und der Kritik der Fachgenossen zu behaupten haben. Dann wird man entscheiden können, ob diese in eine Wildnis gehauene Schneise ein neuer Weg in ein wichtiges Gebiet der Wissenschaft vom Pflanzenleben und ihrer praktischen Anwendung gewesen ist. Aber die mitgeteilten Tatsachen berechtigen uns, eindringlich zu sagen: Pflegt die Wurzeln von unten und von oben!

LITERATURVERZEICHNIS

Bonner, J., Plant Biochemistry, New York (Academic Press) 1950 (S. 418).
Burström, H., Ann. d. Landw. Hochschule Schwedens **6**, 1, 1937.
Burström, H., Physiol. Plantar. **7**, 548, 1954.
Chibnall, A. Ch., Protein metabolism in the plant (New Haven) 1939, New Phytologist **53**, 31, 1954.
Cromwell, B. T., u. Rennie, S. D., Biochem. Journ. **55**, 189, 1953; **58**, 318, 322, 1954.
Evenari, M., Botan. Rev. **15**, 153, 1949.
Fisher, J. E., u. Loomis, W. C., Science **119**, 71, 1954.
Goodwin, R. H., u. Taves, C., Amer. Journ. Bot. **37**, 224, 1950.

Abb. 1. Aseptische Kultur isolierter Sprosse (*Cyphomandra betacea*).

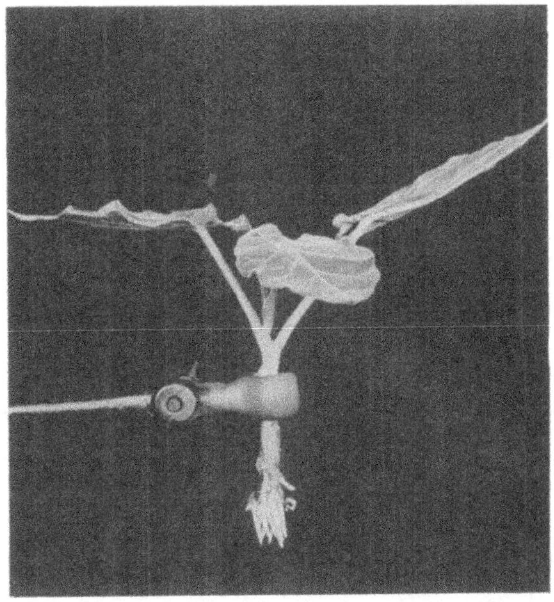

Abb. 2. Adventivwurzelbildung an dem der Schnittfläche nahen Teil der Sproßachse bei aseptischer Kultur (*Cyphomandra betacea*).

Abb. 3. Aseptische Kultur isolierter Blätter (*Cyphomandra betacea*).

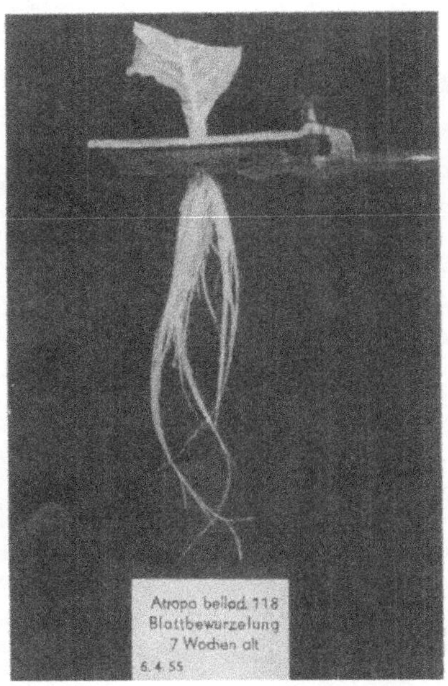

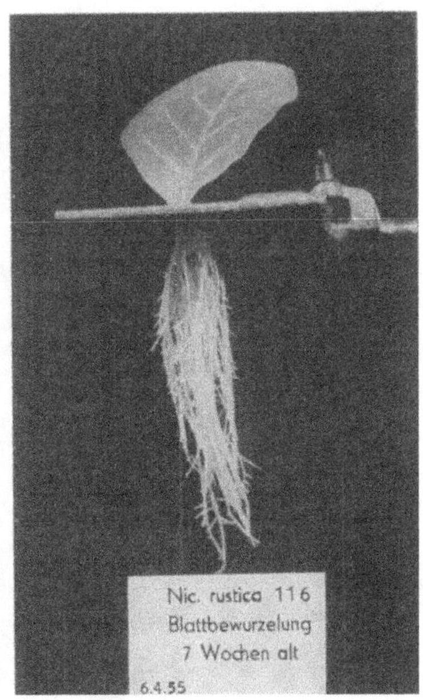

Abb. 4 u. 5. Blätter der Tollkirsche (*Atropa*) und des Bauerntabaks (*Nicotiana rustica*), durch Einwirkung von β-Indolylessigsäure zur Adventivwurzelbildung gebracht.

Abb. 6. Einfluß der Unterlage auf das Wachstum des Reises (*Hyoscyamus muticus*). Dieses wächst auf Bauerntabak (*Nicotiana rustica*) sehr üppig, auf Tomatenbaum (*Cyphomandra*) sehr schlecht.

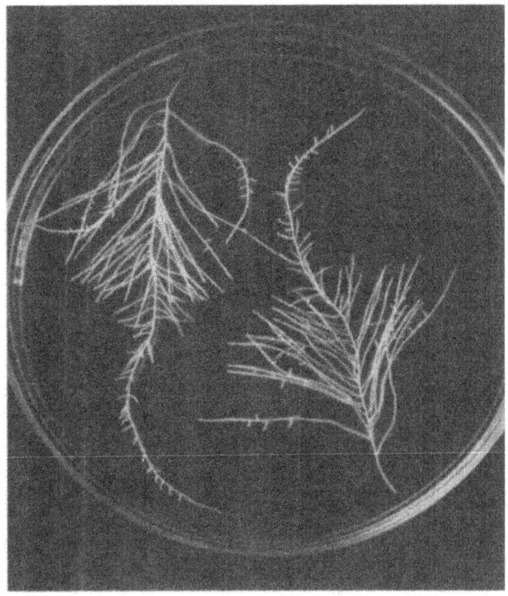

Abb. 8. Asptische Kultur der Wurzel der Tollkirsche (*Atropa*). 1 cm lange Wurzelspitzen wachsen in einer synthetischen Nährlösung, die K, Ca, Mg, Fe, Mn, Zn, B, Cl, J, NO_3, PO_4, SO_4, Rohrzucker, Glycin, Vitamin B_1 und B_6 enthält, innerhalb von 3 Wochen zu 20 cm Länge heran und verzweigen sich auf das Vielfache dieser Länge. Sie enthalten reichlich Alkaloide und Cumarine und scheiden diese auch in die Lösung aus.

Abb. 12. Machorka (*Nicotiana rustica*) in Hohenbockaer Sand kultiviert, der mit allen Nährstoffen versehen wird, d. h. (links) auch Stickstoff in gebundener Form erhält. Nur die rechte Pflanze wird ohne Stickstoff im Boden herangezogen. Sie erhält diesen unentbehrlichen Nährstoff als NH_4NO_3 durch Besprühung der Blätter.

Abb. 13. Pfropfungen von Tollkirsche (*Atropa*) auf Tomatenwurzel. Die Pflanze links erhielt Stickstoff nur über die Blätter, rechts nur über die Wurzel. Die Reiser entwickeln sich gleich gut. In beiden Fällen Alkaloide nur in Spuren im Reis; entscheidend für die Alkaloidführung ist nicht die Form der Stickstoff-Ernährung, sondern allein die Natur der Wurzel.

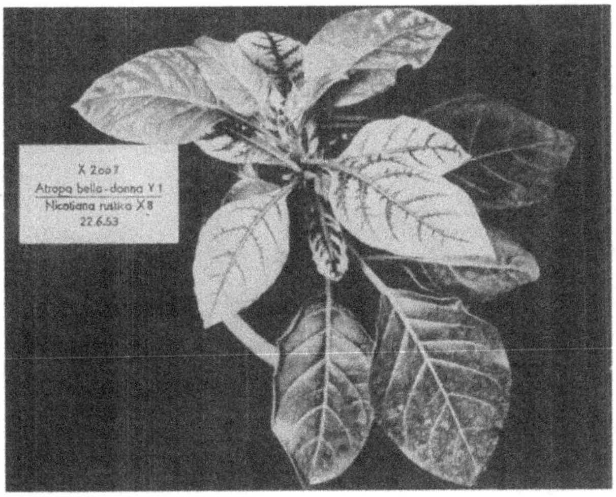

Abb. 14. Chlorophyllschwund in den Blättern eines Tollkirschenreises über Machorka-Unterlage, deren große dunkle Blätter unter den weißbunt gefärbten des Reises sichtbar sind.

Abb. 15. Pfropfung Zinnia auf Tabak. Die Unterlage trägt ein großes Blatt.

Abb. 16. Pfropfung Tollkirsche (*Atropa*) über Wurzel von Machorka (*Nicotiana rustica*). Während die untersten Blätter des Reises noch die weißbunte Blattzeichnung als Ausdruck der Nikotinschädigung zeigen, sind die später gebildeten Blätter des nunmehr blühenden Reises weitgehend frei davon.

Abb. 17. Pfropfung Tollkirsche auf Machorka wie Abb. 16, aber Reis zurückgeschnitten. Neugebildete Blätter zeigen erneut die Nikotinschädigung.

Abb. 19. Männlicher Hanf links: Pflanze stirbt nach der Blüte, die Blätter werden abgestoßen. Weiblicher Hanf rechts: Die Pflanze entfaltet sich nach der Blüte weiter.

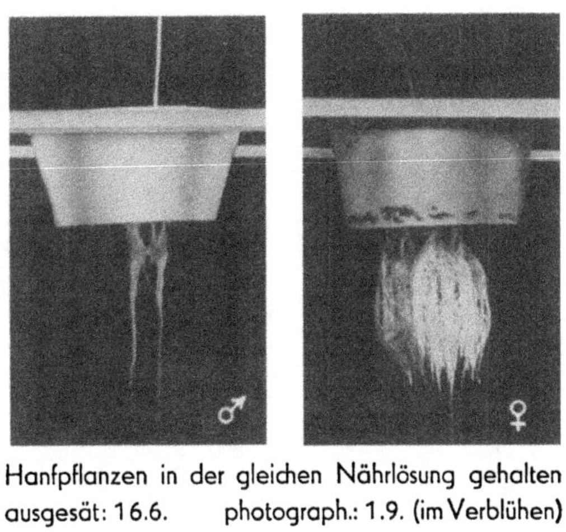

Abb. 20. Während die Wurzelsysteme der Hanfpflanzen bis zum Beginn des Blühens keine sichtbaren geschlechtsgebundenen Unterschiede zeigen, bleibt mit Blühbeginn das Wachstum der männlichen Wurzeln stehen, während das der weiblichen rasch fortschreitet und besonders üppig erfolgt. Das Bild zeigt beide Wurzelsysteme 20 Tage nach Blühbeginn.

KANDLER, O., Zeitschr. f. Naturforschg. **6**b, 437, 1951.
KUHN, R., MOEWUS, F., MÖLLER, L., u. LETTRÉ, H., Naturw. **31**, 468, 1943.
KURSANOV, A. L., Essais de Botanique I (S. 412) Moskau 1954.
LIBBERT, E., Planta **45**, 68, 1955.
MAYER, A. M., Physiol. Plantar. **6**, 413, 1953.
MCGAVACK, J., u. FAULKS, P., Rubber Age **58**, 204, 1954.
MOEWUS, FR., MOEWUS, L., u. SCHADER, E., Z. f. Naturf. **6**b, 261, 1951.
MOTHES, K., u. HIEKE, K., Naturw. **31**, 17, 1943.
MOTHES, K., Nova Acta Leopoldina **15**, 63, 1952.
MOTHES, K., u. ENGELBRECHT, L., Flora **139**, 586, 1952.
MOTHES, K., u. ENGELBRECHT, L., Flora **139**, 1, 1952a.
MOTHES, K., u. ROMEIKE, A., Flora **139**, 181, 1952.
MOTHES, K., Die Kulturpflanze **1**, 157, 1953; Dtsch. Apoth. Ztg. **93**, 821, 1953.
MOTHES, K., u. ROMEIKE, A., Flora **142**, 109, 1954.
MOTHES, K., u. TREFFTZ, G., Naturw. **41**, 382, 1954.
MOTHES, K., TREFFTZ, G., REUTER, G., u. ROMEIKE, A., Naturw. **41**, 530, 1954.
MOTHES, K., Ann. Rev. of Plant Physiol. **6**, 393, 1955.
MOTHES, K., ROMEIKE, A., u. SCHRÖTER, H.-B., Naturw. **42**, 214, 1955.
MOTHES, K., u. KALA, H., Naturw. **42**, 159, 1955.
MOYSE, A., Respiration et metabolisme azoté 210 S. Paris (Hermann & Cie.) 1950.
NITSCH, J. P., Ann. Rev. of Plant Physiol. **4**, 199, 1953.
PEARSALL, W. H., Endeavour **8** (Nr. 31) 1949.
PRIESTLEY, J. H., u. WORMALL, A., New Phytolog. **24**, 24, 1925.
REUTER, G., u. WOLFFGANG, H., Flora **142**, 146, 1954.
ROMEIKE, A., Die Pharmazie **8**, 668, 729, 1953.
SCHRÖTER, H.-B., Arch. d. Pharmazie **288**, 141, 1955.
WAHL, R., Tabakforschung Nr. 8, 3, 1952, Nr. 10, **3**, 1953.
WILFARTH, H., RÖMER, H., u. WIMMER, G., Landw. Verf. Stat. **63**, 1, 1905.
WINTER, H., Planta **44**, 636, 1954.
WOOD, J. G., Ann. Rev. of. Plant Physiol. **4**, 1, 1953.
WOLFFGANG, H., u. MOTHES, K., Naturw. **40**, 606, 1953.
ŽDANOVA, L. P., Dokl. Akad. Nauk. SSSR. **94**, 337, 1954.

Lied und Märchen als Stimme des Volkes

Von *Wolfgang Steinitz*

Im Jahre 1778 veröffentlichte HERDER unter dem Titel „Volkslieder" seine berühmte Sammlung, deren zweite Auflage heute unter dem Namen „Stimmen der Völker in Liedern" bekannt ist. Die unmittelbare Anregung zu seiner Liedersammlung hatte er von PERCY erhalten, dem englischen Geistlichen, der 1765 sein in England begeistert aufgenommenes Werk „Reliques of Ancient English Poetry" (Reste alter englischer Dichtung) herausgegeben hatte. Es handelt sich jedoch bei HERDER nicht um eine einfache Übernahme, sondern um eine tiefgreifende Weiter- und Umbildung, die sich schon in dem Unterschied der Terminologie von PERCY und HERDER zeigt.

PERCY nannte seine Lieder ancient poetry, alte Dichtung. Im Gegensatz zu dem in der ersten Hälfte des 18. Jahrhunderts in England herrschenden Pseudoklassizismus und der Nachäfferei des Französischen Hofes wandte er sich dem Nationalen, dem echt Englischen zu, das er in der Vergangenheit und besonders im Mittelalter verkörpert sah. In seiner Vorrede kommt gelegentlich auch der Ausdruck popular poem, Volkspoem, vor, aber nur, um auszudrücken, daß diese von der feinen Gesellschaft vergessenen Lieder im Volk weiterleben und ohne daß auf ihm ein Schwergewicht ruht.

HERDER nannte den ersten Entwurf seiner Sammlung 1774 „Alte Volkslieder", die eigentliche, 1778 veröffentlichte Ausgabe dagegen nur noch „Volkslieder". Für ihn ist das Entscheidende bei der Beschäftigung mit dem Volkslied nicht, daß es alt ist, sondern daß es die eigene „Stimme des Volkes" darstellt.

Während die frühe Aufklärung in Deutschland vom Volk völlig isoliert lebte und weder Interesse noch Verständnis für die Volksdichtung kannte, fühlt sich HERDER, wie das HEINZ STOLPE unlängst in seiner Arbeit sehr schön gezeigt und auch begründet hat, dem Volk aufs engste verbunden und sieht in ihm einen entscheidenden Faktor für die Durchsetzung seiner demokratischen, antifeudalen und patriotischen Ideen. Dies ist der Weg, der HERDER „zu der Entdeckung der schöpferischen Potenzen" des einfachen Volkes, damals insbesondere der Bauern, „führt".

Die Ideen HERDERS werden vom Sturm und Drang aufgenommen und weitergeführt. Wie fruchtbar diese gesellschaftlich-politisch fortschrittlichen Ideen für die deutsche Poesie werden sollten, zeigt sich besonders an GOETHE, der, in seiner Straßburger Zeit 1770 mit HERDER bekannt geworden und durch ihn auf die Volkspoesie aufmerksam gemacht, selbst Volkslieder im Elsaß aufzeichnet, die er, wie er dann an HERDER schreibt, auf seinen „Streifereien aus den Kehlen der ältesten Mütterchens aufgehascht" hat. Durch diese Berührung und durch das neu in ihm erwachte Verständnis für die einfache Schönheit der Volkspoesie überwindet er den modisch-steifen Ton seiner Leipziger Rokokodichtung und findet einen neuen, schlichten, innigen und volksnahen Ton — man denke nur an die herrlichen Sesenheimer Gedichte der Straßburger Zeit. Auch Schöpfungen wie das „Heidenröslein" oder „Der König von Thule", also gerade die Lieder GOETHES, die selbst wieder besonders volkstümlich geworden sind, sind ohne seine Berührung mit dem Volkslied nicht denkbar.

Hier hat das bis dahin von den Gebildeten unbeachtete und nur zu oft verachtete einfache Volk das Interesse und die Zuneigung der demokratisch gesinnten jungen bürgerlichen Intelligenz sogleich mit einer Gegengabe von weltliterarisch gewordener Bedeutung belohnt und damit die Fruchtbarkeit des Bündnisses der Intelligenz mit dem Volk gerade auch auf künstlerischem, kulturellem Gebiet dokumentiert.

Für HERDERs Volksliedinteresse, das vor der Bekanntschaft mit PERCY liegt, und insbesondere für seine Volksliedkonzeption, ja für sein Verständnis der schöpferischen Fähigkeiten des Volkes ist seine Rigaer Zeit, in der er mit den Sitten und Liedern der Letten und Esten bekannt wurde, von entscheidender Bedeutung gewesen. Das zeigt deutlich folgende Stelle aus dem „Briefwechsel über OSSIAN und die Lieder der alten Völker" von 1773.

(HERDER bedauert, keine Gelegenheit gehabt zu haben, bei den durch OSSIAN oder PERCY berühmt gewordenen schottischen Sängern oder bei den Wilden Amerikas wahren Volksgesang zu hören; an einen Kritiker gewendet, der ihm seinen überschwenglichen Enthusiasmus für die Volkslieder vorgeworfen hatte, fährt er fort):

> „Aber auch das ist noch nicht eigentlich Genesis des Enthusiasmus, über welchen Sie mir Vorwürfe machen; denn sonst wäre er vielleicht nichts als individuelles Blendwerk . . . Wissen Sie also, daß ich selbst Gelegenheit gehabt, lebendige Reste dieses alten, wilden Gesanges, Rhythmus, Tanzes unter lebenden Völkern zu sehen, denen unsere Sitten noch nicht völlig Sprache und Lieder und Gebräuche haben nehmen können, um ihnen dafür etwas sehr Verstümmeltes oder nichts zu geben. Wissen Sie also, daß, wenn ich einen solchen alten Gesang mit seinem wilde Gange gehört, ich fast immer gestanden: was haben solche Völker durch Umtausch ihrer Gesänge gegen eine verstümmelte Menuet und Reimleins . . . gewonnen? Sie kennen die beiden Lettischen Liederchen, die LESSING in den Literaturbriefen anzog."

Im Baltikum trat HERDER der Gegensatz zwischen dem leibeigenen Bauernvolk und dem herrschenden Feudaladel in besonders schroffer Form entgegen, gesteigert noch durch den nationalen Gegensatz zwischen den unterdrückten Esten und Letten und den herrschenden baltendeutschen Baronen. Das Elend der leibeigenen baltischen Bauern ist von einigen mutigen, fortschrittlichen deutschen Schriftstellern der Herderzeit — MERKEL, PETRI und SCHLEGEL — in scharf anklägerischen Werken geschildert worden. In einer Rezension über MERKEL schreibt HERDER:

> „Der Verfasser . . . ist durch seine . . . Schrift ‚Die Letten, vorzüglich in Liefland, am Ende des philosophischen Jahrhunderts. Ein Beytrag zur Völker- und Menschenkunde' aufs rühmlichste bekannt. Er hat das Elend der liefländischen Nation in der Leibeigenschaft so herzergreifend geschildert, daß er nicht etwa nur in Deutschland Beyfall und Lob erhalten . . . Dies Gemählde von der Leibeigenschaft, welch ein Gemählde! Der Verfasser zeigt die Wirkung, die diese schreckliche Misform der menschlichen Gesellschaft auf die Unterworfenen so wie auf ihre Beherrscher und auf den Staat hat; er schreibt gelassen, mit gefaßter Wärme und inniger Bedeutung."

In den deutschen Wochenblättern von Riga wurden damals unter der Rubrik „Verkaufsstücke" einzelne Menschen und ganze Familien zum Verkauf angeboten. „Die Menschen sind hier nicht so teuer wie ein Neger in den amerikanischen Kolonien", schreibt ein Pfarrer 1777. Unbeschreibliche Armut und Schmutz herrschten in den Bauernhäusern. Um so stärker wirkte auf HERDER, wie seine angeführten Worte zeugen, die unverwüstliche Lebens- und Schaffenskraft der Esten und Letten, die, ihres Elends spottend, herrliche lyrische Gesänge, aber auch die Herren geißelnde Lieder geschaffen hatten. Hier, bei diesen Bauernvölkern ohne jede eigene nationale Bildungsschicht, bei denen auch die Pastoren Deutsche waren, konnte die Volksdichtung nur im Volk selbst entstanden sein.

Einem der estnischen Lieder gibt HERDER die Überschrift: „Klage über die Tyrannen der Leibeigenen" und fügt die Bemerkung hinzu: „Abgekürzt würde das Lied schöner sein; aber es sollte nicht abgekürzt werden. Der wahre Seufzer aus der nicht dichterisch, sondern wirklich gefühlten Situation eines im Joche der Sklaverei ächzenden Volkes sollte, wie er da ist, tönen" (Suph. 25, 537). Einige Verse aus diesem 200 Jahre alten estnischen Volkslied, das in ähnlicher Form bis in unser Jahrhundert fortgelebt hat und in zahlreichen Fassungen aufgezeichnet worden ist, mögen HERDERS Urteil veranschaulichen:

Vor dem bösen Deutschen flieh' ich,
Vor dem schrecklich bösen Herren.
Arme Bauren, an dem Pfosten
Werden blutig sie gestrichen.
Arme Bauren in den Eisen,
Männer rasselten in Ketten . . .
Unsre Hühner legen Eier —
Alle für des Deutschen Schüssel;
Unsrer Kuh ihr erstes Oechschen —
Das auch für das Deutschen Felder;
Pferdchen setzt ein muntres Füllen —
Das auch für des Deutschen Schlitten;
Mutter hat ein einzig Söhnchen —
Den auch an des Deutschen Pfosten!
Fegefeuer ist unser Leben,
Fegefeuer oder Hölle.
Feurig Brod isst man am Gutshof,
Winselnd trinkt man seinen Becher.

Es ist nicht nur ein Seufzer, der aus diesen Versen spricht, es ist eine selbstbewußte Erbitterung, die es nur zu wohl verständlich macht, wenn zur selben Zeit — es ist auch die Zeit des Bauernaufstandes PUGATSCHOWS im östlichen Rußland — der General-Gouverneur von Livland, BRAUN, an die Zarin KATHARINA II. berichtet, daß auf fast allen Gütern Bauernunruhen stattgefunden hätten.

Für HERDER, der selbst aus dem Volke stammt, und die anderen Vertreter des Sturm und Dranges war der Kampf gegen den Feudalabsolutismus die entscheidende Aufgabe in Deutschland; angesichts der wirtschaftlichen und politischen Rückständigkeit des deutschen Bürgertums sahen sie sich nach weiteren Bundesgenossen um, die sie eben im arbeitenden Volk, insbesondere den Bauern, erblickten.

Daher nimmt das Volksliedinteresse HERDERS von Anfang an einen demokratisch-antifeudalen Charakter an, der bei PERCY völlig fehlt.

Dazu kommt, daß das auch bei PERCY vorhandene nationale Moment bei HERDER, angesichts der nationalen Zerrissenheit und Kleinstaaterei des damaligen Deutschlands, gleichfalls einen neuen, ausgesprochen fortschrittlichen Charakter erhält. Das echt patriotische Gefühl spornt HERDER, BÜRGER und andere an, für die deutsche Literatur aus dem Volksmund und aus alten Quellen etwas Ähnliches zu schaffen, wie PERCY es für die englische Literatur getan hatte.

Während PERCY schließlich sich mit seinem an Gefühl und Phantasie appellierenden Werk gleichzeitig gegen die Aufklärung richtet, fehlt diese reaktionäre Note bei HERDER völlig.

HERDER hat also seine Volksliedkonzeption nicht aus PERCYS Werk übernommen, sondern die von PERCY empfangene Anregung zu einer neuen, viel umfassenderen und tieferen, eindeutig demokratischen Konzeption weiterentwickelt. HERDERS Einfluß blieb aber nicht nur auf Deutschland beschränkt. Schon zu seinen Lebzeiten und weiter in der ersten Hälfte des 19. Jahrhunderts übten seine Ideen weit über Deutschlands Grenzen hinaus, besonders bei den sozial und national unterdrückten Völkern wie Tschechen, Slowaken, sowie bei Polen, Ungarn, Finnen u. a. eine tiefgehende Wirkung auf die nationale Selbstbesinnung und die Entstehung einer nationalen, demokratisch orientierten Wissenschaft aus.

HERDERS Beziehungen zu unseren östlichen Nachbarvölkern haben — ebenso wie später auf dem gleichen Gebiet die Beziehungen des großen deutschen Gelehrten, Demokraten und Patrioten JAKOB GRIMM — entscheidend zur Hochschätzung der deutschen Wissenschaft und Kultur bei unseren Nachbarvölkern, ungeachtet ihrer politischen Unterdrückung durch die Hohenzollern- und Habsburger Monarchie, beigetragen und stellen eine der schönsten Seiten der deutsch-slawischen Kulturbeziehungen in der Vergangenheit dar.

HERDER hat sein Interesse für das Volkslied von den 1770er Jahren bis zu seinem Tode 1803 bewahrt. Noch in seinem letzten Lebensjahr entwirft er den Plan einer Neuausgabe der Volkslieder, mit einer neuen Anordnung, und schreibt eine „Zueignung der Volkslieder", in der er die Quintessenz seiner zahlreichen früheren Aufsätze und Bemerkungen über die Volksdichtung gibt, gereift durch Erkenntnisse, die er der französischen Revolution verdankt, zu welcher er sich, zum Unterschied von manchen anderen deutschen Dichtern, nicht nur zu Beginn, sondern bis zu seinem Lebensende bekannte.

HERDER eignet seine Volkslieder der W a h r h e i t und der G e r e c h t i g k e i t zu, die er nicht abstrakt-moralisch auffaßt, sondern unmittelbar mit der ihn umgebenden gesellschaftlichen Wirklichkeit verbindet.

Euch weih' ich die Stimme des Volks, der zerstreuten Menschheit,
Ihren verhohlenen Schmerz, ihren verspotteten Gram;
Und die Klagen, die niemand hört, das ermattende Aechzen
Des Verstossenen, des niemand im Schmuck sich erbarmt.
Lasst in die Herzen sie dringen, wie wahr das Herz sie hervordrang,
Lasst sie stossen den Dolch in des Entarteten Brust.
Stürzt ihn! . . . Aber ich weih' Euch auch die Liebe, die Hoffnung
Und den geselligen Trost, und den unschuldigen Scherz,
Und den fröhlichen Spott und die helle Lache des Volkes
Über erhabenen Dunst, über verkrüppelnden Wahn;
Weih' die Entzückungen Euch, wenn Seel' an Seele sich anschließt,
Und sich wieder vereint, was auch die Parze nicht schied;
Weih' Euch die Wünsche der Braut, der Eltern zärtliche Sorge,
Was in der Brust verhallt, was in der Sprache verklingt.

Was hier von den Liedern gesagt ist, gilt in gleicher Weise von der ganzen Volksdichtung, von Märchen und Sage, von Schwank und Sprichwort.

HERDERS Konzeption ist auch heute noch, nach so vielen Theorien über die Volksdichtung, lebens- und entwicklungsfähig. Die deutsche Volkslied-, Märchen-, Sagen- und Sprichwort-Forschung hat bisher nur den zweiten Teil in HERDERS Programm zur Kenntnis genommen, von verschwindenden und nicht wirksam gewordenen Ausnahmen abgesehen.

Ohne den ersten Teil aber, ohne die seit dem 15. Jahrhundert immer vernehmbarer werdende Stimme des Volkes in seiner Not und in seinem Kampf gegen Unterdrückung, für Freiheit und Menschenwürde, können wir kein richtiges Bild von dem ganzen Reichtum der deutschen Volksdichtung in ihrer poetischen Schönheit und inhaltlichen Wahrheit erhalten und geben.

Da es für den zweiten Teil von HERDERS Programm mehrere Darstellungen der deutschen Volksdichtung gibt, werde ich mich keiner wissentlichen Einseitigkeit schuldig machen, wenn ich heute nur den ersten, bisher so vernachlässigten und kaum bekannten Teil der deutschen Volksdichtung behandele.

Ich kann dabei natürlich nur einige besonders charakteristische Beispiele herausgreifen.

Seit etwa 1800 ist ein Soldatenlied bekannt, das folgendermaßen beginnt:

O König von Preußen,
Du großer Potentat,
Wie sind wir deines Dienstes
So überdrüssig satt.
Was fangen wir nun an
In diesem Jammertal,
Allwo ist nichts zu finden
Als lauter Not und Qual.

Das Lied hat sechs weitere Strophen, in denen nicht weniger drastisch und schroff das Leben des Soldaten der Feudalarmee geschildert wird; ich führe nur jeweils einige Verse an:

Da muß man exerzieren
Von Morgen bis Mittag,
Und das verfluchte Leben,
Das währt den ganzen Tag.
Kein Teufel tut nicht fragen,
Ob man gefressen hat.

Für falschen Tritt bei der Parade gibt es Prügelstrafe:

Und tapfer drauf geschlagen,
Bis er kein Glied mehr rührt.

Dann heißt es:

Meine Herren, nehmt es nicht Wunder,
Wenn einer desertiert,
Wir werden wie die Hunde
Mit Schlägen malträtiert.

Wird der Deserteur eingefangen, so muß er Gassen, d. h. Spießruten laufen:

Da werden wir gehauen,
Von einem Musketier,
Der eine hat's Bedauern,
Der andre gönnt es mir.

Und die Schlußstrophe lautet:

Und werden wir dann alt,
Wo wenden wir uns hin?
Die Gesundheit ist verloren,
Die Kräfte sind dahin.
Und endlich wird es heißen:
Ein Vogel und kein Nest!
Geh, Alter, nimm den Bettelsack,
Bist auch Soldat gewest.

Dieses Lied, dessen erste Aufzeichnung von 1815 stammt, ist bis in den ersten Weltkrieg (die letzten Aufzeichnungen stammen sogar aus den 30er Jahren) im gesamten deutschen Sprachgebiet verbreitet gewesen; mir sind bisher etwa 50 Fassungen bekannt, deren Zahl sich aber bei weiteren Nachforschungen sicher noch wesentlich vergrößern läßt. Diese Fassungen sind auf eine Zeit von über 100 Jahre verteilt, in der in der Heeresorganisation und der Soldatenausbildung wesentliche Änderungen vor sich gegangen sind. So ist das Spießrutenlaufen abgeschafft worden, und damit ist auch die Strophe über das Spießrutenlaufen aus den neueren Fassungen geschwunden. Aber an ihre Stelle sind neue Strophen getreten, die nicht minderen Haß gegen den Militärdienst in den Armeen der Hohenzollern- oder der Habsburger Monarchie atmen.

Statt des Gassenlaufs heißt es jetzt:

Das Kriegsgericht wird sprechen:
Sechs Monat folgt darauf.

Darüber hinaus zeigt fast jede der 50 bekannten Fassungen eine oder zwei neue Strophen, wie z. B.:

Der Größte und der Kleinste
Versteht das Quälen schon.
O Gott, tu uns erlösen
Von diesem Bataillon! (1844 aus Jüterbog)

Oder an die Verse:

Wir werden wie die Hunde
Mit Schlägen malträtiert

schließt sich neu an:

Die Hunde haben's besser,
Sie haben ihre Ruh,
Sie kriegen satt zu fressen
Und keine Schläg' dazu. (Um 1850 aus Hessen)

Eine neue Strophe behandelt das Leben des Soldaten im Lazarett:

Und kommt man dann ins Lazarett,
Ist krank, müd und matt,
Da bekommt man ja zu fressen,
Aber auch noch lang nicht satt. (Um 1890 aus Braunschweig)

Statt:

Da muß man exerzieren,
Daß ein'm der Buckel schwitzt,

sangen die Pioniere:

Da heißt es Brücken schlagen,
Daß ein'm der Buckel schwitzt.

Besonders stark verändert hat sich der Anfang des Liedes:

O König von Preußen,
Du großer Potentat!

Das Lied ist, worauf ich hier nicht näher eingehen will, offenbar in der preußischen Armee spätestens um 1800, vielleicht aber schon einige Jahrzehnte früher entstanden, hat sich aber rasch in alle Armeen der vielen deutschen Teilstaaten verbreitet. So kennen wir Fassungen mit folgenden Anfängen:

Du König von Sachsen,
Der König von Baiern,
Der römische Kaiser,
Der Großherzog von Baden,
Der Landgraf von Hessen,

ja sogar, von deutschen Siedlern nach Rußland getragen:

Unser russischer Kaiser.

Das heißt, das Lied ist von seinen Sängern, den Soldaten, ihrer jeweiligen Situation angepaßt worden.

Schon die bisher angeführten Tatsachen zeugen von der großen Beliebtheit und Verbreitung des Liedes unter den Soldaten. Daß die Militärbehörden und die Offiziere dieses Lied nicht mit Freude aufnahmen, ist von vornherein selbstverständlich. Da die Sammler von Volksliedern sich früher im allgemeinen nur mit dem Aufzeichnen von Texten und allenfalls noch Melodien begnügten, wissen wir nur wenig über das eigentliche Leben der Volkslieder, wie auch dieses Soldatenliedes. Aber ein Aufzeichner sagt, nachdem er vorher über die weite Verbreitung des Liedes gesprochen hat, ausdrücklich: „In manchen Kasernen war Strafe darauf gesetzt, wenn die Soldaten dieses Lied anstimmten."

Während die beliebten Volkslieder — darunter auch Lieder mit anklägerisch-oppositionellen Elementen — in der ersten Hälfte des 19. Jahrhunderts von Druckereien als fliegende Blätter herausgegeben und auf Jahrmärkten usw. vertrieben wurden, ist für unser Lied kein fliegendes Blatt bekannt. Offenbar wagte kein Druckereibesitzer bzw. ließ es kein Zensor zu, die schroffen Anklagen dieses Liedes zu drucken. Daß das Lied dessenungeachtet zu den verbreitetsten deutschen Volksliedern gehört, spricht für die große Bedeutung der mündlichen Verbreitung des Volksliedes noch im 19. Jahrhundert und gegen die in der bisherigen deutschen Volksliedforschung weit verbreitete Neigung zur Überschätzung der gedruckten Quellen, fliegender Blätter und Liederbücher.

In zahlreichen Fassungen beginnt das Lied nicht mit der Anrufung des Königs, sondern dem Namen einer Stadt:

O Kassel, o Kassel,
Du großes Jammertal,
In dir ist nichts zu finden,
Als lauter Angst und Qual.

Diese Fassung stammt von den im Garnisonsort Kassel dienenden Soldaten, und der Name der Stadt, d. h. des Garnisonsortes, wechselt in den verschiedenen Fassungen. Um die Verbreitung auch dieses Typs zu skizzieren, seien noch folgende Beispiele angeführt:

O Torgau, o Torgau; Hannover, Hannover; O Frankfurt; Ach Flensburg;
O Braunschweig; O Wien; O Graz; O Linz; usw.

Bei dieser Gruppe hat offenbar der Kampf der Offiziere gegen das Lied, das sich ja ausdrücklich gegen die Person des Königs bzw. des sonstigen Landesherrn wandte, zu einem gewissen Ausweichen geführt, d. h. zur Beseitigung der Verse

Du König von Preußen,
Du großer Potentat

und ihrer Ersetzung durch den Namen der Garnisonsstadt. Im übrigen wurde jedoch der anklägerische Inhalt voll beibehalten.

Wie lebensfähig das Lied noch während des ersten Weltkrieges war, zeigt folgende 1918 in einem Lazarett aufgezeichnete Fassung. Statt der gewöhnlichen Verse:

Die Offizier' sind hitzig,
Die Strafen sind zu groß,
Ach, das verfluchte Leben,
Das ich jetzt führen muß.

heißt es hier:

Die Ärzte sind so streng,
Die Strafen sind so groß,
O du verfluchtes Leben,
Wann werd' ich denn hier los!'

Die von mir mit Absicht reichlich angeführten Beispiele aus verschiedenen Fassungen zeigen deutlich: das Lied hat in den über 100 Jahren, in denen es belegt ist, ständig seinen Text verändert, einerseits in Anpassung an die veränderte Situation (Ersetzung des Spießrutenlaufens durch Kerker; Ersetzung des Königs von Preußen durch andere Herrscher; Umgestaltung des Anfangs mit Wechsel der Garnisionsstadt; Anpassung an die Lazarettsituation usw.), anderseits durch Einfügung immer neuer anklägerischer und die Schikanen schildernder Strophen wie:

Der Größte und der Kleinste
Versteht das Quälen schon;

oder:

Die Hunde haben's besser,
Sie haben ihre Ruh;

oder der Aufschrei von 1840:

Ich armer miserabler gequälter Soldat,
Ich habe das Leben schon müde und satt.

Das Lied ist also unter den Soldaten lebenskräftig geblieben; die Textänderungen beruhen nicht auf „Zersingen", sondern auf schöpferischem „Umsingen". Das Lied, das eindeutig die Partei der unterdrückten, mißhandelten Soldaten nimmt, muß unter ihnen entstanden sein, von einem begabten Soldaten geschaffen, von seinen Kameraden aufgenommen und weiter entwickelt, und ist, obgleich nicht durch fliegende Blätter oder Aufnahme in Liederbücher gefördert, sondern umgekehrt von den Offizieren verfolgt und verboten, dennoch durch das ganze deutsche Sprachgebiet getragen worden.

Darüber hinaus hat dieses Soldatenlied einen starken Einfluß auf andere Soldatenlieder ausgeübt und zur Entstehung neuer selbständiger, oppositioneller Soldatenlieder geführt wie:

O Erfurt, o Erfurt,
Du jammervolle Stadt,
Darinnen ist kein Preusse,
Der Lust zu dienen hat.

Die hier nur skizzierte Geschichte dieses Liedes ist also ein schlagender Beweis für die schöpferische Teilnahme des Volkes am Volkslied, für die schöpferische Funktion des „Umsingens" und gegen die Theorie vom gesunkenen Kulturgut und vom entstellenden „Zersingen".

Unser Lied steht mit seinem anklägerisch-antimilitaristischen Inhalt nicht vereinzelt unter den deutschen Soldatenliedern. Ich habe in dem ersten Band meiner Arbeit „Deutsche Volkslieder demokratischen Charakters aus sechs Jahrhunderten" 50 oppositionelle Soldatenlieder behandelt, von denen etwa 10 weithin verbreitet und in zahlreichen Aufzeichnungen erhalten sind.

Ein Beispiel noch aus einem Lied, mit dem die jungen Burschen zur Musterung zogen und das folgendermaßen beginnt:

Wie ist doch die Falschheit so groß in der Welt,
Daß alle jungen Burschen müssen heut in das Feld.

Von demselben Geist sind auch die folgenden Strophen, in denen u. a. der Abschied von den weinenden Eltern beschrieben wird. Über 200 Aufzeichnungen aus Deutschland liegen seit etwa 1840 für dieses Soldatenlied vor, das klar die feindliche Einstellung des Volkes gegen den Militärdienst für die Fürsten zum Ausdruck bringt. Daß diese Einstellung auch noch nach 1871, in der Zeit des Hohenzollernreiches, fortbestand, zeigen die Angaben zahlreicher Sammler, wonach noch um 1900 die jungen Burschen im Rheinland und in Südwestdeutschland mit diesem Lied zur Musterung zogen. Im Deutschen Volksliedarchiv in Freiburg befindet sich eine Aufzeichnung des Liedes, mit dem am 1. August 1914 die einberufenen Rekruten in Ebingen in Württemberg zur Gestellung marschierten — eine wichtige Stimme des Volkes zum ersten Weltkrieg.

Betrachten wir jedoch die bisherigen Darstellungen des deutschen Soldatenliedes, die Monographien von ZIEGLER (1884) und KOHLSCHMIDT (1936) oder das ausführliche Kapitel „Kriegs- und Soldatenlieder" in BÖCKELS Handbuch des deutschen Volksliedes oder schließlich den über hundert Seiten langen Abschnitt „Soldatenlieder" in dem dreibändigen Deutschen Liederhort von ERK-BÖHME, so erhalten wir ein völlig entstelltes Bild. Die offen oppositionellen Soldatenlieder, darunter die beiden hier angeführten, weit verbreiteten, fehlen bei ZIEGLER und bei BÖCKEL völlig, und man erhält in ihrer Darstellung den Eindruck, das deutsche Soldatenlied preise nur den frisch-fröhlichen Krieg für die Fürsten. Bei ERK-BÖHME werden einige oppositionelle Soldatenlieder angeführt, aber in bewußt entstellten, die schärfsten oppositionellen Strophen weglassenden Fassungen sowie mit entschuldigenden Zusätzen.

Der Grundstock der das Soldatenleben behandelnden Soldatenlieder gab offenbar in der ersten Hälfte des 19. Jahrhunderts klar der Stimmung der aus dem werktätigen Volk kommenden Soldaten Ausdruck: ohne jede Kriegsbegeisterung, von sentimentaler Klage bis zur schroffen, erbitterten Anklage.

Diese Lieder hielten sich zäh trotz aller Versuche, von oben her durch Verbote, durch neue Lieder oder auch durch ideologische Umdichtungen beliebter demokratischer Soldatenlieder diesen Abbruch zu tun. So ist z. B. bei einem weit verbreiteten Lied, das das Schicksal eines alten Invaliden darstellt und mit den Versen aufhört:

Ich rat euch, Brüder alle,
Folgt nicht der Trommel Ton!

der Schluß militaristisch-monarchistisch umgedichtet worden:

Bleibt treu mit Tapferkeit
Dem Kaiser allezeit.

Aber obgleich diese Umdichtung in ein Soldatenliederbuch aufgenommen wurde und als fliegendes Blatt erschien, liegt sie nur in vier Aufzeichnungen vor, während die schroff antimilitaristische Fassung 23mal aufgezeichnet ist. Ein ähnliches Beispiel bietet die Geschichte des um 1809 entstandenen Liedes: „O du Deutschland, ich muß marschieren", wo die alte Fassung mit dem Schlußvers „Wenn's nur einmal Frieden wär!" sich bis in den ersten Weltkrieg zäh erhielt, obgleich durch Liederbücher, Schulen und Offiziere eine kriegsbegeisterte Fassung zielbewußt propagiert wurde.

Daß es insbesondere dem preußischen Militarismus allmählich gelang, auf Grund seiner militärischen Erfolge im 19. Jahrhundert und unter Ausnutzung aller psychologischen Momente, angefangen von der schmucken Uniform und schneidigen Militärmusik, auch seine Ideologie vertretende Lieder in gewissem Umfang zu popularisieren, kann natürlich nicht geleugnet werden.

Beim Soldatenlied zeigt sich unmittelbarer und deutlicher als bei anderen Volksliedgruppen der Kampf zwischen der zwar nicht klar bewußten, aber ihrer Grundhaltung nach antimilitaristisch-demokratischen Ideologie der einfachen Soldaten und der militaristisch-reaktionären Ideologie der herrschenden Klassen, die um die Zuverlässigkeit ihrer Armee besorgt sein mußten.

Auch andere Volksliedgruppen geben deutlich der Stimme des unterdrückten Volkes Ausdruck, so insbesondere die Lieder der unter Leibeigenschaft und Junkerwillkür ächzenden Bauern (um HERDERS Ausdruck zu verwenden).

Ein Lied prangert in der Form des „Bauernhimmels" alle Plagen und Quälgeister an, unter denen der Bauer vor und auch noch lange nach Aufhebung der Leibeigenschaft auf Erden zu leiden hatte.

Wenn wir werd'n in' Himmel kommen,
Hat die Plag' ein End' genommen.

Da ist kein Amtmann und kein Schinder,
Kein Soldate und kein Sünder.

Da ist kein Prügel, Stock noch Klause,
Jeder wohnt im goldnen Hause.

Vorm Landrat könn'n wir alles machen
Und ihm ins Gesichte lachen.

Von der Robot (*Fronarbeit*) wird nicht gesprochen,
Da käm' einer angestochen!

Für die reichen Pfaffenhände
Hat der Dezem (*Zehnten*) auch ein Ende.

Soldaten dürfen auch nicht kommen,
Der Säbel ist ihn'n weggenommen.

Das Lied, dessen erste Aufzeichnung schon von 1753 stammt, ist besonders im schlesischen Gebiet ungeheuer beliebt gewesen, und die Fülle immer wieder neuer anklägerischer Strophen (insgesamt kenne ich etwa 30) in den verschiedenen Fassungen ruft Erstaunen hervor. Nur ein Beispiel: In zwei Fassungen kommt eine Strophe auf den Reaktionär HARDENBERG vor, der wegen seiner Verfälschung der STEINschen Reformen den Bauern besonders verhaßt war:

Den *Hardenberg*, den holt der Geier
mit seiner verdammten Klassensteuer.

Auch dieses Lied, das der Erbitterung der Bauern gegen die Herren beredten Ausdruck gab, ist also immer wieder schöpferisch umgesungen und erweitert worden. Auch hier war die mündliche Verbreitung entscheidend. Es liegen zwar fliegende Blätter für dieses Lied vor, die aber bezeichnenderweise nur eine einzige anklägerische Strophe enthalten, sonst jedoch ausschließlich das Schlaraffenleben im Himmel schildern.

Im schwäbisch-alemannischen Gebiet ist eine Bauernklage „Ich bin ein armer Bauer" von etwa 1650 bis 1900 vielfach aufgezeichnet worden, im österreichisch-bayrischen Gebiet das Lied „Kein Bauer mag ich nicht bleiben" mit Versen wie:

Wenn die Robot und Steuer nicht wär,
Dann fiel mir das Leben lange nicht so schwer.

Auf die Arbeiterlieder will ich heute nur kurz hinweisen, da ihre Behandlung vom Standpunkt der Volksdichtung aus theoretische Probleme enthält, die bisher nicht geklärt sind und deren Darlegung viel Zeit erfordern würde. Einige ältere Arbeiterlieder, die durch ihre vielfache Um- und Neugestaltung klar den Charakter eines Volksliedes tragen, habe ich im ersten Band der demokratischen Volkslieder angeführt, andere, die aus der Zeit der revolutionären Kämpfe 1919—1923 stammen, wird der zweite Band bringen. Nur so viel möchte ich heute sagen, daß meines Erachtens das volksliedartige Arbeiterlied nicht die für die sozialistische Arbeiterbewegung charakteristische Form des Arbeiterliedes darstellt.

Aber nicht nur das Lied ist eine Stimme des Volkes, auch in den Erzählungen, in Märchen, Schwank und Sage spiegelt sich das Leiden, die Anklage und das Hoffen des arbeitenden Volkes wider. Auch hier steht die Forschung in Deutschland eigentlich erst am Anfang. Hinweise auf die „demokratische Gesinnung" des Märchens enthält zwar schon der gleichnamige Artikel im Handwörterbuch des deutschen Märchens 1930, aber diese Hinweise auf die Anteilnahme am Schicksal des Armen und auf dessen sozialen Aufstieg durch Heirat der Prinzessin u. ä. sind bläßlich-liberal und entsprechen keineswegs der viel ausgeprägteren Wirklichkeit der deutschen Märchen. Später hat J. KRUSE interessante Ausführungen über den starken Baas als Held in den von ihm selbst gesammelten Erzählungen der holsteinisch-mecklenburgischen Kleinbauern und Landarbeiter gegeben, aber erst jetzt wird diese Frage umfassender untersucht — von LUTZ RÖHRICH in Mainz wie von Waltraut Woeller in einer von mir geleiteten Habilitationsschrift über den sozialen Gehalt und die soziale Funktion der deutschen Volksmärchen.

Auch hier möchte ich von einigen charakteristischen, jedoch außerhalb des Kreises der Märchenforscher kaum bekannten Beispielen ausgehen, da die allgemeine Vorstellung vom deutschen Märchen bzw. vom Märchen überhaupt ja durch die klassische deutsche Märchensammlung der Brüder Grimm geprägt ist, die, wie ich später noch zeigen werde, weitgehend für Kinder überarbeitet ist und keineswegs den wirklichen Typus der von Erwachsenen für Erwachsene erzählten Volksmärchen repräsentiert.

In einem 1885 in Hinterpommern aufgezeichneten Märchen vom starken Martin verdingt sich dieser als Knecht bei einem geizigen Gutsbesitzer nur für Essen und für drei Schläge, die er am Schluß des Dienstjahres seinem Herrn geben darf. Nachdem der starke Knecht das ganze Jahr seinen Herrn durch buchstäbliche Befolgung der Befehle nach Eulenspiegelart gereizt und dieser vergeblich versucht hat, ihn los zu werden, versetzt der Knecht dem Herrn zum Schluß die ihm zustehenden Schläge. Der Gutsbesitzer fliegt zum Fenster hinaus und stirbt; dann heißt es wörtlich:

„Als seine Leiche auf den Hof getragen wurde, sagte Martin zu den Arbeitern: ‚Er hat euch lange genug geschunden, ich habe euch erlöst; und nun teilt das Gut unter euch und seid vernünftiger, dann wird es euch besser gehen.‘

Damit ging er fort.“

Cui bono? Wer kann eine derartige Geschichte erzählt haben und für wen? Der Gutsarbeiter des ostelbischen Junkergebietes, der abends im Kreise der Hofleute erzählt, ist hier mit seinem Haß gegen den Gutsherrn mit Händen zu greifen. Dies wird besonders deutlich, wenn wir diese Fassung des sehr populären Märchens — es liegt im Marburger Deutschen Volkserzählungs-Archiv in 133 Aufzeichnungen vor — mit anderen deutschen Fassungen außerhalb der ehemaligen Junkergebiete vergleichen: der Knecht dient dort bei einem Bauern, einem Müller u. a., der Konflikt mit seinem Dienstgeber zeigt nicht die Schärfe wie in dem angeführten Beispiel.

Daß wir mit dieser Interpretation nicht fehlgehen, zeigen die Angaben, die uns die großen Sammler von Märchen aus Holstein, Mecklenburg und Pommern in den Jahrzehnten um 1900, Wisser, Wossidlo und Jahn, über ihre Gewährsmänner machen. Unabhängig voneinander, aber übereinstimmend berichten sie, daß sie ihre besten Erzähler unter Landarbeitern, Häuslern, Kleinbauern und kleinen Handwerkern gefunden haben, also unter den sozial besonders unterdrückten Gruppen. U. Jahn sagt in der hochinteressanten Einleitung seiner „Volksmärchen aus Pommern und Rügen“:

„Mir ist's gelungen, in Pommern direkt aus Volkes Mund ein nicht minder großes Märchenmaterial zusammen zu bringen, als die Brüder Grimm in ganz Deutschland aus mündlichen und schriftlichen Quellen geschöpft haben.“

Über seine Gewährsmänner sagt er, der wohlhabende Bauer erzähle keine Märchen.

„Es bleiben also im großen und ganzen nur die zum arbeitenden Stande gehörige Landbevölkerung [d. h. die Landarbeiter — W. St.] sowie die Fischer und Matrosen in den mittleren und reiferen Jahren, welche uns für das Volksmärchen Ausbeute versprechen ... Die wahren Märchenerzähler bergen häufig einen Schatz von fünfzig, sechzig und mehr Märchen in ihrem Gedächtnis ...

Von ihren Genossen werden sie hoch geehrt, denn dieselben sehen in ihnen die trefflichen Bezwinger tödlicher Langeweile, welche sich ohne den Märchenerzähler gar zu gerne einstellt: bei den Tagelöhnern an den langen Winterabenden, bei den Matrosen an Bord, bei großen Erdarbeiten zur Regenzeit in den kunstlos aufgeschlagenen Hütten ... Wie weiß er aber auch seine Märchen vorzutragen! Die Rede fließt aus seinem Munde, die Augen leuchten ihm und er reißt seine Hörer mit sich fort, daß sie samt und sonders den innigsten Anteil nehmen an den Helden seiner Erzählungen.“

Im ehemaligen Junkergebiet ist das Märchen vom starken Knecht stets äußerst realistisch erzählt worden; ich führe noch den Anfang einer anderen Fassung an, die ich aus dem brandenburgischen Platt übertragen habe:

„In einem kleinen Dorf wohnte ein großer Herr, der war gottlos und böse. Seine Leute hielt er schlecht in Essen und Trinken, dabei mußten sie forsch arbeiten, und wenn das Jahr um war, kriegten sie noch nicht einmal richtig den Lohn ausgezahlt."

Die übernatürliche Geburt des Helden, die seine Stärke erklärt und die in den west- und süddeutschen Fassungen eine sehr wesentliche Rolle spielt, ist in den ostelbischen Fassungen nur ein Moment der Vorgeschichte — die Akzente sind völlig verschoben und das Märchen weitgehend entmythologisiert.

Die von mir zuerst angeführte Fassung ist, abgesehen von dem im Schabernack und in den Schlägen des Knechts sich deutlich widerspiegelnden Haß der Gutsarbeiter und dem Triumph der Abrechnung noch besonders interessant und wichtig durch die, man muß schon sagen, klar ausgesprochene Erkenntnis der Lösung der Gutsarbeiterfrage: Aufteilung der Junkergüter. (Das Märchen steht, zusammen mit vielen anderen, in der 1885 erschienenen Sammlung des Rektors Knoop aus Hinterpommern, die nichts von einer politischen Einwirkung zeigt.)

Auch bei diesem Märchen zeigt sich wieder, hier von mir nur mit wenigen Beispielen aus 133 Fassungen belegt, die schöpferische Anteilnahme des Volkes am Märchen, das, je nach der gesellschaftlichen Lage des Erzählers und nach seinem Hörerkreis, nicht nur neue realistische Einzelzüge erhält, sondern das Gewicht der verschiedenen, in der Erzählung verbundenen Motive verschieben und umgestalten kann, so daß sich der Charakter der Erzählung wesentlich verändert.

Die Bedeutung des Erzählers für die Umgestaltung des Märchens hat schon Herder gesehen, der sich in dem Aufsatz „Mährchen und Romane" auch mit dem Märchen eingehend befaßt hat. Er sagt dort über das „lebendige Erzählen" der Märchen, die „mündlich fortgepflanzte, oft erzählte Sage":

„Jeder Erzählende setzt zu und läßt aus, er verstärkt Umstände, er schmückt und hebt, legt dort und hier seinen Sinn, seinen Charakter hinein."

Das seinem Ursprung nach offenbar alte, durch ganz Europa verbreitete Märchen vom starken Knecht (oder starken Hans) ist zum Unterschied von vielen anderen Märchen bis in unsere Tage als Erwachsenenmärchen lebendig geblieben, weil es den Hoffnungen der unter besonders gedrückten Verhältnissen lebenden Landarbeiter und Kleinbauern Ausdruck gab und mit immer neuen Einzelheiten ihrem realen Leben entsprechend erzählt werden konnte.

Realistische Stellungnahmen des Erzählers finden sich in zahlreichen Märchen, die den Konflikt von Arm und Reich zum Thema haben — so in der klugen Bauerstochter, dem kleinen und dem großen Klaus, dem Bürle, Kaiser und Abt usw.

Dabei sind die nach dem Erscheinen der Grimmschen Sammlung aufgezeichneten Fassungen, besonders aus den märchenreichen plattdeutschen Gebieten von Holstein an nach Osten, stets viel schärfer und konkreter in ihrer sozialen Kritik als die Grimmschen Märchen, die einmal, worauf Waltraut Woeller hingewiesen hat, zum beträchtlichen Teil von jungen Mädchen aus bürgerlichen, den Grimms befreundeten Familien erzählt und außerdem in ihrer heute vorliegenden, für Kinder bestimmten Form besonders von Wilhelm Grimm stark überarbeitet sind. Wie sehr dabei die kritische Stimme des Volkes abgeschwächt und entstellt wurde, dafür nur ein Beispiel:

Im Grimmschen Märchen von „Gevatter Tod" geht ein armer Mann, dem das dreizehnte Kind geboren wird, einen Gevatter suchen. Als erster bietet sich ihm der liebe Gott an. In der Erstausgabe der Grimmschen Märchen von 1812 erwidert der Arme:

„Ich will dich nicht zum Gevatter haben, du gibst den Reichen und läßt die Armen hungern"; damit ließ er ihn stehen und ging weiter.

In den späteren Auflagen folgt aber der Rede des Armen der Zusatz mit erhobenem Zeigefinger:

Das sprach der Mann, weil er nicht wußte, wie weislich Gott Reichtum und Armut verteilt. Also wendete er sich von dem Herrn und ging weiter.

Das sozialkritische Element innerhalb des deutschen Volksmärchens darf also nicht auf Grund der bekannten Märchensammlungen von GRIMM und BECHSTEIN beurteilt, sondern muß an ihren Quellen und den neueren Aufzeichnungen untersucht werden. Dabei ist auch zu berücksichtigen, daß ein Landarbeiter im allgemeinen bei der Aufzeichnung seiner Geschichten durch einen Fremden zurückhaltend in seiner Kritik gewesen sein wird, d. h. also eine Art Selbst-Zensur ausgeübt hat.

Schließlich spielt die Zensur durch den Sammler selbst noch eine wichtige Rolle, über die gerade im Zusammenhang mit den Geschichten vom starken Hans oder Baas der holsteinische Sammler J. KRUSE folgendes sagte:

„Erst durch die Parteinahme für die Schwachen wird aus dem Kraftheld ein Baas. Daß die Chronisten [d. h. die Aufzeichner — W. St.] wenig soziale Kritik, um so mehr Kraftverherrlichung bringen, liegt an falsch verstandener Objektivität oder dem Mangel an Mut."

Wenn eine vulgärmarxistische Interpretation der Märchen auch, wie Beispiele aus den letzten Jahren zeigen, eine gewisse Gefahr darstellt, so ist die viel größere Gefahr bzw. der für die deutsche Volkskunde viel realere Fehler das völlige Übersehen oder Bagatellisieren des sozialkritischen Elements im Märchen.

Ein besonders fruchtbares Feld für die Sozialkritik bieten die Schwänke, für die ich auf Beispiele verzichte. Aber auch in der Sage gibt es zahlreiche scharf anklägerische Erzählungen. Eine Schleswig-Holsteiner Sage berichtet von einem Edelmann bei Oldesloe, der seine Bauern plagte und einmal von einem Bauern bei Strafandrohung verlangte, er solle ihm eine dicke Eiche noch am selben Tage aus dem Wald in seinen Schloßhof schaffen. Der Bauer steht verzweifelt vor der Eiche, da erscheint der Teufel und verspricht ihm zu helfen. Er reißt die Eiche aus, wirft sie auf einen mit drei schwarzen Pferden bespannten Wagen und fährt donnernd in den Schloßhof, wo er dem Schloßherrn zuruft: „Nimm das Geschenk! Das erste Pferd ist dein Vater, das zweite dein Großvater, das dritte dein Ältervater. Bald fahre ich mit vieren!" Der Edelmann erwidert: „Was hilfst du den Bauern?"

An dieser auch sonst belegten Sage ist zweierlei interessant: erstens ist hier nicht nur ein vereinzelter Edelmann als schlecht angeprangert, sondern seine ganze Generationsfolge, d. h. also die Junker als solche. Und zweitens: der Teufel als Helfer der Armen, wie er vom Edelmann ausdrücklich bezeichnet wird, und wie er in zahlreichen Märchen und Schwänken auftritt. So hilft z. B. der Teufel den von einem bösen Gutsaufseher angetriebenen Schnittern, indem er sich selbst als Schnitter verdingt; der Aufseher will mit dem neuen Knecht mithalten und muß so lange mähen, bis er vor Erschöpfung tot zusammenbricht.

Besonders farbig und prall realistisch ist das folgende pommersche Märchen, das ich hier gekürzt wiedergebe:

Es war einmal ein Edelmann, der war geizig und drückte seine Leute, wo er konnte, tat aber immer, als habe er nur ihr Bestes im Auge und handle nicht anders, als wie er könne. Dieser Edelmann hatte einen Knecht, der ihm viele Jahre treu und ehrlich gedient hatte; mit der Zeit war er aber alt und schwach geworden, so daß er beim Dreschen nichts Rechtes mehr vor sich zu bringen vermochte. In der Dreschzeit brachliegen heißt aber bei einem Tagelöhner so viel, als den ganzen Winter Hunger leiden; darum bat er den Herrn, er möge ihn doch vom Dreschen nicht ausschließen.

„Ich will dir nicht im Wege sein!" antwortete der Edelmann katzenfreundlich. „Wenn die übrigen Knechte dich als Macher (Partner) haben wollen, so magst du dreschen." Die andern Leute hatten aber für Frau und Kinder zu sorgen und mußten den Dreier dreimal umdrehen, ehe sie ihn aus der Hand gaben. Sie sahen darum bei den Worten des Herrn einander verlegen an, und als der Edelmann sie einzeln fragte: „Willst du des alten Vaters Macher beim Dreschen sein?", überlegten sie, daß sie dann nicht genug ausdreschen könnten, und der Reihe nach sprachen sie: „Nein, ich will nicht!" — „Da hast du's", rief der Herr, „ich bin's nicht, der dich ins Elend jagt, deine eigenen Kameraden lassen dich im Stich."

Der Knecht ging in den Wald und traf dort ein steinaltes Männchen, das sich ihm als Macher anbot. Als Lohn für eine Woche dreschen verlangte der Alte für beide so viel Korn, wie er mit einem Mal auf seinem Rücken wegtragen könne, was ihm von dem Herrn gerne gewährt wurde. Der Alte schaffte in der Woche so viel, wie ein Dutzend starker Leute in einem Vierteljahr, drosch das gesamte Getreide aus und füllte es in Säcke. Dann ergriff er einen Sack nach dem anderen und warf ihn auf seinen Buckel; und als er den letzten hinaufgeworfen hatte, ragten die Säcke wie ein Kirchturm in die Luft. Dem Edelmann wurde schwarz vor Augen bei dem Anblick, und seine Stimme zitterte vor Wut, als er den Knechten zurief: „Löst den Bullen von der Kette!" Kaum aber hatte sich das böse Tier dem Männlein genähert, so lachte dasselbe hell auf: „Der Edelmann hat recht, zu dem vielen Korn müssen wir auch Fleisch haben!" Dann ergriff es den Bullen bei den Hörnern und warf ihn in die Höhe, daß er auf den letzten Sack zu liegen kam und alle viere in die Luft streckte. „Da soll mich doch der Teufel holen!" fluchte der Edelmann. Darauf hatte das Männchen nur gewartet. Schnell ließ es die Säcke fallen, drehte dem Edelmann das Genick um und flog mit ihm auf und davon, der Hölle zu. Der arme alte Knecht bekam die ganze Ernte und den Bullen obendrein und ward ein wohlhabender Mann; und wenn er nicht gestorben ist, so lebt er heute noch.

Mit seiner organischen Verbindung von verblüffend realistischer Schilderung des raffinierten Gutsbesitzers und dem mythischen Motiv vom Teufel als Helfer der Armen und durch seinen spannungsgeladenen, dramatischen Aufbau ist dieses Märchen ein Meisterwerk der deutschen Volksdichtung (das übrigens auf meine Anregung von der DEFA verfilmt worden ist).

Das auffällige, interessante und wichtige Motiv vom Teufel als Helfer der Armen ist bisher nicht näher untersucht worden. Es tritt schon in kirchlichen Erzählungen um 1200, bei Caesarius von Heisterbach, auf und beruht offenbar, worauf mich Wilhelm Fraenger aufmerksam macht, ursprünglich auf kirchlichen Vorstellungen, daß der Teufel die Armut als Fallstrick für die Reichen und Herren benutzt. Es scheint mir aber, daß dieses Motiv später vom Volk uminterpretiert wurde, wobei zu beachten ist, daß dieser Motivkreis in neuerer Zeit, d. h. in den Volksmärchen, soviel ich sehe, besonders in den ehemaligen Gebieten mit Gutsbesitz, d. h. vom ostelbischen Deutschland bis weit nach Rußland hinein, beliebt war.

Auch für das Märchen ist die Theorie vom gesunkenen Kulturgut vertreten worden, und ein so gelehrter Kenner der Märchenliteratur wie Wesselski hat 1931 in seinem „Versuch einer Theorie des Märchens" die Behauptung aufgestellt, die Märchen stammten von literarisch tätigen Vertretern der Oberschicht, sänken ins Volk hinab und zersetzten sich dort im Lauf von zwei bis drei Generationen, um dann zu verschwinden, wenn sie nicht wiederum durch Vertreter der Oberschicht neu geformt würden. Eine schlagende Widerlegung dieser volksverachtenden, volksfeindlichen Behauptung, die eine positive Mitwirkung des Volkes an der Märchenüberlieferung bestreitet, ist gerade die reiche und immer wieder variierte Ausgestaltung der das arbeitende Volk besonders ansprechenden Märchen. Wesselskis Behauptung ist freilich auch sonst nicht unwidersprochen geblieben. So von Kurt Ranke, der u. a. überzeugend nachgewiesen hat, daß die in Deutschland in unzähligen Ausgaben verbreitete Grimmsche Märchensammlung nur einen ganz geringen Einfluß auf die in den folgenden 130 Jahren in Deutschland aus der Volksüberlieferung aufgezeichneten Märchen ausgeübt hat.

Einer der Vertreter der Theorie vom gesunkenen Kulturgut, K. Tönges, sagt in seiner Arbeit „Lebenserscheinungen und Verbreitung des deutschen Märchens" (1937):

„Erzähler und Hörer sind auf ihrer künstlerisch noch unentwickelten Stufe gar nicht fähig, künstlerische Züge, Beiwerk, Ausstattung, Symbolik und dergleichen aufzufassen und zu würdigen. Sie verlangen nur die rohen Umrisse, die Handlung ... Der Mensch aus dem Volk erlebt einsträngig, gradlinig und gedrängt; er ist insofern engstirnig ... Der träge fließende Erlebnisstrom des Volkshirns ... Die hier halbfertig liegengelassenen Sätze sind keine bewußten Stilmittel; sie spiegeln nur Unbeholfenheit und Unbeweglichkeit" usw.

Ich darf sagen, daß mich zweierlei davor bewahrt hat, dieser in den 20er und 30er Jahren nicht nur in Deutschland weitverbreiteten Pseudotheorie zum Opfer zu fallen: meine Verbundenheit mit der Arbeiterbewegung, die mich schon als jungen Menschen die schöpferische Kraft des Volkes verstehen lehrte; sodann meine wissenschaftliche Arbeit in meinem eigentlichen Fach, der Erforschung der finnisch-ugrischen Sprachen und Völker. Bei diesen Völkern, zu denen auch die für Herder so wichtig gewordenen Esten gehören und von denen mehrere als völlig analphabetische Jäger- und Fischervölker, andere als fast völlig analphabetische Bauernvölker in Nordostrußland und Sibirien lebten, bis sie durch die nationale Politik der Sowjetregierung ein Schrifttum und ein nationales Schulwesen erhielten, bei diesen Völkern ohne eine sogenannte Oberschicht konnte ich zahlreiche Märchen und Lieder aufzeichnen, die gerade auch durch ihre prachtvolle Form, den Reichtum an poetischen Formeln, Beiwerk und Ausstattung, die Ausführungen von Tönges in ihrer törichten Ignoranz bloßstellen.

Als Beispiel führe ich den Anfang eines von mir aufgezeichneten Märchens der längs des nördlichen Ob in Westsibirien wohnenden Ostjaken an, in dem die kurze Handlung:

„Es waren einmal eine Frau und ihr Neffe. Der Neffe ging alle Tage auf die Jagd und erlegte viel Wild. Eines Tages nahm er seine Skier und kam zu einem dichten Wald"

durch ein besonders reiches feststehendes Beiwerk, poetische Formeln usw. in epischer Breite ausgemalt ist.

„In jener fernen Gegend, in jener Weltgegend, lebten eine Frau und ihr Neffe. Eine lange Zeit lebten sie lange, eine kurze Zeit lebten sie kurz. Während sie so lebten und wohnten, füllte der Neffe an allen vom Himmelsgott gemachten Tagen viele im Bergwald gelegene Speicher, viele im Wald gelegene Speicher an; von schwarzen Tierfellen, von roten Tierfellen wurden seine Speicher so voll, daß die Türen nach innen nicht mehr aufgingen.

Ein Tag brach an, der Neffe ging hinaus. An der hinteren Hausecke nahm er seine beiden mit fünf Tierfellen beklebten Ski-Bretter. Darauf schritt er dorthin, wohin ihn seine Nase führt, wohin ihn sein Auge führt. Von dem durch seine schnelle Fahrt hervorgerufenen Luftzug entstand ein dunkelnebliges heiliges Unwetter, entstand ein finsternebliges heiliges Unwetter, so daß ein nicht weit stehender bemützter Waldgeist nicht zu sehen ist und ein behandschuhter Waldgeist nicht zu sehen ist. Wo seine mit fünf Tierfellen beklebten Ski-Bretter auftrafen, dort flossen viele Teiche mit Teichrosen, viele Seen mit Teichrosen hervor. Wohin er seinen heidebunten Skistock stellte, dort flossen viele eiswasser-beströmte Bäche, viele eiswasserbeströmte Flüsse.

Während er so fuhr, kam er zu einem dichten Wald, durch den die Nase nicht durchkommt, das Auge nicht durchkommt ..."

Die demokratische Auffassung Herders von der Volksdichtung als der Stimme des Volkes und sein von Goethe in „Dichtung und Wahrheit" überlieferter Ausspruch — „daß die Dichtung überhaupt eine Welt- und Völkergabe" sei, nicht ein Privat-Erbteil einiger feiner gebildeter Männer — entstammen der Zeit, als das junge deutsche Bürgertum sich seiner Kraft bewußt zu werden anfing und sich als den führenden Faktor im Kampf des ganzen Volkes gegen die überlebte Feudalmacht und Kleinstaaterei betrachtete.

Die aristokratische, volksverachtende Auffassung von der Volksdichtung, die Theorie vom Ursprung des Volkslieds und Märchens in der Oberschicht und ihrem Herabsinken ins Volk, das sie in der weiteren Überlieferung nur entstelle, diese Theorie entwickelt sich seit 1890 etwa, d. h. seit einer Zeit, als das deutsche Bürgertum endgültig seinen

Frieden mit dem bestehenden Staat geschlossen hat, die deutsche Politik offen imperialistisch wird und in der Arbeiterklasse die neue führende Kraft im Kampf des ganzen Volkes für den gesellschaftlichen Fortschritt machtvoll in Erscheinung getreten ist.

Der Zusammenhang zwischen der gesellschaftlichen Entwicklung und diesen beiden Konzeptionen der Volksdichtung liegt offen zutage.

Obgleich die Theorie vom gesunkenen Kulturgut von einem deutschen Volkskundler stammt und weithin verkündet wurde, können wir doch zur Ehre unserer Wissenschaft sagen, daß die beiden führenden deutschen Volkskundler, die das Gesicht dieser Wissenschaft in der ersten Hälfte unseres Jahrhunderts weitgehend geprägt haben, Adolf Spamer und John Meier, sich gegen Hans Naumanns Theorie vom gesunkenen Kulturgut gewandt haben, wobei es John Meier hoch anzurechnen ist, daß er seine anfängliche Unterschätzung, ja sogar Negierung der schöpferischen Kraft des Volkes, auf die sich auch Naumann berufen hatte, später überwunden hat.

Ich fasse zusammen:

Die sozialkritischen, antimilitaristischen und demokratischen Elemente im deutschen Märchen und Volkslied sind in zweierlei Beziehung von grundsätzlicher Bedeutung: sie zeigen einmal besonders klar die schöpferische Rolle des Volkes in der Volksdichtung, sie zeigen zum anderen das Streben des unterdrückten Volkes nach einem besseren Leben, nach Beseitigung von Unterdrückung und Ausbeutung, obgleich es sich hier nicht um Erzeugnisse einer organisierten Bewegung, sondern um elementare, aus der Not geborene Äußerungen handelt. Sie zeigen uns, daß das arbeitende Volk auch dann nicht schläft, wenn es sich nicht zum offenen Widerstand erhebt — wie im Großen Bauernkrieg und 1848 sowie in unzähligen, wenig bekannten kleineren Bewegungen der Zwischenzeit, von der folgenden Periode der Arbeiterbewegung gar nicht zu reden.

Die bisherige deutsche Volkskunde hat ihren Hauptforschungsgegenstand, den Bauern, ausschließlich als ein in feste Traditionen gebundenes, daher auch Obrigkeit und Kirche treu ergebenes Wesen gesehen. In einer kürzlich in München erschienenen wertvollen Arbeit „Die Nachbarschaft als bäuerliche Gemeinschaft" sagt K. S. Kramer:

> „Man war geneigt, im ‚Volk' als Objekt der Volkskunde eine vom historischen Ablauf losgelöste Schicht zu sehen — der Volksmensch war zwar an der Geschichte beteiligt, aber in passiver Weise. In der ‚Volkswelt' glaubte man die Kräfte des Beharrens wirksam, in der ‚geschichtlichen Welt' die Kräfte des Vorwärtstreibens, der Bewegung."

Es ist aber wissenschaftlich unmöglich, z. B. eine Volkskunde des hessischen Dorfes im 19. Jahrhundert zu schreiben, ohne dabei die jahrzehntelangen antifeudalen Bauernbewegungen der Vormärzzeit, die 1848 im Verbrennen der Grundbücher ihren Höhepunkt fanden, zu behandeln, oder eine Volkskunde des 16. Jahrhunderts ohne eine Darstellung der großartigen Organisierung des Bundschuhs und des Großen Bauernkrieges durch die angeblich nur traditionsgebundenen passiven Bauern.

Der leibeigene Bauer und der Gutsarbeiter fanden sich auch späterhin nicht passiv mit ihrem Schicksal ab, sie versuchten immer wieder, gegen den mitleidlosen Feind zu kämpfen, oder hielten wenigstens in ihren Erzählungen und Liedern den Haß gegen Unterdrückung, die Hoffnung auf ein besseres Leben und die Begeisterung an mutigen Taten aufrecht.

Damit spielten diese Lieder und Erzählungen eine wichtige Rolle im Leben des werktätigen Volkes. In revolutionär zugespitzten Situationen erhielt besonders das Lied eine gewaltige mobilisierende Kraft. Aus der Zeit des Bauernkrieges sind uns nur drei Lieder der Aufständischen erhalten, zwei davon als Beilagen zu Gerichts- und Folterprotokollen.

Wenn wir den wilden Haß gegen diese Lieder berücksichtigen, der aus den Protokollen spricht, so wird uns deutlich, daß das Lied während des Bauernkrieges die gleiche Rolle spielte wie etwa das Weberlied beim schlesischen Weberaufstand von 1844. Damals wie im 16. Jahrhundert versuchten die Herren um jeden Preis, die Verfasser der Lieder zu ermitteln und unschädlich zu machen.

GERHART HAUPTMANN hat in den Webern Baumert und Ansorge meisterhaft gestaltet, wie die Wahrheit des Weberliedes auch die alten besonnenen Weber ergreift:

> Der alte Baumert springt auf, hingerissen zu deliranter Raserei: „Haut und Hemde. All's richtig, 's is der Armut Haut und Hemde. Hier steh ich, Robert Baumert, Webermeister von Kaschbach. Ich bin ein braver Mensch gewest mei Lebelang, und nu seht mich an! Was hab ich davon? Wie seh ich aus? Was hab'n se aus mir gemacht? Hier wird der Mensch langsam gequält." Er streckt seine Arme hin. „Dahier, greift amal an, Haut und Knochen. Ihr Schurken all, ihr Satansbrut!!" Er bricht weinend vor verzweifeltem Ingrimm auf einem Stuhl zusammen.
>
> Ansorge schleudert den Korb in die Ecke, erhebt sich, am ganzen Leibe zitternd vor Wut, stammelt hervor: „Und das muß anderscher wer'n, sprech ich, jetzt uf der Stelle. Mir leiden's ni mehr! Mir leiden's ni mehr, mag kommen, was will."
>
> [Im 3. Akt läßt der Polizeiverwalter durch den Gendarmen den Webern im Wirtshaus mitteilen, daß das Singen des Liedes verboten ist. Da bricht es los.] „Garnischt hat a uns zu verbieten! . . ." Die Weber erheben sich und ziehen unter dem Gesang der folgenden Verse Wittig und Bäcker nach.

Ich habe über die deutsche Volksdichtung gesprochen, habe aber mit HERDER begonnen und mit HAUPTMANN geendet. Volksdichtung und Kunstdichtung unterscheiden sich zwar voneinander, sind aber durch keine Kluft voneinander getrennt. Vielfach gehen Werke aus der einen Dichtung in die andere über, vielfach sind die gegenseitigen Einflüsse. Während es für die Literaturwissenschaft selbstverständlich geworden ist, die gesellschaftliche Bedeutung von Werken wie „Nathan der Weise", „Kabale und Liebe", „Wilhelm Tell" usw. zu sehen, sind wir gewohnt, in der Volksdichtung in romantischer Weise nur das Allgemein-Menschliche, zeitlos Gültige zu sehen.

Ich wollte mit meinem Vortrag Ihnen die Volksdichtung als eine gesellschaftlich gebundene, sich historisch entwickelnde Kategorie näherbringen und auf die große Aufgabe, die in der allseitigen Erforschung dieses ausgeprägt demokratischen Teils unseres Kulturerbes liegt, hinweisen.

FACHKONFERENZ

Metallurgie des Eisens

Fünf Jahre Eisen-Forschungsinstitut zu Hennigsdorf bei Berlin

Eduard Maurer

Das Eisen-Forschungsinstitut, seine Gründung, Ausgestaltung und Zukunft

Im September 1952 erschien im Ministerialblatt Nr. 43 der Deutschen Demokratischen Republik die Anordnung zur Errichtung des Eisen-Forschungsinstitutes der metallurgischen Industrie zu Hennigsdorf bei Berlin.

Tatsächlich geht die Gründung des Institutes auf einen früheren Zeitpunkt zurück. Der damalige, inzwischen verstorbene Leiter der Hauptverwaltung Metallurgie innerhalb des Ministeriums für Schwerindustrie, Willi Becker, teilte mir mit Schreiben vom 5. November 1948 mit, daß er mir die Leitung des neu zu schaffenden Forschungsinstitutes der HV Metallurgie zu übertragen beabsichtige. Mit den Vorarbeiten zu dem Institut war ich bereits im September des gleichen Jahres betraut worden. Das Institut sollte in das leerstehende Gebäude des Maschinenhauses des früheren elektrischen Kraftwerkes des Stahlwerks Hennigsdorf eingebaut werden. Januar 1950 wurde hier die Arbeit aufgenommen, wobei es mir damals völlig klar war, daß dieses in ein früheres Gebäude eingebaute Institut kein modernes Institut werden würde, was ich auch am 13. Januar 1949 nochmals schriftlich zu Protokoll gegeben hatte. Aber das Eisen-Forschungsinstitut zu Düsseldorf, das jetzige Max-Planck-Institut für Eisenforschung, war 1920 gleichfalls in eine Halle von Rheinmetall eingebaut worden, bis Mai 1934, also 14 Jahre später, die Grundsteinlegung des jetzigen Institutes stattfand, worin Ende 1935 die Arbeiten aufgenommen wurden. Bis zur Hälfte dann zerstört, ist nach Beseitigung der Kriegsschäden die wissenschaftliche Arbeit in diesem Institut auch jetzt wieder voll im Gang.

Nach diesem Vorbild ist zu hoffen, daß auch das eigene Institut in absehbarer Zeit zu größeren Ausmaßen und damit gleichfalls zu einer größeren Anzahl von Mitarbeitern kommt.

Die Zahl der Mitarbeiter mit Hochschul- bzw. Universitätsabschluß im eigenen Institut beträgt zur Zeit acht. Die Größe des eigenen Institutes beträgt 3000 m², wobei es anderen Instituten zum Teil erheblich nachsteht.

Es ist mir bedauerlich, einen Vergleich mit den sowjetischen, ungarischen und polnischen Instituten der gleichen Fachrichtung nicht geben zu können. Ich kann nur sagen, daß die Einrichtung unseres Institutes von polnischen Ingenieuren so beurteilt wurde, wie sie dort kurz nach Kriegsausgang gewesen sei. Die Einrichtung des eigenen Institutes konnte aber über die einer Materialprüfanstalt bis jetzt nicht hinausgebracht werden. Mit einem gewissen Neidgefühl habe ich in der Sondernummer der „Täglichen Rundschau" zur Leipziger Frühjahrsmesse 1955 ein Bild mit folgender Unterschrift gesehen: „Hochempfindliche Meßgeräte in den modern eingerichteten Laboratorien der Volksrepublik China sind heute schon zu einer Selbstverständlichkeit geworden. Ein Beispiel dafür ist diese Prüfanlage im Chemischen Forschungsinstitut der Chinesischen Akademie der Wissenschaften." Die Einrichtung des eigenen Institutes mag an sich genügen, um wichtige Tagesfragen der Werke zu klären, aber nicht um Forschungsarbeiten durchzuführen, wozu, ganz abgesehen von dem benötigten Raum, auch die erforderlichen wissenschaftlich vorgebildeten Kräfte fehlen.

Ich selbst hatte für das Institut seinerzeit den Namen: ,,Zentralstelle für metallurgische Forschung und Beratung" vorgeschlagen. Diese Bezeichnung gilt im wesentlichen noch zur Zeit, wenn auch August 1952 die ,,Zentrale Qualitätsstelle der Eisenindustrie" geschaffen wurde, die ab Juli 1954 die Bezeichnung ,,Technische Kontrollorganisation der HV Eisenindustrie" führt und als deren Aufgabe u. a. ,,Beratung der Verbraucher bei der Stahlauswahl sowie der Weiterverarbeitung und Wärmebehandlung" angeführt ist. Bis Ende 1954 war kaum eine Entlastung des Eisen-Forschungsinstitutes hierdurch eingetreten. — Im Jahre 1950 kamen die Arbeiten des Institutes allmählich zum Anlaufen, und das Institut wurde auch in der Deutschen Demokratischen Republik bekannt, so daß von mir an Einzelberatungen ab 1951 bis 1954 einschließlich 1830 durchgeführt wurden, davon im Jahr 1954 noch 430. An Untersuchungsberichten kamen ab Mitte 1950 916 zur Erledigung, davon 190 im Jahre 1954. 726 Untersuchungen führte ich mangels eines Leiters der Metallographischen Abteilung selbst durch, so daß eine wissenschaftliche Betätigung von mir zeitlich überhaupt nicht in Frage kommen konnte. Die Zahl von 726 gibt keinen Begriff über die dazu geleistete Arbeit. 30 dieser Berichte können einer Doktor-Dissertation als äquivalent angesehen werden, so daß in der gleichen Zeit etwa 20 bis 25 Doktorarbeiten oder entsprechende Arbeiten hätten veröffentlicht werden können. Auch bei drei der von mir oben angeführten Mitarbeiter war die Möglichkeit, wissenschaftlich zu arbeiten, nicht gegeben, da die Zeit, die nicht mit laufenden Arbeiten ausgefüllt war, durch Vorlesungen an der Humboldt-Universität seit September 1951 in Anspruch genommen wurde, zu deren Durchführung auch noch drei weitere Mitglieder des Eisen-Forschungsinstitutes beitrugen.

Wenn auch hierdurch der Bedarf an eisenhüttenmännischem Nachwuchs im beabsichtigten Maße für die Werke befriedigt wird, so bleibt doch die Frage des eigentlich wissenschaftlich geschulten Nachwuchses für das eigene Institut offen. Das Hennigsdorfer Institut kommt wohl jetzt durch die teilweise durchgeführte Aufstockung, die erhebliche technische Schwierigkeiten bereitete, zu Arbeitsräumen für eine besondere Forschungsabteilung in dem Rahmen, wie sie bei einem Industrieinstitut gegeben ist, aber die Schaffung des für das Institut benötigten wissenschaftlichen Nachwuchses hängt indes eng mit der Schaffung weiterer Arbeitsräume zusammen. — Dann bin ich mir auch bewußt, daß die späteren Arbeiten einer eigenen Forschungsabteilung innerhalb des Hennigsdorfer Instituts mit davon abhängen, daß die benötigten Apparaturen für die metallurgische Forschung auf dem Gebiete der hohen Temperaturen erstellt werden können.

Wenn ich diese Ausführungen machte, so aus dem Grunde, daß die Stellen, die einmal über den Bau eines wirklichen Eisen-Forschungsinstitutes zu entscheiden haben werden, sich nicht nur mit dem Bau, sondern auch mit derartigen ,,Kleinigkeiten" befassen. Weiter müssen die Stellen sich darüber klar sein, daß ein derartiges Institut in erster Linie zu Forschungszwecken da ist und nicht im wesentlichen zur Förderung der täglichen, rein industriellen Belange. Das Max-Planck-Institut zu Düsseldorf hat bis jetzt keinen ,,Schlager" hervorgebracht, und trotzdem genießt das Institut auf dem Gebiet der metallurgischen Forschung einen hohen internationalen Ruf.

In Übereinstimmung hiermit zeigt das von der Akademie der Wissenschaften der UdSSR 1953 zum 70. Geburtstag ihres Vizepräsidenten Prof. J. P. Bardin herausgegebene Buch ,,Probleme der Metallurgie" gleichfalls die Bedeutung der rein wissenschaftlichen Forschung auf diesem Gebiete in der Sowjetunion. Es handelt sich in dem Buche um 34 Beiträge, wenn von dem einen Beitrag wirtschaftlicher Richtung abgesehen wird. Alle zehn physikalisch-chemischen Arbeiten, eindeutig metallurgischen Charakters, sind rein wissenschaftlicher Natur. Von den 15 Arbeiten über die Erzeugung von Roheisen und Stahl behandeln vier Arbeiten Erzfragen, sechs Arbeiten Fragen des Hochofens und fünf Arbeiten

Stahlfragen, von denen je eine bzw. zwei ausgesprochen praktischer Art sind. Von den fünf Arbeiten über spanlose Formung der Metalle ist eine Arbeit technischer Natur, und von den vier Arbeiten über Metallbearbeitung und Wärmebehandlung ist gleichfalls nur eine Arbeit ausgesprochen praktischer Art, also nur 20% der Arbeiten des angeführten Buches haben rein praktischen Charakter. Es wäre wünschenswert, das von Prof. BARDIN in Moskau geleitete Eisen-Forschungsinstitut kennenzulernen.

Alle Ausgaben unseres Institutes werden, mit Ausnahme der reinen Personalausgaben, durch Entwicklungsaufträge bestritten. Diese Arbeiten werden zugunsten des eigenen Ministeriums bzw. zugunsten des Ministeriums für Maschinenbau durchgeführt. Es besteht hier nun die Diskrepanz, daß die Geldanforderungen vom Institut im voraus zu stellen sind, ohne daß aber die Werke im voraus wissen, welche Anforderungen an sie im Laufe des betreffenden Jahres gestellt werden, d. h. also, daß die Werke ihrerseits dem Institut Angaben in der verlangten Richtung nicht machen können.

Wenn das Institut in Hennigsdorf, so wie ich hörte, das rentabelste der Forschungsinstitute sein soll, so dürfte die Berechtigung vorliegen, daß dessen Leiter auch einmal seine Erfahrungen mitteilte und, wenn auch das fragliche Institut nach dem verstorbenen WILLI BECKER ein Industrieinstitut sein soll, auf die Möglichkeiten hinwies, um zu einer Verstärkung der Forschungstätigkeit an diesem Institut kommen zu können.

Die weiter zu machenden Ausführungen unterstreichen wohl die Tatsache, daß das Hennigsdorfer Institut in erster Linie ein Industrieinstitut ist, aber wenn im Treppenflur der Deutschen Akademie der Wissenschaften der Ausspruch von HELMHOLTZ steht:

„Das Wissen muß sich im Leben auch bestätigen“,

so dürfte doch auf Grund dieses Spruches die Berechtigung vorliegen, über die Arbeiten des eigenen Institutes in den verflossenen fünf Jahren zu berichten. Die zu machenden Ausführungen, zusammen mit noch je einem Vortrag von mir und von drei anderen Mitgliedern des Eisen-Forschungsinstitutes geben über die Arbeiten des Institutes während des angegebenen Zeitabschnitts einen genügenden Einblick.

Thomas-Sonderstahl der Maxhütte sowie Großbaustähle des Neuentwurfs von DIN 1611 bis 1622 und Sprödbruch

Ich hatte bereits einmal Gelegenheit, Juli 1950 vor einem größeren Hörerkreis im Hause des Ministeriums für Hüttenwesen und Erzbergbau über den „Stand der praktischen und wissenschaftlichen Erkenntnisse zur metallurgischen Qualitätsbeherrschung des Massenstahls“ [1] zu sprechen. Ein wesentlicher Punkt dieser Ausführungen betraf den Thomasstahl der Maxhütte. Dieser Stahl war Ende 1948 nicht schlechter als es üblicher Thomasstahl ist. Er war eben trennbruchspröde, und Profile, die auf einer Baustelle autogen geschnitten wurden bzw. wenn sie versehentlich beim Abladen auf den Boden fielen, rissen verschiedentlich. Auch beim Bohren der Nietlöcher rissen diese des öfteren nach einiger Zeit auf. Durch diese Beanstandungen, die in der Fachliteratur in genügender Weise auch für den üblichen Thomasstahl westdeutscher Erzeugung belegt werden können, ergab sich in den Verbraucherkreisen, ähnlich wie dies früher in Westdeutschland für den dortigen Thomasstahl der Fall war, eine Abneigung gegen den Thomasstahl der Maxhütte, da angenommen werden konnte, diese beanstandeten Vorfälle seien durch eine gesteigerte Erzeugung unter Außerachtlassen der Qualität bedingt. Daß diese Ansicht, jedenfalls damals für den Thomasstahl der Maxhütte, nicht zutraf, ergibt sich aus folgendem: Nach DIN 1612 vom März 1943 war in der Schmelzanalyse ein P-Gehalt von 0,09% zulässig und vorher nach dem Werkstoff-Handbuch Stahl-Eisen (2. Auflage, Blatt G 1—1) vom November 1937 ein solcher von 0,08%. Nach einer Angabe des Hüttenwerkes Oberhausen [2] vom April 1951 lagen hier in den drei ersten Monaten 1947 oberhalb einem P-Gehalt von 0,075% 14% der Chargen und 1949 nur noch 8% der Chargen. April 1949 betrug diese Chargenzahl bei der Maxhütte noch 19%, aber ein Jahr später, 1950, auf Grund der von mir durchgeführten Bestrebung, nicht über einen P-Gehalt in der Chargenanalyse von 0,060% zu kommen, lagen über dem Gehalt von 0,075% P nur noch 5% der Chargen [3].

In Oberhausen wurde ab Januar 1950 mit Sauerstoff-Anreicherung des Windes geblasen. Mit dieser Frage habe ich mich auf der Maxhütte nicht befaßt, da nach meiner Ansicht die dortige „Thomassondergüte", bei dem für Profile ab T 26 und U 26 sowie Winkel 100 × 100 und größer in der Chargenanalyse der P- wie der S-Gehalt mit 0,060% begrenzt ist und deren Summe mit 0,10% [4], für Bauwerke mit ruhender Last völlig in Ordnung ist. Bis jetzt ist mir keinerlei Beanstandung mit diesem Stahl zur Kenntnis gekommen.

In demselben Vortrag [1] bin ich auch auf den unmittelbar in Wasser abgewalzten Thomasstahl eingegangen, dessen einwandfreie Schweißung ich bezweifelte. Aus den in der Zwischenzeit 1953 in der Fachliteratur erschienenen beiden Veröffentlichungen aus den Werken Oberhausen [5] und Völklingen [6] geht hervor, daß bis jetzt kein Stahlbau, selbst nicht bei nur ruhender Last, aus diesem so behandelten Thomasstahl ausgeführt wurde. In der Veröffentlichung der Gutehoffnungshütte heißt es eindeutig wie folgt: „Die mit fortschreitender Technik immer höheren Anforderungen an die Gleichmäßigkeit, Verformbarkeit und Sprödbruchunempfindlichkeit eines Großbaustahls würden sich allerdings mit wassergehärtetem Austauschstahl damaliger Herstellung noch nicht erfüllen lassen."

Das Wort „Sprödbruch" kennzeichnet die derzeitige Lage auf dem Gebiet der Großbaustähle. Die Frage geht zurück auf die Rißbildung der geschweißten Zoo-Brücke, Berlin, aus St 52 im Jahre 1936 und insbesondere auf den Einsturz der geschweißten Brücke bei Hasselt März 1938, zu der Thomasstahl verschiedener belgischer und luxemburgischer Stahlwerke verwandt worden war. Es traten dann Januar 1940 weitere Schäden bei den Brücken zu Hérenthals-Oolen und zu Kaulille bei — 20° C auf. Bei der Untersuchung konnte festgestellt werden, daß in den meisten Fällen der Anfangsbruch in der Schweiße lag. Der Stickstoff ergab sich hierbei an verschiedenen Stellen der Schweißnähte zu 0,027 bis 0,030%. Dies ist der übliche Stickstoffgehalt einer Elektroschweiße. Es kommt im wesentlichen auf die Zähigkeit des verschweißten Stahls an, ob bei einem Schrumpfriß in der Schweißnaht dieser in das verschweißte Blech übergeht oder nicht.

Der Phosphorgehalt, z. B. des Thomasstahls der Brücke von Hérenthals-Oolen betrug nach Angaben von „Stahl und Eisen" 1942 im Mittel 0,060% und das Mittel des Stickstoffgehaltes 0,014%. Der Thomas-Sonderstahl der Maxhütte liegt mit seinem mittleren Gehalten an Phosphor und Stickstoff bei 0,050 und 0,018%.

Ich gab nun in einem Falle Mitte 1951 wegen großer Dringlichkeit mein Einverständnis dazu, daß der Thomas-Sonderstahl der Maxhütte nicht nur für einen Stahlbau mit ruhender Last, sondern für zwei große Helling-Kabelkrananlagen mit je etwa 3000 t Stahlverbrauch genommen werden könnte, da bei diesen Anlagen nur schwellende Beanspruchung auftrat und sie auch nicht als Schweißkonstruktionen, sondern nur als Nietkonstruktionen durchgeführt wurden. Diese Anlagen müssen ihre Bewährungsprobe noch bestehen, da seit 1951 kein Winter mit — 20° C und darunter auftrat[1]). Bereits Anfang 1949 schlug ich auf Grund von Unterlagen der Fachliteratur [7] als Stahl für dynamisch beanspruchte Bauten,

[1]) Die Drucklegung des vorliegenden Vortrages erfolgte März 1956, so daß die Kälte bis zu —30° C der Monate Januar und Februar 1956 zur Auswirkung kam. Irgendwelche Schäden an den beiden Anlagen kamen nicht zur Meldung. Eine der Anlagen wird jetzt gleichfalls unter Anwendung von Thomas-Sonderstahl als Nietkonstruktion erweitert.

die größere Kältegrade auszuhalten hatten, mit Aluminium überdesoxydierten St 37 vor. Von Riesa wurde dieser Stahl damals von Ing. W. WALTHER, Leiter der Qualitätsstelle des VEB Bleichert, Leipzig, für dieses Werk erschmolzen.

Tafel 1. *Kerbschlagzähigkeit und Alterung bei verschiedenen Temperaturen. Mittel aus mindestens drei Proben*

Stahlbezeichnung	C %	Si %	Mn %	N %	Al %	Kerbschlagzähigkeit [mkg/cm²] +20° C	0° C	—20° C	—40° C
St 37 unberuhigt	0,12	0,01	0,37	0,003	0	*24,1*	*18,4*	*10,1*	*1,08*
						1,50	0,65	0,54	0,49
St 37 beruhigt	0,14	0,29	0,50	0,004	0	*19,0*	*15,7*	*11,8*	*1,52*
						7,60	0,95	0,69	0,67
C 12 Al	0,14	0,25	0,52	0,004	0,020	*22,0*	*21,7*	*19,4*	*19,4*
						15,9	14,9	12,3	6,90
CK 10 Al	0,12	0,60	0,51	0,008	0,080	*23,9*	*24,2*	*19,8*	*17,0*
						17,8	14,9	3,66	1,50

Werkstoffzustand: normalgeglüht und ungealtert (Schrägschrift)
normalgeglüht und gealtert (Normalschrift)

Eine Übersicht über die Kerbschlagzähigkeit verschiedener Stähle nach eigener Untersuchung gibt Tafel 1. Aus der Zusammenstellung ergibt sich, daß der *unberuhigte* St 37 sich im normalgeglühten Zustand vom *beruhigten* St 37 bei Temperaturen von +20° bis — 40° C praktisch *nicht* unterscheidet. In ihrer Alterungsanfälligkeit unterscheiden die beiden Stähle sich nur bei +20° C, diese beträgt hier 94 bzw. 60%. Von 0° ab bis zu — 40° C sind indes die Kerbschlagzähigkeitszahlen im gealterten Zustand praktisch gleich und liegen unter 1 mkg/cm².

Man wird also, um eine wirkliche Sicherheit in einem dynamisch beanspruchten Bauwerk zu haben, zu Feinkorn- bzw. alterungssicheren Stählen greifen. Der in der Zusammenstellung angeführte, im SM-Ofen erschmolzene Stahl C 12 Al mit 0,004% N hat selbst im gealterten Zustand bei — 40° C noch eine Kerbschlagzähigkeit von rd. 7 mkg/cm² entsprechend 37% seiner anfänglichen Kerbschlagzähigkeit. Der im Versuchselektroofen des Instituts erschmolzene Stahl Ck 10 Al mit 0,008% N hat hingegen bei der gleichen Temperatur von — 40° C nur noch rd. 9% seiner anfänglichen Kerbschlagzähigkeit bei Raumtemperatur. Bei — 20° C betragen die %-Zahlen 63 sowie 18,5, das heißt also, daß bei — 40 und — 20° C der im SM-Ofen erschmolzene Stahl ähnlich metallurgisch behandelt rd. die vierfache Kerbschlagzähigkeit des im Elektroofen erschmolzenen Stahls im gealterten Zustand besitzt. Bei 0° C ist dann die Kerbschlagzähigkeit nach dem Altern der beiden Stähle mit 69 bzw. 61% der anfänglichen Kerbschlagzähigkeit praktisch gleich. *Ein wirklich alterungssicherer Stahl läßt sich also wegen des erforderlichen niedrigen Stickstoffgehaltes nur im SM-Ofen und nicht auch mit dem üblichen Elektrostahlverfahren erzeugen.*

An anderer Stelle werde ich mich noch mit meiner Mitwirkung bei der Herstellung von einwandfreien Schiffskesselblechen aus alterungsbeständigem SM-Stahl befassen. Diese Bleche sind meines Erachtens auch ohne weiteres für zu schweißende Schiffsbauten zu verwenden, ohne daß dazu ein nachträglich autogenes Entspannen käme, wie dies in Heft 6 (1954) von „Schweißen und Schneiden" für einen 45000-t-Tanker der Howaldtwerke, Hamburg, beschrieben wurde. Ich führte hier eigens diesen Tanker an, weil von den elf geschweißten Liberty-Schiffen, die von November 1942 bis April 1944 zerbrachen, acht Tanker waren. Bezeichnend ist, daß nach M. PFENDER [8] vom Materialprüfungsamt Berlin-Dahlem alle Schäden nur bei den Schiffen auftraten, die auf der nördlichen Halbkugel verkehrten. Schweißspannungen, zusammen mit Temperaturspannungen, entstanden durch den Temperaturunterschied zwischen Wasser und der kalten Luft, bewirkten das Reißen der Schweißnähte und das Springen der Schiffsbleche selbst.

Die Stahlwerke konnten auch früher bereits *sprödbruchsichere* Stähle liefern, da der Grad der Sprödbruchsicherheit gegeben ist durch den Grad der Alterungsbeständigkeit, aber das Auftreten von zusätzlichen Spannungen bei den schon vorhandenen Schweißspannungen wurde von den damaligen Schiffskonstrukteuren nicht vorausgesehen.

In dem Entwurf zur Neufassung der DIN-Vorschriften 1611 bis 1622 für Großbaustähle sind Stahlgruppen vorgesehen, und zwar die Gruppe A für üblichen Thomasstahl bei einfachen Beanspruchungen beim Schweißen und im Bauwerk, die Gruppe B für die üblichen unberuhigten bzw. beruhigten SM-Stähle bei mittleren Beanspruchungen beim Schweißen und im Bauwerk, die Gruppe C für mit Silizium und Aluminium beruhigte, sogenannte Feinkornstähle, bei hohen Beanspruchungen beim Schweißen und im Bauwerk. Die vierte Gruppe D sieht die Stähle St 37, St 42 und St 52 im alterungsbeständigen Zustand vor mit einem Höchst-P-Gehalt von 0,045% und einem Höchst-S-Gehalt von 0,040%. Hier sei darauf hingewiesen, daß in der Deutschen Demokratischen Republik der Hochbaustahl St 52 schon seit längerem nur noch als St 52 FS, d. h. als Feinkornstahl mit einem Höchstgehalt an P und S von je 0,040% auf meine Veranlassung hin erschmolzen wird.

Die Schwierigkeit, welcher Stahl in einem Bauwerk anzuwenden ist, bleibt auch bei der Neufassung der DIN-Vorschriften 1611 bis 1622 nach wie vor bestehen. Bei einer eisenhüttenmännischen Tagung [9] April 1954 in Düsseldorf wurde eindeutig darauf hingewiesen, daß die Wahl des Stahles Angelegenheit der Konstrukteure sei. Ich glaube kaum, daß nun Konstrukteure darüber entscheiden können, ob unberuhigter oder beruhigter Stahl zu nehmen sei; es müßten hier schon Richtlinien geschaffen werden, wie sie z. B. kürzlich als einheitliche Abnahmebedingung für Schiffsbleche zum Vorschlag kamen, wobei unberuhigter Stahl noch für Blechdicken bis 12,5 mm zugelassen wurde [10].

Diese Begrenzung der Blechdicke ergibt sich daraus, daß ein einwandfreies Verschweißen der früheren Gasblasen in der gegossenen Bramme nur bis zu einer bestimmten Blechdicke als wahrscheinlich erachtet wird.

Es kann aber keine allgemeingültige Anleitung über die Anwendung von unberuhigtem und beruhigtem Stahl gegeben werden; nach meiner Ansicht kann hier nur von Fall zu Fall entschieden werden, wenn ich auch zugebe, daß meine Ansicht hierüber nicht maßgebend ist, da meine Stahl-Erfahrungen nicht auf dem Gebiet der im SM-Ofen hergestellten Großbaustähle liegen, sondern es lag meine metallurgische Tätigkeit während der verflossenen Jahre im wesentlichen auf dem Gebiet der Elektrostähle.

Einiges Nichtmetallurgisches in einem Elektrostahlwerk

Meine erste Bekanntschaft mit dem Elektrostahlwerk der Maxhütte gegen Ende 1948 ergab sich durch das dortige Erschmelzen von Schweißdraht im Elektroofen unter „schwarzer Schlacke" mit einem S-Gehalt von höchstens 0,050%. Das Erschmelzen dürfte aus walztechnischen Gründen auf die Maxhütte gelegt worden sein, da das Mittel der S-Gehalte der Riesaer SM-Chargen — März 1948 — 0,048% betrug und das der Hennigsdorfer 0,053%. Es hätten demnach auf diesen Stahlwerken die Chargen ausgesucht werden können.

Auf der Maxhütte war nun festgestellt worden, daß die letzte Ofenprobe im Schwefel wohl mit der Anfangspfannenprobe übereinstimmte, die beiden Pfannenproben aber, die in der Mitte und am Ende des Gießens entnommen wurden, bis über ein hundertstel Prozent höher lagen, d. h. beispielsweise ergab die letzte Ofenprobe 0,024% S und die am Anfang des Gießens genommene Probe 0,028% S, während die in der Mitte und gegen Ende des Gießens genommenen Proben 0,038% S und 0,040% S ergaben. In einem anderen Falle ergaben die am Anfang, Mitte und Ende des Gießens genommenen Proben 0,042% S gegen 0,049% und 0,050% S. Wenn auch die angegebenen Werte nicht über 0,050% S gingen, also die Schmelzen in Ordnung waren, war doch ein unsicheres Gefühl vorhanden, gewissermaßen „schwamm" man bei dem Schmelzen.

Da bisher in der Fachliteratur eine S-Anreicherung beim Gießen nicht festgestellt worden war, konnte der Grund nicht etwa in einer in der Pfanne sich einstellenden Reaktion zwischen Stahl und Schlacke gesucht werden, sondern mußte woanders liegen. Ich fand diesen Grund in der Art der Probeentnahme. Die auf der Maxhütte durchgeführte Probeentnahme gab den S-Gehalt des Bades kurz unterhalb der Schlacke wieder. Bei tiefer gehender Probeentnahme stimmte der S-Gehalt mit dem beim Vergießen sowohl bei Proben aus der Mitte als auch gegen das Ende zu festgestellten Schwefel überein, während die am Anfang des Gießens genommene Probe mit der üblichen genommenen Badprobe übereinstimmte.

Durch die geschilderte Angelegenheit wollte ich zeigen, daß manches Vorkommnis in einem Stahlwerk reichlich wenig mit Metallurgie zu tun hat. Aber ebensowenig hat das Auftreten von „Flocken" bei bestimmten Stahlsorten bzw. Chargen noch etwas mit metallurgischen Überlegungen zu tun, nachdem ich 1911 diesen Stahlfehler als durch Spannungsrisse entstanden erkannte [11], die sich beim Abkühlen des vorher rotwarm gebliebenen Blockes nach dem Walzen oder Schmieden unterhalb des Rekaleszenz-Punktes einstellen und durch langsames Abkühlen zu vermeiden sind, wobei der basische Elektrostahl am flockenempfindlichsten ist. Wie dann 1935 [12] in der Gußstahlfabrik Essen nachgewiesen wurde, sind diese Spannungsrisse durch die bei etwa 200 bis 300°C erfolgende Ausscheidung von vorher im Stahl gelöst gewesenem Wasserstoff bedingt. Seit damals weiß jeder Stahlwerker, daß der Stahl, um ihn möglichst wasserstofffrei zu erhalten, ordnungsgemäß auszukochen ist und daß die Ferrolegierungen rotwarm zuzugeben sind und daß der Kalk, der bei der Raffinierperiode verwandt wird, vorher nochmals durch Erhitzen auf Rotglut wasserfrei zu machen ist. Unabhängig davon, daß heizbare Abkühlgruben vorhanden sind, *müssen in einem Elektrostahlwerk auch entsprechende Glühöfen für Kalk und Ferrolegierungen vorhanden sein,* wenn nicht die Möglichkeit besteht, diese in einer Mulde in einen SM-Ofen einzufahren.

Ich stellte vor einiger Zeit auf der Maxhütte bei flockenhaltigem Cr-Ni-Stahl fest, daß dieser unsachgemäß erschmolzen worden war. Der Einlaufkohlenstoff lag zu tief und ohne wieder aufzukohlen wurde kaum gekocht, die schwarze Schlacke abgezogen und Raffinierschlacke aufgegeben. Ich ließ dann selbst eine Charge in meiner Gegenwart fahren, bei der der Kohlenstoff so gehalten war, daß ordnungsgemäß gekocht werden konnte und die betreffenden aus dieser Charge abgewalzten Knüppel waren flockenfrei. Kürzlich sind aber eine Reihe von Chargen, selbst bei einwandfreier Schmelzung, von Mangan-Vanadin-Stahl flockig geworden. Auch in anderen Stahlwerken kamen verschiedentlich flockenhaltige Stahlknüppel zur Ablieferung. Gegen die Flocken wird aber bedauerlicherweise nichts getan, da sie oft nur periodenweise auftreten. Sie zu vermeiden, ist, wie bereits gesagt, keine metallurgische Angelegenheit. Jedenfalls kann aber bei manchem Elektrostahl der Bezeichnung „Auchelektrostahl" nicht entgegengetreten werden. Wenn ich dies hier ausführte, so aus dem Grunde, daß von seiten der Stahlverbraucher nicht gesagt werden kann, daß mir bestehende Mängel nicht bekannt seien, wenn ich auch nichts zu ihrer Abstellung tun kann, wie dies von manchen Verbraucherstellen angenommen wird.

Behandlung einiger Fragen bzw. Aufgaben, veranlaßt durch die in den Stahlwerken der Eisenindustrie entstandenen Betriebsschwierigkeiten

1 Herstellung von Turbinenschaufelstahl mit 13% Chrom (X 20 Cr 13)

Auf der Maxhütte ging das Jahr 1950 mit dem Monat Dezember wenig erfreulich für die Herstellung des obigen Stahls aus. Die abgewalzten Knüppel der auf Veranlassung des Ministeriums für Maschinenbau dort erschmolzenen ersten Charge waren durchsetzt von Spannungsrissen, so daß diese Ausschuß war. Die Deckung des dringenden Bedarfes an Schaufelstahl zu Ausbesserungszwecken der Turbogeneratoren von Klingenberg und anderen Kraftwerken erschien völlig aussichtslos, da auf der Maxhütte keine Einrichtungen vorhanden waren, um mit Gewißheit die Herstellung von 13%igem Chromstahl einwandfrei durchzuführen.

Die Frage der Herstellung von Turbinenschaufelstahl, auch ohne die notwendigen Bedingungen zur Herstellung, wurde erneut akut durch die als Reparationsauftrag vergebene Neubeschaufelung von zwei in der Ostsee mittlerweile gehobenen Dampfern.

Februar 1951 machte sich dadurch unbedingt eine Besprechung zwischen den Vertretern des Ministeriums für Maschinenbau einerseits und den Vertretern des Ministeriums für Metallurgie andererseits erforderlich. Die Maxhütte lehnte die Verantwortung zur Herstellung der benötigten 350 t Fertigmaterial, entsprechend etwa 40 Chargen Rohmaterial bei der vorhandenen Elektroofengröße, ab und verwies auf Import. Da dies als völlig aussichtslos bezeichnet wurde, *übernahm ich die Verpflichtung, auch ohne die nötigen Einrichtungen auf der Maxhütte, den 13% Cr enthaltenden Turbinenschaufelstahl dort rißfrei bei entsprechender mechanischer Reinheit herzustellen.*

13%iger Chromstahl für Turbinenschaufeln wird üblicherweise in Blöcken von etwa 800 kg vergossen, in der Kokille bis Rotwärme abgekühlt, dann in einer besonderen Abkühlgrube abgestellt, völlig erkalten lassen, weichgeglüht, überdreht und weiterverwalzt. Es mußte aber auf der Maxhütte mit 3,5 t Blockgewicht, das wohl *erstmalig* bei diesem Stahl verwendet wurde, gearbeitet werden. Der Stahl wurde, ohne zu erkalten, durch den Tiefofen gehend, zu dem entsprechenden Vormaterial in Knüppelform ausgewalzt, das in provisorischen Abkühlgruben dann erkaltete. Das hierauf folgende Weichglühen zum Putzen der Knüppel wurde von dem Qualitätsstellenleiter der Maxhütte, Ing. WILLING, durch ein nochmaliges Hochheizen der Knüppel, unmittelbar anschließend an das Walzen, ersetzt, so daß diese im hellrotwarmen Zustand in die Ableggruben kamen.

August und September 1948 waren auf der Maxhütte bereits zwei V2A-Stahl-Chargen mit 18% Cr und 8% Ni von der Maxhütte selbst erschmolzen worden. Die Herstellung des 13%igen Chromstahls war also weniger eine metallurgische Angelegenheit als eine Angelegenheit der Organisation und der ständigen Kontrolle, der sich außer Ing. WILLING wesentlich Dipl.-Ing. A. BITTERSMANN vom Eisen-Forschungsinstitut widmete.

Der Ausschuß, der sich bei dem magnetischen Durchfluten der Turbinenschaufeln bei dem so hergestellten Stahl in Suhl durch Schlackeneinschlüsse ergab, betrug rd. 5%. *Die von mir übernommene Gewährleistung,* die damals kein Metallurge der Deutschen Demokratischen Republik übernehmen wollte, *war also völlig erfüllt worden.*

Aus irgendwelchen Gründen wurde dann die Erschmelzung des Turbinenschaufelstahls von der Maxhütte auf ein anderes Stahlwerk verlegt und der Leitung des Eisen-Forschungsinstitutes entzogen. Auf diesem Stahlwerk fielen Chargen, bei denen der Ausschuß bei der Verarbeitung zu Schaufeln 30 bis 50% betrug. Wenn auch der Gesamtausschuß im Mittel nur 15% ausmachte, so war immerhin eine Steigerung des Ausschusses von 10% gegenüber den früheren Chargen der Maxhütte vorhanden.

Gegen Ende 1953 wurde die Erzeugung von Turbinenschaufelstahl erneut dem Eisen-Forschungsinstitut übertragen. Durch tagelanges Überprüfen der fertigen Turbinenschaufeln in Suhl konnte ich zusammen mit dem VEB Turbinen und Generatoren, Berlin-Wilhelmsruh, Abnahmebedingungen ausarbeiten, wobei die Schaufeln je nach ihrer Beanspruchung in bestimmte Gruppen eingeteilt wurden. Hierdurch wurde der mittlere Ausschuß von 15% auf unter 5% gesenkt, und durch die erneute Chargenführung seitens Dipl.-Ing. BITTERSMANN wurde der Ausschuß weiter auf unter 2% herabgedrückt.

Die von mir auf Grund meiner früheren Praxis bereits bei der erstmaligen Schmelzperiode von Turbinenschaufelstahl auf der Maxhütte durchgeführte Arbeitsweise war folgende:

a) Vordesoxydation des von der schwarzen Schlacke befreiten Bades durch FeSi-Pulver und durch Eintauchen von Reinaluminium-Barren,
b) heiße Raffinierperiode,
c) Heißabstechen,
d) Heißvergießen in eine mit hochwertigen Schamottesteinen ausgemauerte Pfanne bei entsprechend ausgelegter Gespannsplatte mit einwandfreien Schamottesteinen.

2 *Herstellung von hitzebeständigem Stahl X 10 Cr Al 7 und X 10 Cr Al 24, entsprechend Sicromal 8 und 12*

Die zweite, anfangs wenig verlockende Aufgabe war die sichere Herstellung von sogenanntem „Sicromal 8" mit rd. 6,5% Cr, 0,6 bis 0,9% Si, 0,6 bis 0,9 Al und einem C-Gehalt von unter 0,12%. Dieser Stahl war früher in keinem Stahlwerk des jetzigen Gebietes der Deutschen Demokratischen Republik erschmolzen worden.

Nachdem Ende Juni 1952 auf der Maxhütte von 13 Chargen sieben durch zu geringen Al-Gehalt Fehlchargen wurden, wurde das Erschmelzen von Sicromal dadurch unterbunden, daß bei zwei weiter aufeinanderfolgenden Chargen sich das von meinem damaligen Mitarbeiter BITTERSMANN nach der Arbeitsvorschrift von LEITNER-PLÖCKINGER von Böhler flüssig zugegebene Aluminium stichflammenartig entzündete. Bei den vorhergehenden Chargen waren die Aluminiumbarren in den Strahl gehalten worden.

Da auf Grund eines besonderen Auftrages die Herstellung von Sicromal 8 unbedingt durchgeführt werden mußte und von Westdeutschland ein Bezug nicht möglich war, so nahm ich mich selbst dieser Aufgabe an mit dem Ergebnis, daß das bestellte Brammenmaterial termingemäß zur Ablieferung kam.

Die erste Charge von Sicromal 12 mit rd. 25,4% Cr, 1,3 bis 1,6% Si und 1,3 bis 1,6% Al bei einem C-Gehalt von unter 0,12% wurde von mir Dezember 1953 erschmolzen und zu Brammen und Knüppeln vergossen. Die hergestellte Charge entsprach der Soll-Analyse. Insbesondere ergaben drei C-Bestimmungen die Werte 0,12%, 0,11% und 0,12%. Um mit dem Kohlenstoff nicht über 0,12% zu kommen, ließ ich nur mit weißer Feinungsschlacke unter Anwendung von FeSi-Staub als Reduktionsmittel arbeiten. Das Aluminium wurde bei beiden Stahlsorten als Hüttenaluminium in die Pfanne geschichtet, und vor dem Abstich wurde, was sich als *unbedingt nötig* erwies, die Hauptmenge der Ofenschlacke abgezogen und der Rest mit Kalk abgesteift. Es wurde so abgestochen, daß das Aluminium in der Pfanne in kürzester Zeit vom Stahl bedeckt war. — Nach dieser Vorschrift wurden die Al-haltigen Sonderstähle, Sicromal 8 und 12 sowie auch Nitrierstahl, weiter ständig auf der Maxhütte und in Döhlen erzeugt.

3 Herstellung von verschleißfestem Hartmanganstahl

Braunkohlengruben haben einen erheblichen Bedarf an verschleißfestem Stahlmaterial, das dem bekannten Hadfield-Stahl mit rd. 1,2% C und rd. 12% Mn entspricht. Das Verhältnis von C zu Mn, wie 1:10, ergibt sich aus dem gleichen Verhältnis im üblichen 80%igen Ferromangan und hat sich bei Gußstücken allgemein eingeführt.

Nachdem die Bestände der Gruben aufgebraucht waren, verlangten sie die Herstellung von Walzprofilen auf der Maxhütte. Es gelang aber nicht, den Stahl abzuwalzen. Bereits beim 1. oder 2. Stich bröckelte der Gußblock auseinander. Schmiedeversuche in Großenhain führten bei den 3,5 t schweren Blöcken auch zu keinem Ergebnis.

Da der Bedarf der Braunkohlengruben an Hartmanganstahl *aber unbedingt befriedigt werden mußte* und Döhlen mit kleinen Blöcken den Bedarf nicht decken konnte, nahm ich mich der Angelegenheit an, die ich so in Ordnung brachte, daß ich den C-Gehalt auf 0,8 bis 0,9% senkte und den Mn-Gehalt auf rd. 14% steigerte. Dieser Stahl ließ sich auch bei 3,5-t-Blöcken einwandfrei abwalzen.

4 Herstellung von Wälzlagerstahl mit einwandfreiem Glühgefüge

Eine weitere Aufgabe erwuchs mir durch die dringend gewordene Qualitätsverbesserung der Wälzlagerstähle. Als die Angelegenheit Ende des Jahres 1950 an mich herangetragen wurde, war der Stand der Wälzlagerstahlerzeugung in qualitativer Hinsicht geradezu katastrophal, da ein einwandfreies Normalglühen nach dem Schmieden bzw. Walzen nur bei einer der drei Wärmebehandlungsstellen, nämlich bei Horch, Zwickau, durchgeführt wurde. Bei den anderen beiden Stellen wurde im Stapel bis zu 40 t Einsatz geglüht und auch im Stapel erkalten gelassen, so daß die so geglühten Ringe noch ein ausgeprägtes Korngrenzenzementitnetz hatten.

Es lag also nicht an der Erschmelzung der hier in Betracht kommenden drei Chromstähle, auch nicht an der Schmiedung auf der Maxhütte, sondern vor allem an der nicht einwandfrei durchgeführten Normalglühung, für die ich dann eine Temperatur von 900°C festlegte, die bei richtiger Endwarmverformungstemperatur genügen mußte, um das Zementitkorngrenzennetz zum Verschwinden zu bringen. Später kam bei Herstellung der Rohre aber noch eine zu hohe Endwalztemperatur und eine darauf folgende zu langsame Abkühlung nach dem Walzen dazu, was eindeutig aus einem Protokoll Ende 1951 hervorgeht.

Leider wurden die Hinweise auf den Einfluß von Endwalztemperatur und der Abkühlverhältnisse ungenügend berücksichtigt. Von meinem Mitarbeiter KOLAR wurde November 1951 für Rohrmaterial die Temperatur für das Normalglühen auf 960°C erhöht, um den Korngrenzenzementit sicher in Lösung zu bringen und für den ganzen Warmbehandlungsvorgang einschließlich des Weichglühens bei 760 bis 780°C eine Richtkurve gegeben. Im allgemeinen wurde danach zur Zufriedenheit gearbeitet. Es konnte festgestellt werden, daß zeitweise Qualitätseinbrüche stets darauf zurückzuführen waren, daß die gegebenen Weisungen außer acht gelassen wurden, was so weit ging, daß sogar vom Normalglühen bei Stabmaterial zeitweise Abstand genommen wurde.

Eine Ausgangskontrolle des Erzeugnisses in den Stahlwerken fehlte anfangs gänzlich und wurde erst nach und nach eingeführt. Ich veranlaßte bei Stabmaterial die Festlegung der Bearbeitungs- und Schälzugabe mit 10%, und die zahlreichen Untersuchungen im Eisen-Forschungsinstitut klärten über die Ursachen der Oberflächenfehler auf und führten so nach und nach dazu, daß diese in zulässigen Grenzen gehalten werden.

Chromstahldraht zur Fertigung der Wälzkörper wird zur Vermeidung von Oberflächenschäden aus bearbeiteten Gußblöcken gewalzt. Für diesen Draht wurde, gleichfalls von meinem Mitarbeiter KOLAR, ein Kurzglühverfahren vorgeschlagen, wodurch dann, neben einer besseren Ausnutzung der vorhandenen Topfglühanlagen, auch Stromersparnisse erzielt wurden. Die bisherigen Ergebnisse zeigen, daß das Verfahren, das übrigens auch in Westdeutschland angewendet wird, sich bewährte und zu einer wesentlichen Verminderung der Entkohlung beitrug.

Wenn die angestrebten Ergebnisse auf dem Gebiet des Wälzlagerstahls bisher nicht voll erzielt wurden und mitunter auch Rückschläge zu verzeichnen waren, so kam dies dadurch, daß die Qualität vielfach erst nach der Mengenleistung beachtet wurde und auch hier bedauerlicherweise das Bestreben, mehr und billiger zu erzeugen, überwog.

Behandlung einiger Fragen bzw. Aufgaben, veranlaßt durch die fortschreitende Entwicklung bei sonstigen stahlverbrauchenden Stellen

1 Herstellung von einem nickelfreien Stahl für nicht zu vergütende Straßenbahnachsen (37 Mn V 7)

Die für Straßenbahnwagen benötigten Achswellen wurden früher aus einem ölvergüteten Cr-Ni-Stahl bzw. einem ölvergüteten Mn-Ni-Stahl mit jeweilig 1,0 bis 1,5% Ni hergestellt. August 1950 richtete Werdau durch die Unmöglichkeit, Nickel für Achswellen zu erhalten und eine Ölvergütung durchführen zu lassen, die Anfrage an das Eisen-Forschungsinstitut, einen Stahl vorzuschlagen, der ohne Nickel und ohne Ölvergütung bei einer Streckgrenze von 45 kg/mm^2 und einer Bruchfestigkeit von 70 kg/mm^2 eine Bruchdehnung (5x) von 17% ergäbe und der auch den für diese Achsen von den Technischen Lieferbedingungen (DIN VDV 1 — Juli 1929) vorgeschriebenen Schlagbiegeversuch erfüllte.

Es wurde von mir ein Stahl mit folgender Zusammensetzung angegeben: 0,34 bis 0,39% C, rd. 0,35% Si, 1,50 bis 1,80% Mn und 0,15 bis 0,50% V, entsprechend der Bezeichnung 37 Mn V 7. Der Stahl wurde Oktober 1950 im Elektrostahlwerk der Maxhütte erschmolzen, in Gröditz ausgeschmiedet und luftbehandelt mit dem Ergebnis, daß die vorgeschriebenen Festigkeitseigenschaften sogar überschritten wurden.

Die Auswirkung des erschmolzenen Stahls konnte sich erst 1951 zeigen. Hierzu ist anzuführen, daß 122 Werdauer Straßenbahn-Beiwagen und 55 Straßenbahn-Triebwagen, ausgerüstet mit Achsen dieses Stahls, seit Ende 1951 in verschiedenen Städten der Deutschen Demokratischen Republik, auch in Berlin, laufen, denen dann noch weitere folgten, ohne daß sich bisher eine Beanstandung der Achsen ergeben hätte.

2 Chromstahl für verschleißfeste Straßenbahn- und für Schnelltriebwagenreifen

Früher war vom Stahlwerk Gröditz für Straßenbahnreifen ein verschleißfester Chromstahl geliefert worden. 1950 fragten die Verkehrsbetriebe der Stadt Dresden an, ob im Hinblick auf den Verschleiß der üblichen Radreifenqualität nicht wieder verschleißfestere Reifen hergestellt werden könnten. Auf meine Veranlassung hin wurden diese Reifen in folgender Stahlzusammensetzung: 0,64% C, 0,33% Si, 0,54% Mn, 0,024% P, 0,029% S und 1,25% Cr in Gröditz abgewalzt, gegenüber der Zusammensetzung üblicher Reifen C 65 von 0,63% C, 0,37% Si, 0,82% Mn, 0,029% P und 0,038% S, und auf eine Festigkeit von 95 bis 97 kg/mm^2 luftvergütet, gegenüber der Festigkeit von rd. 85 kg/mm^2 der üblichen C 65-Reifen.

Januar 1951 erfolgte die Lieferung von 64 luftvergüteten chromlegierten Reifen, mit denen 15 Trieb- und Beiwagen der Dresdener Straßenbahn ausgerüstet wurden. Hiervon wurden Reifen erstmalig abgeschliffen nach einer Laufzeit von 50000 bzw. 62000 km. Die durchschnittliche Laufleistung von Reifen üblicher Güte bis zur ersten Nachbearbeitung betrug 22000 bis 25000 km. Die Reifen liefen Januar 1953 100000 km und wurden zweimal abgeschliffen. Mit Schreiben vom Juli 1954 teilten dann die Verkehrsbetriebe der Stadt Dresden mit, daß die Reifen der Triebwagen im Mittel etwa 231000 km gefahren seien, die Reifen der Beiwagen rd. 493000 km. Die Laufzeit betrug das 2,24fache bzw. 1,84fache von normalen Radreifen, so daß sich im Mittel eine Laufzeit von rd. der doppelten ergibt. Der Abrieb ergab sich in Millimeter auf Schiene je 10000 km im Mittel bei den Chromstahlreifen zu 0,89 mm und bei den üblichen Reifen zu 2,10 mm. Durch chromlegierte Reifen würde sich eine wesentliche Ersparnis ergeben.

Im vergangenen halben Jahr wurden von Gröditz im größeren Umfange für die Braunkohlengruben ölvergütete Reifen aus dem Stahl 60 Cr 5 geliefert, worüber bisher keinerlei Anstände bekanntgeworden sind. Den gleichen Stahl 60 Cr 5 gab ich auch für Radreifen für Schnelltriebwagen der Deutschen Reichsbahn an, da die üblichen Radreifen wegen der starken Beanspruchung verschiedentlich längs rissen. Radreifen aus dem Stahl 60 Cr 5 hielten aber, obwohl ölvergütet, die für diese Radreifen mit einer Bruchgrenze von rd. 100 kg/mm² von der Deutschen Reichsbahn vorgeschriebene Schlagprobe nicht aus. Erst, nachdem der Spurkranz und der Schwalbenschwanz abgedreht waren, entsprachen sie der Schlagprobe. Da ein Abdrehen von Spurkranz und Schwalbenschwanz jedoch nicht für zulässig erachtet wurde, fügte ich dem Stahl 0,3 bis 0,4% Mo zu, und es wurden seit September 1954 bis Anfang 1955 in Gröditz zwei Elektro-Chargen und dann weiter sechs SM-Chargen erschmolzen, wobei die daraus abgewalzten und ölvergüteten Radreifen ohne Ausfall die Schlagprobe aushielten. Die Festigkeitswerte ergaben sich für die Streckgrenze zu 89,5 bis 100,9 kg/mm², für die Bruchgrenze zu 108,9 bis 119,5 kg/mm², für die Dehnung bei fünffacher Meßlänge zu 14,0 bis 17,0%. Für die Brucheinschnürung ergaben sich 42,5 bis 52,0%. Insbesondere aus der Brucheinschnürung, die im Mittel 48% beträgt, ersieht man den verhältnismäßig hohen Zähigkeitsgrad des betreffenden Cr-Mo-Stahls nach der Ölvergütung. — Der Angelegenheit der Chromstahlreifen nahm sich insbesondere Obering. SCHUBERT vom Stahlwerk Gröditz an.

3 *Herstellung von Feilen-, Zahnbohrer- und Schnellarbeitsstahl*

Von der Maxhütte wurden vor 1945 erhebliche Mengen von Kugellagerstahl an ein westdeutsches Edelstahlwerk geliefert; dort wurde das vorgewalzte Material weiter zu Rohren warm gezogen. Da das betreffende Edelstahlwerk einen hohen Qualitätsruf hatte, so mußte das Kugellagermaterial der Maxhütte beim Abhärten sich einwandfrei verhalten.

Beim Beginn des Aufbaus konnte auf Grund der vorhandenen Schmelzerfahrungen im Elektrostahlwerk der Maxhütte dem dringenden Bedarf an Feilenstahl abgeholfen werden. Etwa 2650 Feilen wurden z. B. mit folgender Analyse: 0,83%C, 0,20% Si, 0,42% Mn, 0,035% P und 0,012% S hergestellt.

Ohne von dem Erschmelzen dieser Charge Kenntnis zu haben, wurden im Verlauf einer Anfrage dem Eisen-Forschungsinstitut Mitte 1951 eine Reihe vom Feilenproben übermittelt, aus denen sich folgende Normalanalyse ergab: 1,25 bis 1,35% C, 0,20 bis 0,30% Si, 0,30 bis 0,40% Mn und 0,10 bis 0,20%Cr. Entsprechend dieser Analyse wurde die Charge 2254 von meinem Mitarbeiter, Dipl.-Ing. BITTERSMANN, auf der Maxhütte erschmolzen und in Hennigsdorf zu 12 t ausgewalzt.

Feilen aus dieser Probecharge hielten sämtlichen Anforderungen, die man an hochwertige Feilen stellt, stand, so daß am 16. November 1951 von dem Werk folgendes

Schreiben eintraf: „Durch diese gelungene Erschmelzung dürfte für das Jahr 1952 die Importunabhängigkeit bei Feilenstahlmaterial gewährleistet sein, falls es möglich ist, die benötigten Mengen Feilenstahl von etwa 550 t zu erschmelzen und auszuwalzen.“

Einem Schreiben des eigenen Ministeriums, Abteilung Materialversorgung, ist zu entnehmen, daß aus der genannten Charge 20000 Feilen hergestellt wurden, von denen nach der Erprobungszeit keinerlei Beanstandungen eingingen. In diesem Schreiben wird festgestellt, daß die Qualität bei stärkster Beanspruchung die gestellten Anforderungen weit übertroffen habe. *Der Import an Feilen konnte mithin eingestellt werden.*

Februar 1954 wurde dann im Elektroversuchsofen des Eisen-Forschungsinstitutes *Zahnbohrerstahl* mit folgender Analyse erschmolzen: 1,17% C, 0,24% Si, 0,44% Mn, 0,015% P, 0,004% S und 0,64% Cr, entsprechend der Qualität 110 Cr 2, an Stelle des geforderten Wolframstahls mit folgender Zusammensetzung: 1,15 bis 1,25% C, 0,15 bis 0,30% Si, 0,20 bis 0,35% Mn, 0,15 bis 0,25% Cr, 0,07 bis 0,12% V und 0,90 bis 1,10% W. Im Februar 1955 teilte dann der betreffende Betrieb mit, daß der gelieferte Stahl in bezug auf Verarbeitbarkeit des Materials und Standfestigkeit der Bohrer voll entsprochen habe. Da aber die Herstellung des Zahnbohrer-Silberstahls in der Deutschen Demokratischen Republik wesentlich preisungünstiger sei als die Einfuhr, wäre darauf verzichtet worden, in größerem Maße zur Herstellung des Silberstahls in der Deutschen Demokratischen Republik überzugehen.

Die Spitze der Werkzeugstähle wird durch den *Schnellarbeitsstahl* gegeben. In dem Gebiet, das jetzt die Deutsche Demokratische Republik einnimmt, bestand früher als einziges Edelstahlwerk das Werk Döhlen in Freital bei Dresden. Durch irgendwelche Verträge wurde früher in Döhlen kein Schnellarbeitsstahl hergestellt. Es erwies sich Januar 1951 als erforderlich, das Erschmelzen von Schnellarbeitsstahl im größeren Umfang aufzunehmen.

Bereits vor diesem Zeitpunkt war in Bitterfeld sowie in Thale, hier im 300-kg-Graphitstabofen, Schnellarbeitsstahl hergestellt worden. Bei der Herstellung von Schnellarbeitsstahl ist das Erschmelzen einfacher als das rißfreie Herstellen der Knüppel, was nur in besonders gepflegten Abkühlgruben möglich ist. Es war demnach, als die Anforderung der Herstellung von Schnellarbeitsstahl an das Eisen-Forschungsinstitut herantrat, für mich das erste, daß ich in Finow, wo das Abwalzen der in Döhlen geschmiedeten Knüppel durchgeführt werden sollte, vier 75 cm breite, 75 cm tiefe und 5 m lange Abkühlgruben anlegen ließ, um deren Ausheben sich die Freie Deutsche Jugend von Finow besonders bemühte.

Da der Deutschen Demokratischen Republik Wolfram von China in genügender Menge zur Verfügung steht, wählte ich als W-Gehalt des betreffenden Schnellarbeitsstahls 10 bis 12% und einen Cr-Gehalt von rd. 5%. Ferromolybdän steht nur in beschränkter Menge zur Verfügung, so daß ich dem Stahl anstatt Molybdän rd. 3% V zufügte, bei einem C-Gehalt von rd. 1%. Diese Zusammensetzung weicht wenig von der von Thale mit rd. 1,2% C, rd. 11% W, rd. 4% Cr und rd. 4% V ab.

Die erste von meinem damaligen Mitarbeiter BITTERSMANN durchgeführte Schmelze ging mit 1,5% C daneben. Seine zweite Schmelze (D/342), die am 6. Februar 1952 fiel, entsprach der Soll-Analyse und ferner auch die weiteren Chargen. Auf Grund der in Königsee durchgeführten Versuche mit Bohrern ergab sich deren Leistung als einem „Hochleistungsschnelldrehstahl“ entsprechend, was nach dem hohen V-Gehalt auch zu erwarten gewesen war.

Da sich im weiteren auch das Vanadin als Engpaß erwies, wurde es bei 9 bis 13% W auf 2,0 bis 2,6% reduziert und bei rd. 18% W auf 1,0 bis 1,4% unter gleichzeitiger Erniedrigung des Kohlenstoffs auf 0,85 bis 0,95% bzw. auf 0,70 bis 0,80%. Die beiden Schnellarbeitsstähle sind solche üblicher Leistung.

Das Erschmelzen von Sonderstählen geht meist ohne besondere Schwierigkeiten vor sich, die aber dann oftmals später auftreten. Die Schwierigkeiten beim Schnellarbeitsstahl sind die Karbidzeilen, die bei den ersten Schmelzen kaum nennenswert in Erscheinung traten, aber zur Zeit um so stärker. Wie diese Karbidzeilen zu vermeiden sind, darüber gibt weder die metallurgische noch die metallphysikalische Wissenschaft irgendwelche Hinweise, so daß die Bearbeitung dieser Frage noch rein empirisch durchgeführt werden muß.

4 Kaltwalzen

Anfang 1951 war der Mangel an gehärteten Chromstahl-Kaltwalzen bereits recht fühlbar geworden, da alle Reserven aufgebraucht waren und der Import versagte. Die Kaltwalzwerke der Deutschen Demokratischen Republik waren dadurch in eine schwierige Lage geraten. Ein Versuch der Maxhütte, Kaltwalzen mit einem Ballendurchmesser bis zu etwa 130 mm aus vorgeblockten Knüppeln zu schmieden, hatte wohl teilweisen Erfolg, doch fehlten hier alle übrigen Einrichtungen, so daß diese Erzeugung wieder eingestellt werden mußte. Ich nahm mich dann der Angelegenheit an und beauftragte meinen Mitarbeiter Kolar mit den Vorversuchen zur Aufstellung einer Technologie für die Kaltwalzenerzeugung unter Berücksichtigung der in den volkseigenen Betrieben damals vorhandenen Einrichtungen sowie den Vorarbeiten für ein Ergänzen dieser Einrichtungen auf das unbedingt Notwendige.

Wenn man bedenkt, daß unter den volkseigenen Betrieben damals, Ende 1951, einzig Brand-Erbisdorf über eine 400-t-Presse verfügte, aber weder einen geeigneten Schmiedeofen, noch einen ordentlichen Glühofen hatte, kann man sich eine Vorstellung von den Schwierigkeiten machen, die den Versuchen des Eisen-Forschungsinstitutes im Wege standen. Unter Berücksichtigung der zu schaffenden Einrichtungen wurde von mir zunächst die Erzeugung der am dringendsten benötigten Kaltwalzen bis zu 260 mm Durchmesser ins Auge gefaßt und die Versuche entsprechend diesem vorläufigen Ziele geführt.

Die von den Edelstahlwerken für Kaltwalzen auf Grund langer Erfahrungen entwickelten Stähle wurden unverändert übernommen, und zwar: Stahl 100 Cr 6 für Kaltwalzen mit einem Ballendurchmesser von etwa 90 bis 150 mm und Stahl 85 Cr 7 für Kaltwalzen über 150 mm Ballendurchmesser.

Die Erschmelzung dieser Stähle aus dem Elektroofen ist kein Problem. Die Schmiedeversuche verzögerten sich zwar zunächst infolge Überbesetzung der einzigen vorhandenen Presse, verliefen jedoch schließlich erfolgreich und führten zur Festlegung des nötigen Verschmiedungsgrades sowie des für jede Walzenabmessung günstigsten Blockformates. Nachdem auch die Härteversuche in der Leipziger Edelstahlhärterei ein gutes Ergebnis brachten, wurden in Brand-Erbisdorf die ersten Walzen mit einem Ballendurchmesser von 160 bis 220 mm geschmiedet und in Leipzig gehärtet. Diese Walzen entsprachen nicht nur hinsichtlich ihrer Härte, sondern auch später im Betrieb vollkommen den an sie gestellten Anforderungen. Es ist dabei bemerkenswert, daß bei diesen Vorversuchen nicht ein einziger Fall von Flocken, Muscheln und groben Karbidstreifen beobachtet wurde. Ungleicher Härteannahme und damit übermäßigen Härtespannungen wurde durch eine sicher wirkende Schutzverpackung der Walzen zum Härten und einem besonders konstruierten Härtesprudel vorgebeugt. Nach diesen Ergebnissen ging mein Mitarbeiter Kolar im Einvernehmen mit dem Edelstahlwerk Döhlen und dem Stahlwerk Gröditz daran, eine bis ins einzelne gehende Technologie für die Erzeugung von gehärteten Chromstahl-Kaltwalzen aufzustellen, nach der jetzt gearbeitet wird.

Inzwischen wurde auch im Edelstahlwerk Döhlen, im wesentlichen nach Vorschlägen des Eisen-Forschungsinstitutes, von Betriebsleiter Göhr eine Kaltwalzenhärterei eingerichtet, vorläufig für Walzen bis zu 300 mm Höchstballendurchmesser ausreichend, die zwar infolge ihrer Dringlichkeit nur provisorisch untergebracht werden konnte, jedoch gute Dienste leistet.

Die teils in Döhlen, teils in Gröditz geschmiedeten und in Döhlen gehärteten Kaltwalzen werden heute guten Importwalzen gleichgesetzt und gaben nur in ganz wenigen Fällen Beanstandungen. Im Jahre 1954 wurden über 550 Kaltwalzen erzeugt. Eine Weiterentwicklung der Kaltwalzenerzeugung für größere Ballendurchmesser und -längen ist für die Jahre 1955/56 in Aussicht genommen, falls die benötigten Investmittel Döhlen zur Verfügung gestellt werden.

Die erneute Herstellung des Hochbaustahls St 52

Früher wurde der St 52 im großen Maßstab für die von Lauchhammer gebauten Abraum-Förderbrücken der Braunkohlengruben in Riesa erschmolzen, abgewalzt und normalgeglüht. Diesem Stahl lag bis zu einer Dicke von 18 mm eine Streckgrenze von mindestens 36 kg/mm^2 zugrunde, bis 30 mm eine solche von 35 kg/mm^2 und bei über 30 bis 50 mm eine solche von 34 kg/mm^2. Der Lauchhammerstahl St 52 war ein Si-Hochbaustahl mit einem Si-Gehalt von 0,90 bis 1,20% und einem Mn-Gehalt von 0,6 bis 0,8%. Hiermit wurden die angeführten Streckgrenzen ohne weiteres gehalten, und durch die Erhöhung des Mn-Gehaltes auf 1,0 bis 1,2% wurde bei einem derartigen Stahl St 52 eine Streckgrenze von 40 kg/mm^2 erhalten, mit welchem Stahl die in den Jahren 1931 bis 1932 in Lauchhammer gebaute Koynebrücke in Schweißkonstruktion hergestellt wurde.

Bei einer Zusammenarbeit von etwa zehn Jahren mit Riesa hörte ich damals niemals etwas über Streckgrenzen-Ausreißer, wie verschiedentlich bei der erneuten Erschmelzung des Stahls St 52, was jetzt in Gröditz erfolgte, zu unliebsamen Terminverzögerungen Anlaß gab und ohne weiteres nicht verständlich war. Riesa konnte aber früher seine Chargen lagern lassen und konnte für die geforderten Abmessungen entsprechende Zusammensetzungen auswählen. Um die Ausreißer zu verhindern, mußte Gröditz an die obere Grenze von C, Si und Mn herangehen, hielt dadurch zwar dann die verlangte Streckgrenze ein, lag aber des öfteren mit C, Si oder Mn zu hoch.

Eine längere Versuchsreihe im Institut zeigte dann wohl, daß bei einwandfreiem Normalglühen auch die an der unteren Grenze von C, Si und Mn liegenden Chargen mit der Streckgrenze hinkamen, aber das Normalglühen im kleinen kann dem Normalglühen im Betrieb nicht gleichgesetzt werden. Da mit der Bezeichnung St 52 bestimmte Abnahmebedingungen gegeben waren und auch noch gegeben sind, wurde von mir bei einer besonderen im September 1953 in Leipzig abgehaltenen Großtagung über den Stahl St 52 vorgeschlagen, einen neuen Hochbaustahl 18Mn5 einzuführen, dessen chemische Zusammensetzung durch den Stahl St 52 gegeben war, dessen Streckgrenze aber bei den entsprechenden Blechdicken um je 2 kg niedriger lag.

Der Stahl St 52 kann nach den gesetzlichen Vorschriften bis zu 21 kg/mm^2 und unter besonderen Bedingungen bis zu 24 kg/mm^2 beansprucht werden. Die Streckgrenze von 36 kg/mm^2 beträgt das 1,5fache der zugelassenen Beanspruchung von 24 kg/mm^2; die Streckgrenze von 34 kg/mm^2 beträgt das 1,42fache. In dem Unterschied von 50 auf 42% konnte ich eine nennenswerte Senkung der Sicherheit nicht sehen, da eine Differenzierung der zulässigen Beanspruchung bei den drei Blechdicken in den gesetzlichen Vorschriften gleichfalls nicht beachtet wird, d.h., daß auch bei Blechen über 30 bis 50 mm mit 34 kg/mm^2 Streckgrenze die Beanspruchung von 24 kg/mm^2 zulässig ist, wie bei den Blechen bis 18 mm Dicke. Die österreichische Norm sieht bei St 52 nur bei Blechdicken bis 8 mm eine Streckgrenze von 36 kg/mm^2 vor, über 8 bis 30 mm eine solche von 33 kg/mm^2

und bei Blechdicken von 30 bis 50 mm eine Streckgrenze von 30 kg/mm², d. h. bei den gleichen Blechdicken um 2 bis 4 kg/mm² geringere Streckgrenzen. Die zulässigen Beanspruchungen von 21 bzw. 24 kg/mm² sind jedoch die gleichen.

Die stahlverbrauchenden Werke kamen jedoch bei der Leipziger Tagung über meinen Vorschlag zu keinem Entschluß, wer die Verantwortung zu übernehmen hätte. Auf metallurgischer Seite war aber diese Tagung von wesentlicher Bedeutung, da ich dann den Hochbaustahl St 52 ausschließlich als „Feinkornstahl" vorschrieb, indem beim Abstich in die Gießpfanne 1 kg Al/t Schmelzgewicht zuzugeben ist. Von dieser Zeit, beginnend mit der Schmelze 7445, also seit Mitte Oktober 1952, fiel keine Gröditzer Charge St 52 mehr infolge zu geringer Streckgrenze aus, d. h. sämtliche Chargen entsprachen den von der Deutschen Bundesbahn am 19. 1. 1953 herausgegebenen Streckgrenzen-Vorschriften.

Daß auch die westdeutschen Werke mit dem Einhalten der Streckgrenze Schwierigkeiten hatten, geht aus den neuen Lieferbedingungen für St 52 hervor.

1. Bei Blechen, Breitflachstahl, Sonderprofilen *über 16 mm* kann der C-Gehalt einschließlich 0,22% gegenüber früher 0,20% betragen;
2. der Mn-Gehalt geht bis 1,5% einschließlich, wurde also gegenüber früher um 0,1% erhöht;
3. erniedrigt wurde der Si-Gehalt von 0,60 auf 0,55% und
4. der P- und S-Gehalt von 0,060 auf 0,050%.

Bei uns wurde wegen des Schweißens die Höchstgrenze von P und S von 0,060 bzw. 0,050% noch um 0,020 bzw. 0,010% verringert, so daß der jetzt erschmolzene Stahl St 52 FS ein Feinkornstahl ist mit nur noch je 0,040% P bzw. S. Allein dieser St 52 FS wird in der Deutschen Demokratischen Republik noch hergestellt. Die Profile des St 52 FS brauchen, ähnlich wie in Westdeutschland, nicht mehr spannungsfrei geglüht zu werden; alle Bleche werden aber nach wie vor normalgeglüht. Die Weiterentwicklung des St 52 scheint, wie ich dies bereits oben ausführte, dahin zu gehen, daß von diesem Stahl auch *Alterungsbeständigkeit* gefordert wird. Versuche hierüber liefen im Eisen-Forschungsinstitut bereits an.

Bei meinen Bestrebungen, zu einem einwandfreien Hochbaustahl St 52 zu kommen, bin ich in jeder Weise von Reichsbahnoberrat B. PETERS, Leiter des Abnahmeamtes der Deutschen Reichsbahn, unterstützt worden. Ich hoffe auch, die anderen Fachkollegen, die mir in meinen Arbeiten behilflich waren, alle angeführt zu haben. Ganz besonders möchte ich aber noch der Belegschaft des Elektrostahlwerks der Maxhütte meinen Dank sagen für die jahrelange gute Zusammenarbeit. Im vorliegenden habe ich bestimmte Arbeiten mit Gröditz nicht behandelt. Ich möchte es aber nicht unterlasssen, auch den Gröditzer Kollegen, mit denen mich eine lange Arbeitstradition verbindet, für die bisherige Unterstützung bei unserer jetzigen Gemeinschaftsarbeit meinen Dank auszusprechen.

ZUSAMMENFASSUNG

Das Eisen-Forschungsinstitut zu Hennigsdorf, in dem Anfang 1950 die Arbeiten aufgenommen wurden, war bisher im wesentlichen ein Industrieinstitut. So wurden in den Jahren 1950 bis 1954 an Einzelberatungen 1830 durchgeführt, 430 im Jahr 1954. Ab Mitte 1950 kamen an Untersuchungsanträgen 916 zur Erledigung, davon 190 im Jahr 1954. Es wurde dann gezeigt, daß beabsichtigt ist, auch zu einer stärkeren Behandlung der Forschung zu kommen, wenn die Raumfrage gelöst ist; denn nur mit dieser kann auch die Frage des vom Institut benötigten wissenschaftlichen Nachwuchses gelöst werden.

Um weiter einen Einblick in die Arbeit des Institutes zu geben, wurde an Hand einer Reihe von Beispielen gezeigt, inwieweit durch diese Arbeiten der Qualitätsstand auf dem

Stahlgebiet in der Deutschen Demokratischen Republik gediehen ist. Mit der Lösung der behandelten Fragen und weiteren ähnlichen wurde auf dem Stahlgebiet ein Qualitätsstand erreicht, wie er ohne die Mitwirkung des Eisen-Forschungsinstitutes erst in einigen Jahren erreicht worden wäre. Mit Hilfe des Eisen-Forschungsinstitutes sind wesentliche objektive Schwierigkeiten zur Erreichung eines hohen Qualitätsstandes überwunden worden.

Die jetzt laufende Gemeinschaftsarbeit mit Gröditz auf dem Gebiet der Großschmiedestücke dürfte eine weitere Qualitätssteigerung bringen, und nur für einen kleinen Rest bedarf es noch entsprechender Überlegungen und Arbeiten, um auch hier die objektiven Schwierigkeiten zu überwinden. Bis dahin ist aber immerhin noch ein gewisser Weg zurückzulegen.

LITERATUR

[1] MAURER, ED., Stand der praktischen und wissenschaftlichen Erkenntnisse zur metallurgischen Qualitätsbeherrschung des Massenstahls. Die Technik 5. Jg. (1950) S. 499 bis 514 sowie 6. Jg. (1951) S. 30.

[2] HEINRICH, K., Erörterung zu dem Vortrag von W. BADING, „Stand und Entwicklung der Windfrischverfahren". Stahl u. Eisen Bd. **71** (1951) S. 387.

[3] MAURER, ED., u. GILDE, W., Verbesserung des üblich erblasenen Thomasstahls. Metallurgie und Gießereitechnik, 1. Jg. (1951) S. 354 bis 357.

[4] Siehe: Phosphor-und Schwefelgehalte genormter Stähle. TGL 27 00 00.01, Juni 1950, Ministerium für Industrie, HA Metallurgie.

[5] DICK, W., Eigenschaften kohlenstoffarmen unberuhigten Thomasstahls nach Wasserhärtung aus der Walzhitze. Stahl u. Eisen Bd. **73** (1953) S. 945 bis 966.

[6] KÖSTER, F., Betriebsmäßiges Abschrecken von Thomasstahl aus der Walzhitze. Stahl u. Eisen Bd. **73** (1953) S. 1342/49.

[7] WIESTER, H. J., Stähle zur Verwendung bei tiefen Temperaturen und ihre Prüfung. Stahl u. Eisen Bd. **63** (1943) S. 41/47 u. S. 64/74.

[8] PFENDER, M., Erörterungsbeitrag zu K. RÜHL, „Amerikanische Sprödbruchversuche und die Folgerungen für die Sprödbruchprüfung". Archiv für das Eisenhüttenwesen Bd. **25** (1954) S. 421/33.

[9] KOMERS, M., siehe [8] S. 433.

[10] JANSSEN, W., Vereinheitlichung von Schiffsbau-Stahlgüten und der Abmessungen von Schiffsblechen. Stahl u. Eisen Bd. **75** (1955) S. 44.

[11] MAURER, ED., Erörterung zu E. MAURER und H. GUMMERT, „Eigenschaften großer Schmiedestücke". Stahl u. Eisen Bd. **54** (1934) S. 1319/20 sowie Fußnote [2]) zu [12].

[12] HOUDREMONT, E., u. KORSCHAN, H., Entstehungsbedingungen der Flocken im Stahl. Stahl u. Eisen Bd. **55** (1935) S. 297/304 und S. 328/31.

Die Erschmelzung von austenitischen Chrom-Nickel-legierten Stählen aus gleichartigem Schrott unter Anwendung von reinem Sauerstoff im basischen Lichtbogenofen

Von Rolf Peters, Hennigsdorf

1. Einleitung

Auf Anregung von Ed. Maurer wurden im Eisen-Forschungsinstitut Hennigsdorf Sauerstofffrischversuche durchgeführt mit dem Ziel, die in der Fachliteratur bisher veröffentlichten Erkenntnisse nachzuprüfen und die Grundlagen einer Technologie zur Einführung dieses Verfahrens in die Stahlwerke des Ministeriums für Schwerindustrie der Deutschen Demokratischen Republik zu schaffen.

Der Gedanke, gasförmigen Sauerstoff an Stelle der bisher üblichen Sauerstoffträger Erz und Sinter in den Schmelzprozeß des Elektro-Ofens einzuführen, wurde bereits vor mehr als 30 Jahren ausgesprochen. Aus einer Veröffentlichung des Jahres 1948 von J. H. Berryman und J. M. Crockett [1] geht hervor, daß der Austausch von Erz gegen gasförmigen Sauerstoff beim Frischen von H. Bigge bereits im Jahre 1922 angeregt worden ist. Ihm ist seinerzeit auch ein diesbezügliches US-Patent [2] erteilt worden. Die hierbei vorgesehene Anordnung, den Sauerstoff mittels Lanze in das Bad des Elektro-Ofens einzublasen, entspricht in ihrem Prinzip bereits dem heute angewendeten Verfahren. Es lag das Bestreben zugrunde, den Kohlenstoffgehalt beim Frischen des Stahlbades durch Einführen von Sauerstoff soweit herabzudrücken, daß legierte Stähle mit geringem Kohlenstoffgehalt trotz Zugabe kohlenstoffhaltiger Ferro-Legierungen hergestellt werden konnten.

J. H. Berryman und J. M. Crockett verweisen in ihrer Veröffentlichung weiterhin auf das an V. B. Browne 1925 erteilte US-Patent [3] über die Herstellung von siliziumhaltigen, weichmagnetischen Eisenlegierungen mit einem Kohlenstoffgehalt nicht über 0,03% unter Anwendung von Luft oder anderen oxydierenden Gasen. Aus dem Patentauszug läßt sich entnehmen, daß zunächst durch Zugabe von Eisenerz solange gefrischt werden sollte, bis auf diesem Wege keine weitere Herabsetzung des Kohlenstoffgehaltes möglich war. Erst im Anschluß hieran sollte durch Einblasen von Luft oder anderen oxydierenden Gasen der restliche Kohlenstoff entfernt und somit die Voraussetzung geschaffen werden, nach Zugabe von Ferro-Silizium 0,03% C in der Endanalyse nicht zu überschreiten.

Man hatte also schon vor etwa 30 Jahren in der Anwendung von Sauerstoff beim Frischprozeß der Elektrostahlerzeugung einen Weg beschritten, der als kennzeichnendes Merkmal die Erzielung niedrigster Kohlenstoffgehalte aufwies.

Die ersten Versuche, das Sauerstofffrischen auch auf hochlegierte Schmelzen mit niedrigen Kohlenstoffgehalten zu übertragen, gehen auf E. J. Chelius zurück. Wie aus dem ihm erteilten US-Patent [4] ersichtlich, wurde mit dem Einblasen des Sauerstoffs begonnen, nachdem zuvor zwei Drittel des chromhaltigen Schrottes eingeschmolzen waren.

E. J. Chelius drosselte während des Sauerstoffeinleitens die Stromzufuhr und verwendete noch zur Verstärkung der Frischwirkung größere Mengen Sinter im Einsatz.

Aus einer 1950 erschienenen Veröffentlichung von W. H. Everard und D. J. O. Brandt [5] geht hervor, daß bei der Erzeugung hochlegierter Stähle aus gleichartigem Schrott unter Verwendung von Sauerstoff als Oxydationsmittel ein wesentlicher Vorteil gegenüber der Anwendung von Erz und Sinter besteht. Bei der Aufgabe von Erz und Sinter bildet sich bei einer hoch-chromhaltigen Charge eine schwerschmelzende Schlackenschicht mit dem Doppeloxyd FeO · Cr_2O_3, wodurch der Zutritt des Sauerstoffträgers zum Bad und damit die Oxydation des Kohlenstoffs stark beeinträchtigt wird. Beim Einleiten von Sauerstoff mittels Lanze in das Bad wird diese Schwierigkeit umgangen.

In einer Veröffentlichung von J. E. HARROD [6] aus dem Jahre 1948 wird die Aufarbeitung des hochlegierten Rücklaufschrottes durch das normale Erzverfahren im Lichtbogenofen aus nachfolgenden Gründen als ungeeignet abgelehnt:

1. Die Entkohlungsreaktion ist an verhältnismäßig hohe Badtemperaturen gebunden, während der Sauerstoff des Erzes schon bei niedrigen Temperaturen mit dem Chrom reagiert. Dadurch werden größere Mengen an Chrom verschlackt, ehe die Kohlenstoffreaktion voll einsetzt.
2. Die dabei entstehenden großen Schlackenmengen können nur schwierig reaktionsfähig gehalten werden.
3. Die geringen Frischgeschwindigkeiten bedingen lange Schmelzzeiten, die die Ofenhaltbarkeit stark beeinträchtigen.

Wenn sich die Anwendung des Sauerstofffrischverfahrens bei der Erschmelzung von hochlegierten Stählen trotzdem nur zögernd durchsetzte, so war der Grund hierfür in den anfangs verhältnismäßig hohen Verlusten an Legierungselementen, besonderns an Chrom, zu suchen.

Durch seine Laboratoriumsversuche gelang es erstmalig D. C. HILTY [7] 1948, die Zusammenhänge zwischen den Chrom- und Kohlenstoffgehalten des Bades sowie der jeweiligen Badtemperatur beim Sauerstofffrischen zu ermitteln. Er wies nach, daß bei genügend hohen Temperaturen das mit dem Schrott ins Bad gebrachte Chrom weitgehend erhalten und gleichzeitig der Kohlenstoffgehalt auf das gewünschte Maß herabgesetzt werden kann.

Auf Grund dieser Erkenntnisse hatte HILTY die Voraussetzungen für eine schnelle und umfassende Einführung dieses Verfahrens in die stahlerzeugende Industrie geschaffen.

Von welch maßgebender Bedeutung die Anwendung des Sauerstoffs zur Erzeugung von korrosions- und hitzebeständigen Stählen aus gleichartigem Schrott ist, wird bei Betrachtung der raschen Ausdehnung des Verwendungsgebietes dieser Stahlqualitäten, insbesondere des rostsicheren Stahles, in den letzten 40 Jahren ersichtlich.

Der erste rostsichere Stahl wurde 1912 in der Essener Gußstahlfabrik von ED. MAURER [8] geschaffen. Betriebsmäßig erfolgte dort die Herstellung der ersten Schmelze dieser Qualität in einem 5-t-Siemens-Martin-Ofen, während die weiteren Chargen im basischen Lichtbogenofen erzeugt wurden. Der in zunehmendem Maße anfallende Rücklaufschrott wurde in einem Frick-Induktionsofen eingeschmolzen. Auch durch die stellenweise vorhandenen Hochfrequenzöfen konnte der Rücklaufschrott ohne Verwendung von Erz oder Sauerstoff in Form von reinen Umschmelzen aufgearbeitet werden.

In den USA, dem größten Verbraucherland korrosions- und hitzebeständiger Stähle, ergab sich zuerst die Notwendigkeit, den Lichtbogenofen selbst als zusätzliches Umschmelzaggregat heranzuziehen.

Die beim Einschmelzen im Lichtbogenofen unumgängliche Kohlenstoffaufnahme des Bades zwang jedoch gegenüber dem reinen Umschmelzen im Induktionsofen zur Einschaltung einer Frischperiode. Das übliche Erzfrischverfahren schied aus den bereits angeführten Gründen hierfür von vornherein aus. Es ist daher nicht verwunderlich, daß gerade in den USA die grundlegenden Entwicklungsarbeiten für die Anwendung des gasförmigen Sauerstoffs im Lichtbogenofen durchgeführt wurden, wie dies von R. FISCHER [9] in seiner Veröffentlichung aus dem Jahre 1950 besonders betont wird.

Angeregt durch die zahlreichen um 1945 erschienenen amerikanischen Veröffentlichungen über die Anwendung des Sauerstoffs im Lichtbogenofen zur Rückgewinnung der im Schrott enthaltenen Legierungsmetalle haben eine Reihe deutscher und österreichischer Stahlwerker [9] bis [16] etwa seit 1948 die Einführung und Weiterentwicklung dieses Verfahrens in Angriff genommen. Diese Arbeiten hatten alle das gleiche Ziel, eine gute Chromausbeute durch möglichst hohe Badtemperaturen zu erreichen. Der Rückgewinnung des im Schrott in größeren Mengen enthaltenen Nickels wurde dabei weniger Beachtung geschenkt, weil eine Oxydation dieses Elementes auch durch das Sauerstofffrischen nicht angenommen wurde.

Die Maßnahmen, die zu hohen Badtemperaturen und damit zu Chromausnutzungsgraden von 65 bis 90% führen, lassen sich nach Auswertung der Fachliteratur im wesentlichen in folgende vier Punkte zusammenfassen:

1. Möglichst hohe Temperatur durch Lichtbogenbeheizung vor Beginn des Sauerstoffeinleitens;
2. Ausnutzung exothermer Reaktionen durch Zugabe von Ferro-Silizium in den Einsatz;
3. kontinuierliches Einblasen der gesamten benötigten Sauerstoffmenge in möglichst kurzer Zeit;
4. hohe Frischgeschwindigkeit.

Die Chromausbeute wird außerdem durch Aufgabe von Reduktionsmitteln nach Beendigung des Blasprozesses zwecks Zerstörung der Metalloxyde verbessert.

2. Eigene Versuche

Der Auswertung der eigenen Versuche seien einige Bemerkungen über die Versuchsanlage und die Arbeitsweise vorausgeschickt.

2.1 Versuchsanlage

Zur Verfügung stand ein von dem VEB LEW Hennigsdorf gebauter Lichtbogenofen mit einem nominellen Fassungsvermögen von 500 kg. Der lichte Wannendurchmesser betrug 1600 mm. Isoliert war der Ofen oberhalb des Herdes durch eine Flachschicht aus Leichtschamottesteinen und einer solchen aus Magnesitsteinen. Die Zustellung wurde mit Dolomit bei dem üblichen Zusatz von 8 bis 10% wasserfreiem Teer aufgestampft. Das Gewölbe bestand aus Silikasteinen. Der Abstand zwischen Badoberfläche und Gewölbe betrug bei 500 kg Einsatz etwa 700 mm zuzüglich 100 mm Gewölbestichhöhe. Beheizt wurde die Schmelze durch drei Graphitelektroden von je 120 mm Durchmesser.

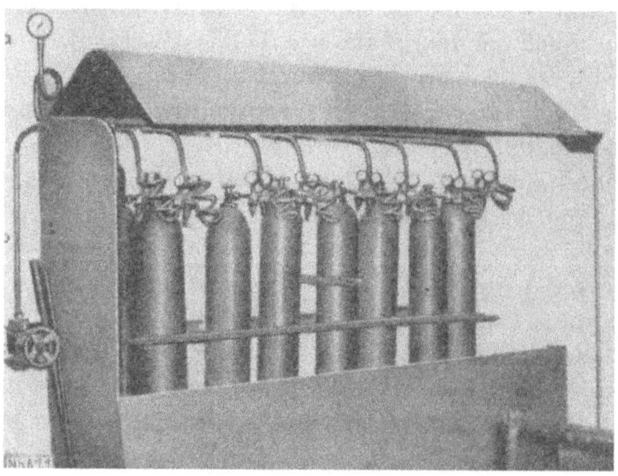

Abb. 1. Aufbau der Sauerstoffflaschenbatterie
a Arbeitsdruck-Manometer; b Kupfersammelleitung; c Hauptabsperrventil

Die benötigte Sauerstoffmenge wurde aus der in Abb. 1 dargestellten Sauerstoffflaschenbatterie von acht Normalflaschen mit je etwa 140 atü, entsprechend einer Gesamtmenge von rd. 45 m³ entnommen. Die einzelnen Flaschen waren jeweils über ein Schweißarmaturreduzierventil und eine Kupferrohrspirale von 9 mm Innendurchmesser an eine Kupfersammelleitung von 20 mm lichtem

Durchmesser angeschlossen. Als Verbindungsstück zwischen der Hauptleitung und dem Blasrohr diente ein 30-atü-Hochdruckgummischlauch. Die verbrauchte Menge Sauerstoff ließ sich nach jedem eingeleiteten Stoß aus dem Unterschied der einzelnen Flaschendrücke ermitteln.

Mit dieser Anlage wurden bis zu 5 m^3/min Sauerstoff bei einem Druck von etwa 5 atü in das Stahlbad eingeblasen.

Als Sauerstoffeinleitungsrohre fanden normale, ungeschützte 3/8''-Gasrohre Anwendung. Der Rohrabbrand betrug 0,9 bis 1,0 m/min. Von der Verwendung ummantelter Rohre zur Herabsetzung des Rohrverbrauches konnte abgesehen werden, da die Blaszeit nach jeweils ungefähr einer Minute unterbrochen und daher bedarfsweise das abgebrannte Blasrohr erneuert wurde. Zwischen den einzelnen Sauerstoffstößen erfolgten die Entnahme der Stahl- und Schlackenproben und die Temperaturmessung.

Mangels geeigneter Tauch-Thermoelemente mußte die Temperaturmessung mit zwei Teilstrahlungspyrometern, Bauart Pyrolux II (VEB Prüfgerätewerk, Medingen) und Pyropto (Hartmann & Braun, Frankfurt [Main]) durch Anvisieren des aus dem Probelöffel ausfließenden Gießstrahls vorgenommen werden. Bei der Ermittlung der berichtigten Temperaturen wurde die Abkühlung im Gießlöffel mit einem Zuschlag von 30°C [17] berücksichtigt und der Strahlungsbeiwert nach Abbrand des Siliziumgehalts mit $\varepsilon = 0{,}45$ in Rechnung gesetzt.

2.2 Arbeitsweise

Tafel 1 enthält die Zusammensetzung der erschmolzenen Stahlqualität X 15 Cr Ni Si 24.19, entsprechend der früheren Essener und sonst bekannten Bezeichnung NCT 3, sowie die Durchschnittsanalyse des verwendeten hochlegierten Schrottes. Der über dem

Tafel 1.

Soll-Zusammensetzung der erschmolzenen Stahlqualität und Durchschnittsanalyse des eingesetzten Schrottes

	Werkstoff	C [%]	Si [%]	Cr [%]	Ni [%]
Soll-Analyse	Nr. SES D 440[1])	0,10 0,20	1,8 2,3	23,0 25,0	18,5 19,5
Schrott-Analyse[2])		0,26	0,91	17,9	27,3

[1]) Nr. SES D 440 entspricht der Qualität X 15 Cr Ni Si 24.19 (NCT 3).
[2]) Durchschnittswerte aus fünf Bestimmungen.

Sollwert liegende Nickelgehalt gestattete nur einen Anteil von etwa 87% des Schrottes am Gesamteinsatz, die restlichen 13% setzten sich aus unlegiertem, phosphorarmem Schrott zusammen. Für jede Charge wurden 500 bis 700 kg Schrott unter Zugabe von 1% Kalk eingeschmolzen. Während des Einschmelzens wurde durch fortlaufende Zugabe von gebranntem Kalk eine basische Einlaufschlacke angestrebt. Nach Erreichen einer Badtemperatur von mindestens 1600°C und Entnahme einer Einlaufprobe wurde durch Einleiten von Sauerstoff bei hochgezogenen Elektroden gefrischt. Das Fertigmachen der Charge erfolgte nach Abzug der gesamten Frischschlacke in üblicher Weise während der Feinungsperiode. Insgesamt wurden sieben Versuchsschmelzen unter rein oxydierenden und zwei weitere unter sogenannten reduzierenden Schlackenverhältnissen geführt. Unter dem Begriff „Reduzierende Schlackenverhältnisse“ versteht man hier eine Zerstörung der Metalloxyde nach dem Frischen durch Aufgabe von Reduktionsmitteln auf die Schlacke. Bei den eigenen Versuchen wurde dazu in der Hauptsache Kalzium-Aluminium verwendet.

3. Versuchsauswertungen

3.1 Beziehungen zwischen den Chrom- und Kohlenstoffgehalten des Bades und der Temperatur

Die in der Fachliteratur allgemein vertretene, von HILTY erstmalig zahlenmäßig belegte Ansicht, nach der eine hohe Badtemperatur der ausschlaggebende Faktor zur Erreichung einer guten Legierungsausbeute ist, wird durch die Untersuchungen der Beständigkeit verschiedener Oxyde in Abhängigkeit von der Temperatur von H. J. T. ELLINGHAM, F. D. RICHARDSON und J. H. E. JEFFES [18] gestützt.

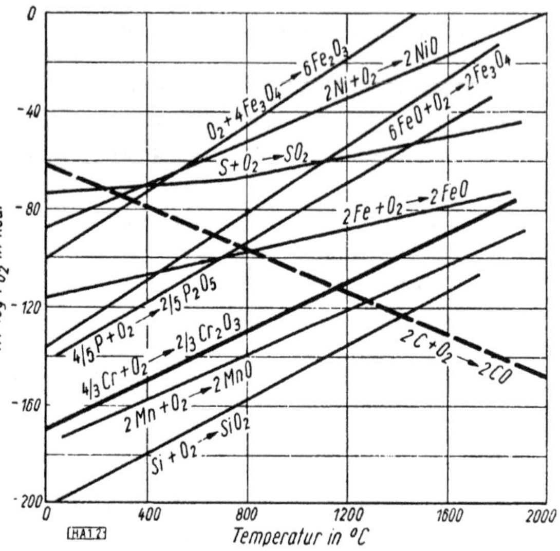

Abb. 2. Stabilität verschiedener Oxyde in Abhängigkeit von der Temperatur (nach H. J. T. ELLINGHAM, F. D. RICHARDSON und J. H. E. JEFFES)

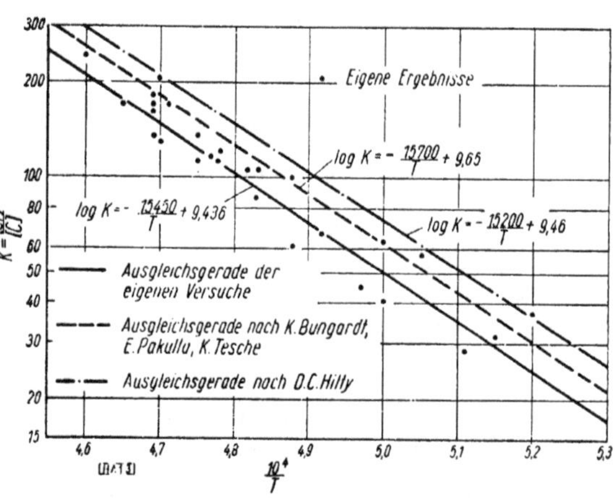

Abb. 3. Temperaturabhängigkeit von $K = \frac{[Cr]}{[C]}$

Aus Abb. 2 ist die gegenläufige Beständigkeit des Chromoxyds und des Kohlenoxyds in Abhängigkeit von der Temperatur zu ersehen. Der günstige Einfluß erhöhter Temperatur auf die Chromreduktion kann unmittelbar abgelesen werden. Unter Zugrundelegung dieser Untersuchungen ermittelten PAKULLA und Mitarbeiter in guter Übereinstimmung mit den von HILTY angegebenen Gesetzmäßigkeiten die Temperaturabhängigkeit der nach dem Massenwirkungsgesetz gültigen Gleichgewichtskennzahl:

$$K_{[Cr][C]} = \frac{[Cr]}{[C]} \quad (1)$$

durch die Gleichung

$$log\ K_{[Cr][C]} = -\frac{15\,700}{T} + 9{,}65. \quad (2)$$

In Abb. 3 sind neben den von HILTY und BUNGARDT, PAKULLA und TESCHE gefundenen Abhängigkeiten des Verhältnisses [Cr]/[C] von der Temperatur[1]) die eigenen Versuchsergebnisse eingetragen. Die durch diese Versuchspunkte gelegte Ausgleichsgerade folgt der Gleichung

$$log\ K_{[Cr][C]} = -\frac{15\,450}{T} + 9{,}436. \quad (3)$$

Lage und Richtung der eigenen Geraden in Abb. 3 bestätigen die von HILTY und PAKULLA ermittelten Gesetzmäßigkeiten. Der Temperaturunterschied für gleiche K-Werte, d. h. für gleiche Verhältnisse [Cr]/[C] zwischen der eigenen und der von PAKULLA gefundenen

[1]) In den angezogenen Literaturquellen [13] und [16] besteht keine Übereinstimmung zwischen Gleichung (2) und der zugehörigen Kurve. Für den Vergleich mit den eigenen Versuchswerten wurde in Abb. 3 die von PAKULLA angegebene Kurve nach Gleichung (2) umgezeichnet.

Geraden, beträgt über den gesamten Darstellungsbereich 18 bis höchstens 28° C. Praktisch bedeutet dies, daß nach den eigenen Ergebnissen bei gleichen Kohlenstoffgehalten und gleicher Temperatur des Bades mit einem niedrigeren Chromgehalt im Bad gerechnet werden muß. Bei Annahme von 0,08% C und beispielsweise 1850°C errechnet sich nach der Gleichung von PAKULLA ein Chromgehalt von 14,4%, hingegen sind nach den eigenen Versuchen 11,5% Chrom im Bad enthalten. Weiterhin ist aus diesen Gleichungen ersichtlich, daß bei gleichbleibender Temperatur eine Abnahme des Kohlenstoffgehalts zwangsläufig eine Herabsetzung des Chromgehalts nach sich ziehen muß, damit das Verhältnis K = [Cr]/[C] gleichbleibt. Das Chromausbringen errechnet sich in Übereinstimmung mit den in der Fachliteratur gemachten Angaben aus dem Verhältnis des Chromgehalts nach dem Frischen zu dem Einlaufchromgehalt des Bades. Mithin wird, je tiefer der Kohlenstoffgehalt nach Beendigung des Frischens liegt, auch die Chromausbeute in gleichem Maße verringert. Diese Überlegungen setzen, wie bereits angeführt, eine gleichbleibende Temperatur voraus. Es könnte der Einwand erfolgen, daß mit fallendem Kohlenstoffgehalt und somit fortschreitender Oxydation die Badtemperatur unbedingt ansteigen muß. Dies ist zweifellos der Fall, jedoch ist der Temperaturanstieg, insbesondere gegen Ende der Frischperiode, neben der Eisen- und Kohlenstoffverbrennung nur auf Kosten einer starken Chromverschlackung zu erreichen. Der Chromgehalt des Bades nimmt also trotz steigender Temperatur weiterhin ab, so daß ein Absinken des Chromausbringens mit fallendem Kohlenstoffgehalt nicht zu vermeiden ist. Die Abhängigkeit des Chromverlustes vom jeweiligen Kohlenstoffgehalt ergibt sich aus Abb. 4, die sowohl die eigenen Ergebnisse wie die von PAKULLA und CLESS wiedergibt. Die Ermittlung der Chromverluste erfolgte bei den von CLESS angegebenen Werten unter Berücksichtigung der verschiedenen Schmelzgewichte vor und nach dem Einleiten von Sauerstoff, während sowohl von PAKULLA als auch bei den eigenen Versuchen der Gesamtabbrand der Schmelze vernachlässigt wurde.

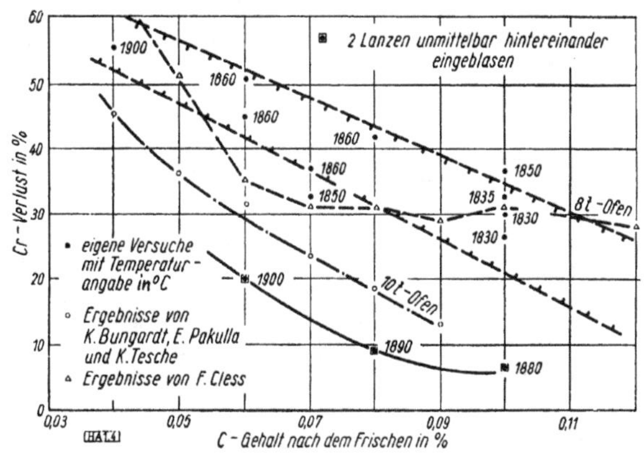

Abb. 4. Abhängigkeit der Cr-Verluste vom C-Gehalt nach dem Frischen

Aus Abb. 4 läßt sich für die Praxis die Forderung ableiten, den Kohlenstoffgehalt nicht weiter herabzudrücken, als zur Einhaltung der Endanalyse unbedingt notwendig ist. Im Gegensatz hierzu stehen in diesem Zusammenhang die von PACHALY gemachten Feststellungen, die keinen eindeutig ansteigenden Chromverlust mit fallendem Kohlenstoffgehalt, und zwar zwischen 0,06 und 0,04% C nach dem Frischen zeigten. Eine Erklärung hierfür kann nicht gegeben werden.

Weiter weisen die eigenen Versuchspunkte (Abb. 4, obere Hälfte) gegenüber den von CLESS und PAKULLA gefundenen Werten teilweise erheblich größere Chromverluste bei gleichen Kohlenstoffgehalten auf, und zwar aus folgenden Gründen:

1. Um den genauen Schmelzverlauf festhalten zu können, wurde nach jedem der fünf bis sieben Sauerstoffstöße (je Charge) zwecks Entnahme einer Stahl- und Schlackenprobe die Sauerstoffzufuhr unterbrochen. Hierbei war eine Abkühlung des Bades durch die bei kleineren Versuchsöfen übliche, verhältnismäßig große Arbeitstüröffnung nicht zu vermeiden.

2. Die konstruktiven Abmessungen des Versuchsofens ergaben ein Verhältnis von Badoberfläche zu Schmelzgewicht von 1,8 m²/t gegenüber nur 0,5 m²/t bei einem 10-t-Ofen.

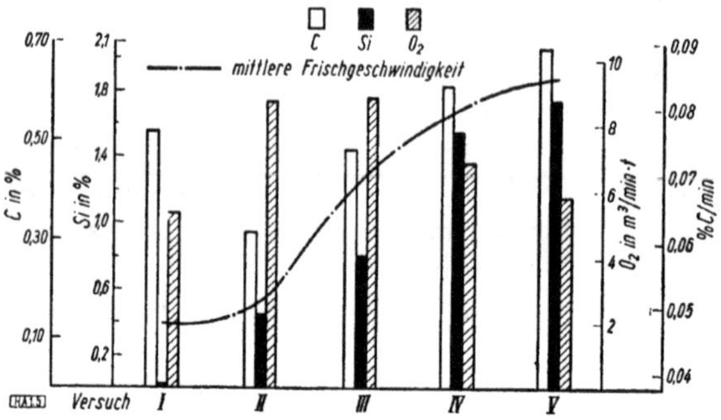

Abb. 5. Einfluß der Einlauf-C- und Si-Gehalte und der minutlich eingeblasenen Sauerstoffmenge auf die Erhöhung der mittleren Frischgeschwindigkeit

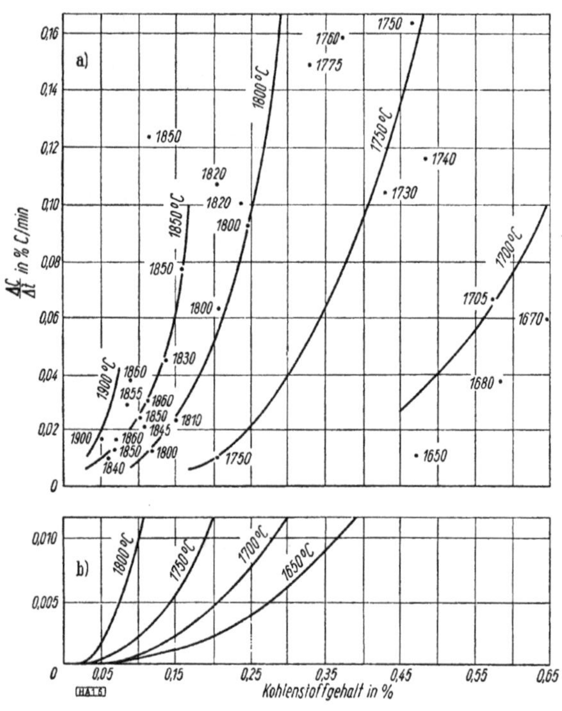

Abb. 6. Abhängigkeit der Entkohlungsgeschwindigkeit vom jeweiligen Kohlenstoffgehalt und von der Temperatur
a Eigene Versuchsergebnisse
b Ergebnisse von K. Bungardt, E. Pakulla und K. Tesche

Daraus erklären sich bei Berücksichtigung der dadurch bedingten viel stärkeren Abkühlung des kleineren Versuchsofens die niedrigeren Endtemperaturen und somit geringeren Chromausnutzungsgrade gegenüber größeren Ofeneinheiten.

Bei Verwendung eines nur 300 kg fassenden Lichtbogenofens erreichte Pakulla bei seinen Versuchen Chromausnutzungsgrade, die noch um 10% unter den eigenen liegen.

Es lag nahe, unter möglichst weitgehender Ausschaltung der zwischenzeitlichen Abkühlung des Bades, durch geeignete Maßnahmen eine rasche Temperatursteigerung zu erzielen, so daß, wie die Versuchspunkte (Abb. 4, untere Hälfte) zeigen, der Chromverlust bis unter 10% herabgedrückt werden konnte.

Die Auswertungen der einzelnen getroffenen Maßnahmen zur Temperatursteigerung ergaben, daß nachfolgende drei Faktoren von ausschlaggebender Bedeutung waren:

1. Gewährleistung einer ununterbrochenen Zufuhr der gesamten benötigten Sauerstoffmenge.
2. hohe Frischgeschwindigkeiten.
3. Ausnutzung exothermer Reaktionen durch Zugabe von Ferro-Silizium in den Einsatz.

Das sind die gleichen Maßnahmen, die eingangs bei der Auswertung der Fachliteratur in bezug auf eine rasche Temperatursteigerung angeführt wurden.

Bei einem Versuch, bei dem statt fünf bis sieben nur drei Proben zur Überwachung des Schmelzverlaufs entnommen wurden, konnte die gesamte benötigte Sauerstoffmenge mit nur drei kurzzeitigen Unterbrechungen hintereinander eingeblasen werden. Die dadurch erreichten Temperaturen von 1880 bis 1900° C ergaben Chromausnutzungsgrade, wie sie in der unteren Hälfte der Abb. 4 wiedergegeben sind.

Zur Steigerung der mittleren Frischgeschwindigkeit über den gesamten Frischprozeß kamen bei den eigenen Versuchen zwei Methoden zur Anwendung:

1. Vergrößerung der je Minute und Tonne eingeblasenen Sauerstoffmenge.
2. Erhöhung des Kohlenstoffgehalts vor Beginn des Frischens.

Gegenüber Versuch I in Abb. 5 wurde beim Versuch II die eingeblasene Sauerstoffmenge von 5,2 m³/min t auf 8,7 m³/min t erhöht, was jedoch auf die Zunahme der mittleren Frischgeschwindigkeit ohne merklichen Einfluß blieb, da einem Einlaufkohlenstoffgehalt von 0,52% beim ersten Versuch nur ein solcher von 0,32% beim zweiten Versuch gegenüberstand. Eine nochmalige geringe Erhöhung der Sauerstoffmenge, verbunden mit einer Aufkohlung des eingeschmolzenen Stahlbades von 0,28% auf 0,48% C, brachte beim Versuch III dann den gewünschten Erfolg hinsichtlich der Steigerung der mittleren Frischgeschwindigkeit. Bei den Versuchen IV und V konnte ein erneuter Anstieg der mittleren Entkohlungsgeschwindigkeit durch noch höhere Einlaufkohlenstoffgehalte bei gleichzeitiger Verminderung der eingeblasenen Sauerstoffmenge erzielt werden. Gleichlaufend mit den Veränderungen der angebotenen Sauerstoffmenge und den Einlaufkohlenstoffgehalten erfolgte von Versuch I bis Versuch V eine fortlaufende Erhöhung des Einlaufsiliziumgehalts durch Zugabe von gesteigerten Mengen Ferro-Silizium in den Einsatz. Der durch die Verbrennung des Siliziums hervorgerufene Temperaturanstieg trug zweifellos zum Anwachsen der Frischgeschwindigkeit bei.

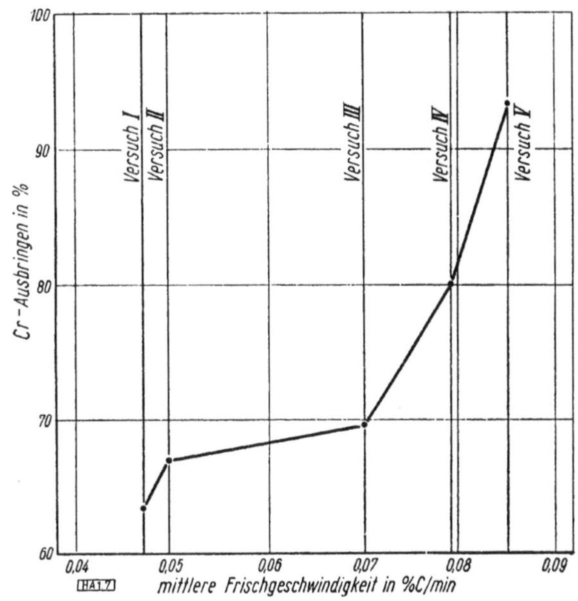

Abb. 7. Abhängigkeit des Cr-Ausbringens von der mittleren Frischgeschwindigkeit bei einem C-Gehalt von 0,10%

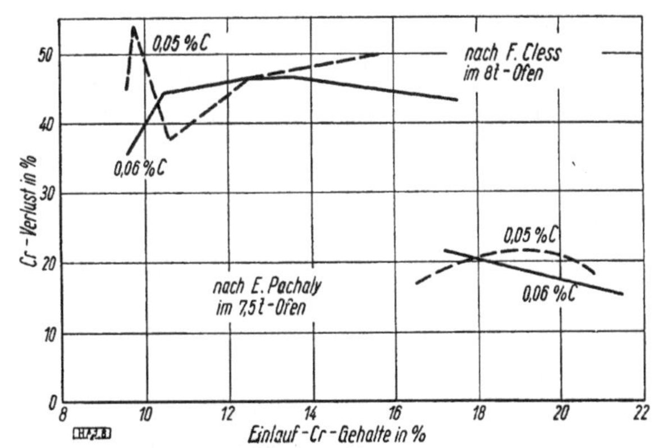

Abb. 8. Cr-Verlust in Abhängigkeit vom Einlauf-Cr-Gehalt bei C-Gehalten von 0,05 und 0,06%

Die Abhängigkeit der Entkohlungsgeschwindigkeit von der Temperatur und dem jeweiligen Kohlenstoffgehalt zeigt Abb. 6. Da bei den eigenen Versuchen mit wesentlich höheren Frischgeschwindigkeiten gearbeitet wurde, konnten die in der unteren Hälfte der Abbildung eingezeichneten Ergebnisse von Pakulla durch die Gleichläufigkeit der Kurven nur in ihrer Tendenz bestätigt werden[1])

[1]) Im Interesse einer übersichtlichen Darstellung wurde für die Ordinaten ein unterschiedlicher Bildmaßstab angewendet.

Mit steigender Temperatur und zunehmendem Kohlenstoffgehalt wächst auch die Entkohlungsgeschwindigkeit. Folglich kann bei gleichen Versuchsbedingungen die Entkohlungsgeschwindigkeit bei einem bestimmten Kohlenstoffgehalt als grober Anhaltspunkt für die Höhe der Temperatur angesehen werden. So ist es beispielsweise nach den im oberen Teil der Abb. 6 eingezeichneten Isothermen möglich, bei einer Frischgeschwindigkeit von 0,05% C/min und einem Kohlenstoffgehalt von 0,20% eine Temperatur von

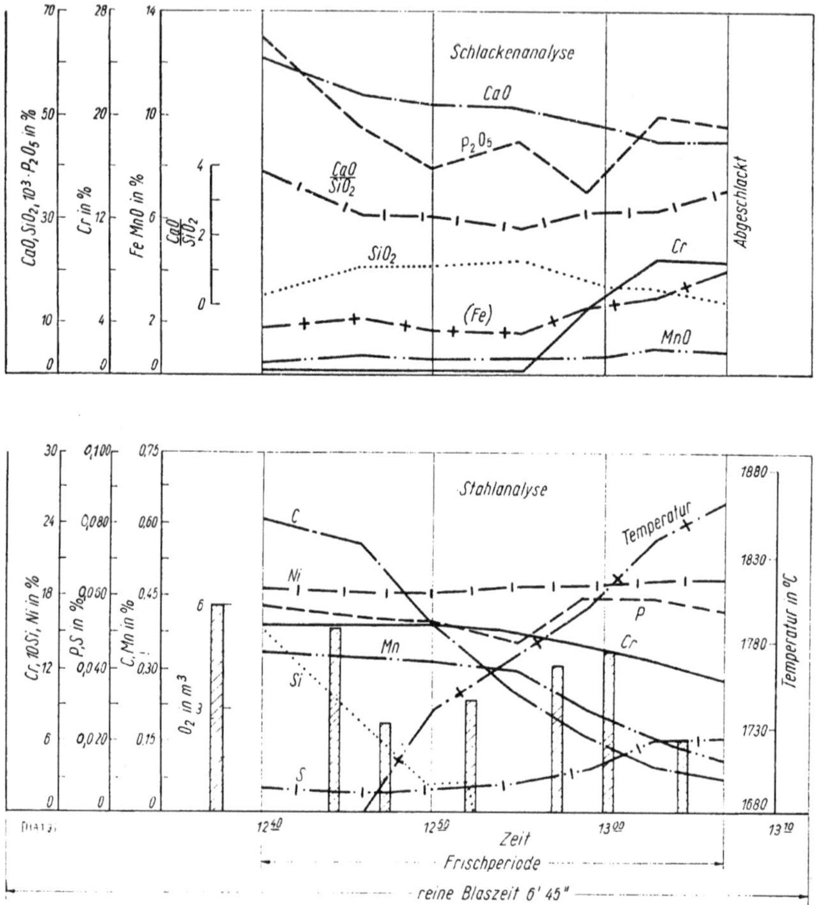

Abb. 9. Schmelzverlauf der Versuchscharge IV

1800° C gegenüber nur 1750° C bei gleichem Kohlenstoffgehalt, aber einer Frischgeschwindigkeit von nur 0,01 % C/min zu erreichen.

Die vorstehenden Ausführungen werden durch die Abhängikeit des Chromausbringens von der mittleren Frischgeschwindigkeit bestätigt (Abb. 7).

Inwieweit der Einlaufchromgehalt auf das Chromausbringen von Einfluß war, konnte einerseits wegen der geringen Zahl der durchgeführten Versuche und andererseits durch die bei den einzelnen Versuchen stark geänderten Versuchsbedingungen nicht festgestellt werden. In Abb. 8 sind die von Cless und Pachaly ermittelten Abhängigkeiten des Chromausbringens vom Einlaufchromgehalt für Kohlenstoffgehalte von 0,05 und 0,06% eingetragen. Wie ersichtlich, besteht keine eindeutige Abhängigkeit des Chromverlustes von der Höhe des Einlaufchromgehalts.

Die von PACHALY bei gleichen Kohlenstoffgehalten erzielten geringeren Chromverluste sind auf die in Wetzlar angewendete Arbeitsweise, den gesamten benötigten Sauerstoff ununterbrochen in das Bad einzublasen und auf die von PACHALY dadurch erreichten höheren Badtemperaturen zurückzuführen[1]).

3.2 Verhalten der Elemente Si, Mn, P, S und N beim Sauerstofffrischen

Abb. 9 zeigt den für eine sauerstoffgefrischte, hochlegierte Chrom-Nickel-Charge kennzeichnenden Schmelzverlauf der Versuchscharge IV.

Die sofort nach Beginn des Einleitens von Sauerstoff einsetzende Siliziumverbrennung schützt bis zu ihrem völligen Ablauf praktisch das gesamte Chrom vor einer Oxydation, so daß die Chromverschlackung im wesentlichen erst nach Abbrand des Siliziumgehalts einsetzt. Damit bestätigen die eigenen Versuche die in diesem Zusammenhang bereits von anderer Seite veröffentlichten Ergebnisse.

Wie von vornherein zu erwarten war, lief die Verschlackung des Mangans mit der Oxydation des Chroms in gleicher Richtung.

Eine Überprüfung der Veränderung des Schwefelgehalts während der Sauerstoffeinleitzeit ergab, daß bei niedrigen Schwefeleinlaufgehalten zwischen 0,005 und 0,015% ein geringer Anstieg bei allen Versuchen zu verzeichnen war. Bei höheren Einlaufschwefelgehalten über 0,050% wurde eine Abnahme von ungefähr 20% beim Frischen mit Sauerstoff festgestellt. Diese Beobachtung deckt sich mit den Angaben von PACHALY, wonach bei sehr hohen Einlaufschwefelgehalten von 0,135 und 0,175% eine Abnahme von rd. 30% während der Frischzeit zu erhalten ist. Der Hauptanteil der Entschwefelungsarbeit bleibt also auch beim Sauerstofffrischen wie üblich der Feinungsperiode vorbehalten.

Bei den teilweise recht hohen Phosphorgehalten des für Umschmelzen in Betracht kommenden Schrottes wäre es wünschenswert, durch geeignete Führung der Chargen während des Sauerstofffrischens eine Entphosphorung zu ermöglichen. Aus den Veröffentlichungen von FISCHER, CLESS und PACHALY ist zu entnehmen, daß selbst durch Abziehen der sauren Einlaufschlacke und anschließender Aufgabe einer kieselsäurearmen Kalk-Flußspat-Schlacke keinerlei Beeinflussung des Phosphorgehalts zu erreichen war. Bestätigt werden diese Ausführungen durch den Verlauf der Phosphorkurve (Abb. 9). Bei einem fast gleichen Verhältnis CaO/SiO_2 von rd. 3,5 zu Anfang und Ende der Frischperiode wird der anfängliche Abfall des Phosphorgehalts gegen Ende der Frischperiode durch Rückphosphorung kompensiert. Eine noch stärkere Erhöhung der Basizität zu Anfang des Sauerstofffrischens durch Aufgabe von größeren Mengen gebrannten Kalkes ist wegen des damit verbundenen übermäßigen Anwachsens der Schlackenmenge unzulässig.

Um einen Überblick über das Verhalten des Stickstoffs während des Sauerstofffrischens zu bekommen, wurden von den Versuchen II und IV je eine Probe vor und nach dem Sauerstoffeinleiten auf Stickstoff untersucht.

Im Versuch II zeigte der Stickstoffgehalt eine Verminderung von 0,086 auf 0,036% und im Versuch IV von 0,122 auf 0,045% in Übereinstimmung mit den Angaben von PACHALY, der bei einem Stickstoffgehalt von 0,090% eine Verminderung auf 0,054% nachweisen konnte. Andererseits konnte PACHALY bei niedrigeren Anfangsstickstoffgehalten von etwa

[1]) Bei diesen Schmelzen lagen keine Temperaturmessungen vor. Von PACHALY vorgenommene Nachrechnungen der theoretischen Temperaturen aus den Chrom- und Kohlenstoffgehalten des Bades ergaben nach der von PAKULLA und Mitarbeiter aufgestellten Formel (2) 1875 bis 2000° C, wobei allerdings die Chromwerte aus Proben stammen, die nach dem Reduzieren der Blasschlacke entnommen worden sind.

0,050 bis 0,070% keine nennenswerte Abnahme des Stickstoffs feststellen. Eigene Versuche in dieser Richtung waren nicht möglich, weil ein Einlaufstickstoffgehalt unter 0,080% bei dem verwendeten Schrott nicht zu erhalten war.

3.3 Veränderung der Schlackenzusammensetzung während der Frischperiode

Betrachtet man zunächst die für die Basizität maßgebenden Komponenten CaO und SiO_2 (Abb. 9), so fällt auf, daß der CaO-Gehalt über den gesamten Frischprozeß infolge der steigenden Schlackenmenge stetig abnimmt, während beim SiO_2-Gehalt erst nach anfänglichem Anstieg die gleiche Richtung zu verzeichnen ist. Zweifellos spiegelt der Verlauf der Kieselsäurekurve eindeutig den Oxydationsvorgang des Siliziums wider. Die aus dem Verhältnis CaO/SiO_2 ermittelte Basizität fällt dadurch vom Beginn des Frischens bis zur Beendigung der Siliziumverbrennung, die gleichbedeutend mit der Erreichung des Höchstwertes an SiO_2 in der Schlacke ist, ständig ab. Gegen Ende der Frischperiode steigt die Basizität durch das aus der Zustellung herausgelöste CaO wieder auf den ungefähren Anfangswert von 3,5 an.

Durch den hohen Einlaufsiliziumgehalt von 1,5% beim Versuch IV war eine saure Schlacke mit fortlaufender Siliziumoxydation zu befürchten. Dies hätte einen unerwünschten Angriff auf die feuerfeste Zustellung in Höhe der Schlackenzone und somit eine Herabsetzung der Ofenhaltbarkeit nach sich gezogen. Es ergaben sich zwei Wege, den erhöhten Ofenverschleiß unter Beibehaltung des Einlaufsiliziumgehalts herabzusetzen:

1. Die in Wetzlar von Pachaly angewendete Methode des Abziehens der sauren Einlaufschlacke vor dem Sauerstofffrischen mit anschließender Aufgabe einer Kalkschlacke oder
2. die Basizität durch hohe Kalksätze von vornherein so hoch zu halten, daß ein Sinken des Verhältnisses CaO/SiO_2 unter 1,8 bis 2,0 durch Siliziumverschlackung nicht zu befürchten war.

Vom Abziehen der sauren Einlaufschlacke mußte trotz des Vorteils einer geringen Schlackenmenge für unsere Betriebsverhältnisse wegen der mit dem Abschlacken verbundenen starken Abkühlung der 500- bis 700-kg-Charge Abstand genommen werden. Durch Anwendung der zweiten Methode, von vornherein hohe Kalksätze aufzugeben-konnten die Bedingungen einer unteren Basizität von 1,8 bis 2,0 eingehalten werden. Trotz der erheblich größeren Schlackenmenge wurden hierbei noch Chromausnutzungsgrade bis zu 93,5% erzielt, allerdings unter Berücksichtigung sogenannter reduzierender Schlackenverhältnisse durch Aufgabe von Kalzium-Aluminium.

Der Verlauf des Gesamteisengehalts (Abb. 9) stimmt mit der von Pakulla gezeigten Abhängigkeit des Verschlackungsverhältnisses von Chrom gegenüber dem FeO-Gehalt der Schlacke, wonach mit steigendem FeO-Gehalt ein größerer Chromabbrand in Erscheinung tritt, überein.

Der regellose Verlauf der P_2O_5-Kurve (Abb. 9) bestätigt die bereits bei der Behandlung der Entphosphorung gemachten Aussagen, nach denen es praktisch nicht möglich war, eine Entphosphorung während des Frischprozesses zu erzielen.

3.4 Mechanischer Reinheitsgrad

Um ein Urteil über den mechanischen Reinheitsgrad zu erhalten, wurden von der Versuchsschmelze V drei Proben einer metallographischen Prüfung auf Chromiteinschlüsse unterzogen, und zwar eine Probe nach dem fünften Sauerstoffeinleitungsstoß, eine nach dem siebenten und letzten Sauerstoffstoß und die Fertigprobe nach der Feinungsperiode.

In Abb. 10 zeigt die Probe 7, nach dem 5. Stoß entnommen, im Inneren nestartig angeordnete, häufig auftretende Chromiteinschlüsse, die nach dem Rande hin vereinzelter in Erscheinung treten. Nach weiterem Frischen zeigt die Schmelzprobe 9 nach dem letzten

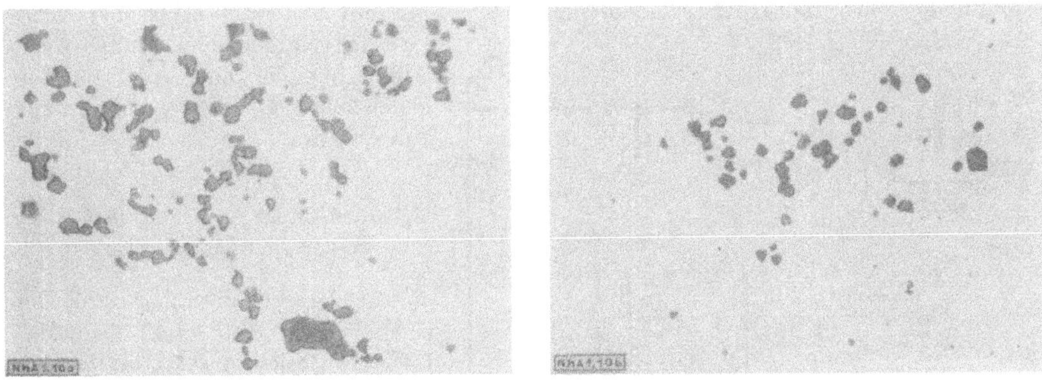

Abb. 10. Veränderung der Chromiteinschlüsse der Versuchsschmelze V während des Frischens
a Chromiteinschlüsse nach dem 5. Sauerstoffeinleitungsstoß ungeätzt 500:1;
b Chromiteinschlüsse nach dem 7. und letzten Sauerstoffeinleitungsstoß ungeätzt 500:1

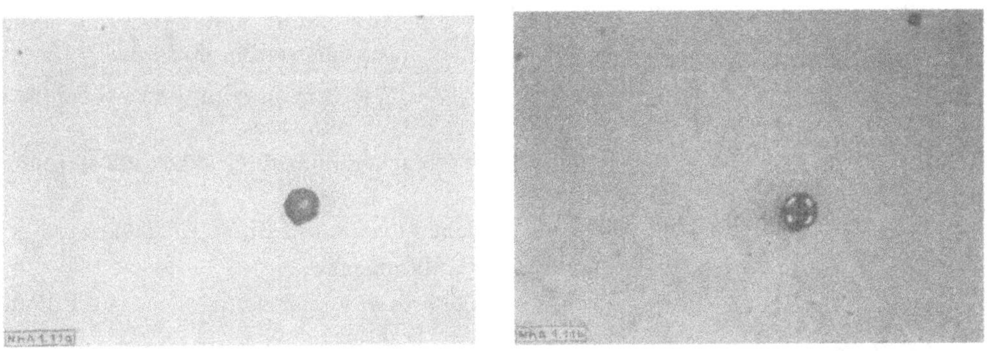

Abb. 11. SiO_2-Einschlüsse in der Fertigprobe a parallele Nikols ungeätzt 500:1
b gekreuzte Nikols ungeätzt 500:1

Sauerstoffstoß die gleichen, jedoch weniger zahlreichen Chromiteinschlüsse. Bei der Fertigprobe in Abb. 11 sind die Chromiteinschlüsse völlig verschwunden. Es treten nur vereinzelt Silikateinschlüsse auf, die im polarisierten Licht bei gekreuzten Nikols das den glasigen SiO_2-Einschlüssen eigene Auslöschungskreuz zeigen.

3.5 *Warmverformbarkeit*

Eine Qualitätsverschlechterung der mit Sauerstoff erblasenen Chargen hinsichtlich ihrer Warmverformbarkeit konnte nicht festgestellt werden. Die in 260-kg-Brammen vergossenen NCT 3-Schmelzen gelangten im VEB Walzwerk Hettstedt zur Auswalzung auf Platinen und Bleche. Die Brammen wurden im ungehobelten Zustand gewalzt. Alle Platinen und Bleche sind — ungehobelten Brammen entsprechend — gut ausgefallen. Die bei der Verwalzung dieser Stahlqualität häufig auftretenden starken Kantenrisse waren bei den mit Sauerstoff gefrischten Versuchsschmelzen nur leichterer Art und vereinzelt vorhanden.

3.6 Ofenverschleiß

Über die Ofenhaltbarkeit können bei der geringen Zahl der vorliegenden Versuche verständlicherweise keine näheren Angaben gemacht werden. Lediglich wurde die Feststellung getroffen, daß trotz sechs aufeinanderfolgender, mit Sauerstoff erblasener, hochlegierter Chargen keine nennenswerte Abnutzung der Zustellung im Vergleich zu den üblichen Verfahren aufzuweisen war.

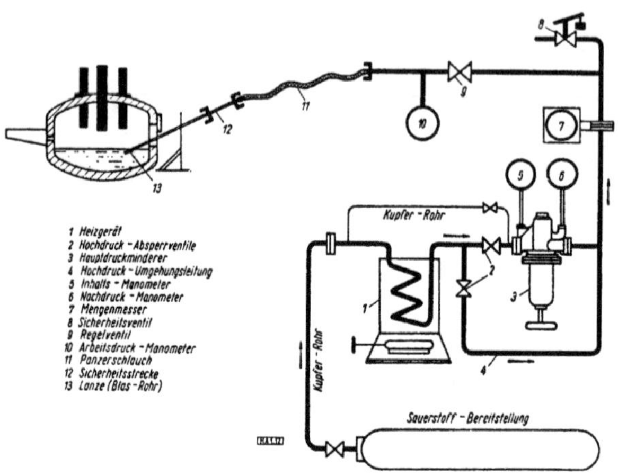

Abb. 12. Prinzipskizze einer Sauerstofffrischanlage in Anlehnung an die von der Fa. Messer, Frankfurt (Main), hergestellten Armaturenschränke

3.7 Richtlinien für die Ausarbeitung einer Betriebstechnologie

Aus der Fachliteratur und den eigenen Versuchen ergibt sich, daß folgende Gesichtspunkte bei der Aufstellung einer Technologie für die betriebsmäßige Erschmelzung von hochlegierten Cr-Ni-Chargen bei Einsatz von gleichartigem Schrott unter Anwendung von Sauerstoff berücksichtigt werden müssen.

1. Zugabe von Ferro-Silizium im Einsatz;
2. möglichst ohne schlackenbildende Zusatzstoffe einschmelzen;
3. teilweises Abziehen der sauren Einlaufschlacke;
4. Aufgabe einer Kalkschlacke;
5. Einleiten des gesamten zum Frischen benötigten Sauerstoffs ohne Unterbrechung;
6. bei größeren Ofeneinheiten (über 5 t) mindestens 15 m³/min Sauerstoff in das Schmelzbad einblasen;
7. Kohlenstoffgehalt nicht weiter herabdrücken, als unbedingt zur Einhaltung der Endanalyse erforderlich;
8. Schlackenmenge während des Frischens möglichst klein halten, dabei jedoch das Verhältnis CaO/SiO_2 nicht unter 1,8 absinken lassen;
9. Zerstörung der Metalloxyde durch Aufgabe von Reduktionsmitteln auf die Blasschlacke;
10. rasches Abschlacken am Ende des Blasperiode.

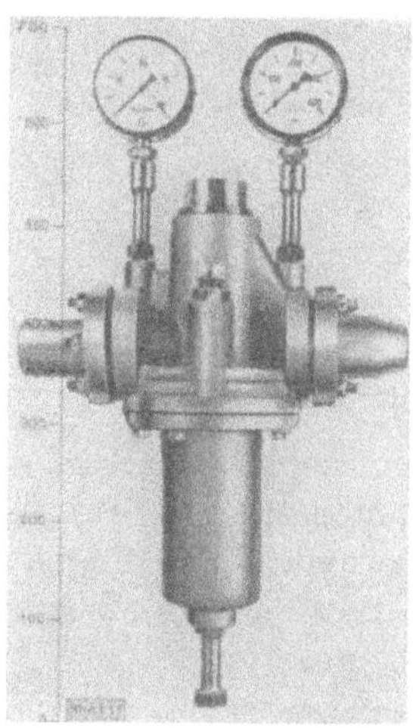

Abb. 13. Sauerstoff-Hauptdruckminderer der Fa. Voigt, Leipzig, mit einem max. Durchlaß von 600 m^3/h

Die für die Durchführung von Betriebsschmelzen benötigten technischen Einrichtungen lassen sich in ihrer Konstruktion vielseitig gestalten. Abb. 12 zeigt in Anlehnung an die von der Fa. Messer, Frankfurt (Main), hergestellten Armaturenschränke die prinzipielle Anordnung einer Sauerstofffrischanlage mit Flaschenspeisung. Den unter 3 in dieser Darstellung eingezeichneten Hauptdruckminderer der Fa. Voigt, Leipzig, mit einer Leistung von etwa 600 m^3/h gibt Abb. 13 wieder.

4. ZUSAMMENFASSUNG

Die im 500-kg-Lichtbogenofen des Eisen-Forschungsinstitutes Hennigsdorf durchgeführten Versuche bestätigen die in der Fachliteratur in bezug auf eine hohe Legierungsausbeute bisher gewonnenen Erkenntnisse. Zur Erzielung der notwendigen hohen Temperatur führten, von einer hohen Anfangstemperatur abgesehen, im wesentlichen zwei Wege:

1. Eine sehr hohe Frischgeschwindigkeit,
2. größte Ausnutzung der bei den exothermen Reaktionen frei werdenden Wärme durch
   a) Einblasen der gesamten Sauerstoffmenge in einem Zuge,
   b) Zugabe von Ferro-Silizium zur Erhöhung des Siliziumgehalts vor dem Frischen.

Um die Abhängigkeit der Temperaturzunahme von erhöhten Frischgeschwindigkeiten zu untersuchen, wurde die Entkohlungsgeschwindigkeit unter Zugrundelegung der von Pakulla und Pachaly veröffentlichten Erkenntnisse erstmalig bis auf 0,17% C/min (mittlere Frischgeschwindigkeit etwa 0,085% C/min) gesteigert. Hierbei zeigte sich, daß auch bei diesen hohen Entkohlungsgeschwindigkeiten mit ihrem Anstieg noch ein Temperaturzuwachs zu verzeichnen war.

Weiterhin wurde bei den Versuchen der Nachweis erbracht, daß auch mit höherem Kohlenstoffgehalt einlaufende hochlegierte Chargen unter Verwendung von Sauerstoff als Oxydationsmittel einwandfrei verarbeitet werden können.

Eine Entschwefelung bei tieferen Einlaufschwefelgehalten sowie eine Herabsetzung des Phosphorgehalts während des Sauerstofffrischens war praktisch nicht möglich.

Demgegenüber konnte bei den verhältnismäßig hoch liegenden Einlaufstickstoffgehalten eine Abnahme von etwa 60% durch Einleiten von Sauerstoff beobachtet werden.

Den Erörterungen über das Verhalten der Elemente Si, Mn, P, S und N schließt sich in vorliegenden Ausführungen eine kurze schlackenkundliche Betrachtung an.

Eine Qualitätsverminderung der mit Sauerstoff erblasenen Schmelzen hinsichtlich ihres mechanischen Reinheitsgrades und ihrer Warmverformbarkeit wurde nicht festgestellt.

Einige Hinweise für die Aufstellung einer Betriebstechnologie beschließen die Arbeit.

Herrn Ing. Günther Richau sei für seine Unterstützung bei den Versuchsschmelzen zu vorliegender Arbeit bestens gedankt.

LITERATUR

[1] Berryman, J. H., u. Crockett, J. M., Oxygen in the Electric Furnace. The Iron Age (1948) S. 72/75 und 144.

[2] Bigge, H., USP Nr. 1 513735 v. 21. Juli 1922; Offizial Gazetta.

[3] Browne, V. B., USP Nr. 1 570229 v. 19. März 1925; Offizial Gazetta.

[4] Chelius, E. J., USP Nr. 2 226967 v. 11. Aug. 1939; Official Gazetta.

[5] Everard, W. H., u. Brandt, D. J. O., The. Use of the Oxygen Lance in Stainless Steel Production. J. Iron Steel Inst. (1950) S. 411/18.

[6] Harrod, J. E., Use of Oxygen in the Manufacture of Basic Electric-furnace Steels. Proc. of El. Furn. Steel Conf. (1948) S. 123/29.

[7] Hilty, D. C., Relation between Chromium and Carbon in the Refining of Chromium Steel. Proceed of El. Furn. Steel Conf. (1948) S. 140/53.

[8] Maurer, Ed., Elektrochem. Verhalten der rostfreien Chrom-, Chromnickel- und Chrommangan-Stähle im Vergleich mit reinem Eisen. Korrosion und Metallschutz **15** (1939) S. 225/241.

[9] Fischer, R., Frischen von chromreichen Schmelzen im Lichtbogenofen mit reinem Sauerstoff. Stahl u. Eisen **70** (1950) S. 10/21.

[10] Schwarz, C. V., Radex-Rundschau (1949) S. 33/53 und 73/87.

[11] ILLIAN, F., Über die Anwendung von reinem Sauerstoff beim Frischen von nichtrostenden Chromnickel-Stählen. Stahl u. Eisen **71** (1951) S. 18/19.

[12] HAUCK, M., u. WERWACH, H., Die Verwendung von Sauerstoff im Lichtbogenofen. Stahl u. Eisen **71** (1951) S. 15/19.

[13] BUNGARDT, K., PAKULLA, E., u. TESCHE, K., Erschmelzen nichtrostender Stähle im Lichtbogenofen durch Frischen mit Sauerstoff. Stahl u. Eisen **72** (1952) S. 245/55.

[14] PACHALY, E., Beitrag zur Kenntnis des Abbrandes beim Sauerstoff-Frischen im basischen Lichtbogenofen. Stahl u. Eisen **73** (1953) S. 461/69.

[15] CLESS, F., Das Sauerstoff-Frischen korrosionsbeständiger Stähle. Radex-Rundschau (1951) S. 341/54.

[16] BRANDAU, O., u. TSCHORN, G., Frischen mit gasförmigen Reinsauerstoff. Metallurgie und Gießereitechnik **3** (1953) S. 401/11.

[17] SCHRÖDER, E., Über Stahl- und Schlackentemperaturen bei basischen Siemens-Martin-Schmelzungen. Stahl u. Eisen **53** (1933) S. 876.

[18] ELLINGHAM, H. J. D., RICHARDSON, F. D., u. JEFFES, J. H. E., J. Soc. Chem. Ind. **63** (1944) S. 125/33. J. Iron Steel Inst. **160** (1948) S. 261/70; **161** (1949) S. 229; **163** (1949) S. 147/53.

Die konstruktive Gestaltung von Stahlwerkskokillen

Heinz Uhlitzsch

Einleitung

Schon seit Jahrzehnten wird das Problem der Lebensdauer von Stahlwerkskokillen aus Gußeisen in der Fachliteratur des In- und Auslandes immer wieder behandelt. Die Bedeutung der Lebensdauer von Kokillen ist daraus zu ersehen, daß der Anteil der Kokillenkosten am Stahlpreis zwischen 1,5 und 4,5% liegt. In der Literatur wird jeweils einer der vielen Faktoren, die alle zusammen die Haltbarkeit der Kokillen beeinflussen, besonders herausgestellt. Häufig sind daher in diesen Veröffentlichungen Widersprüche zu finden, die nur unter Berücksichtigung aller dieser Faktoren aufgeklärt werden können.

Bei normaler Haltbarkeit werden die Kokillen durch netzförmige Risse der Innenwandungen oder infolge von Längs- oder Querrissen durch die ganze Wanddicke hindurch unbrauchbar. Treten die letzgenannten Risse schon nach verhältnismäßig kurzer Zeit auf, so ist die Lebensdauer der Kokille ungenügend.

Beim Füllen gußeiserner Blockformen mit flüssigem Stahl werden die Innenwände der Kokille rasch auf eine hohe Temperatur erwärmt, während die Außenwände nur langsam folgen können. Somit treten Wärmespannungen auf, die abhängig sind:

1. vom Werkstoff, und zwar von
   seiner chemischen Zusammensetzung,
   dem Gefüge,
   den physikalischen und den mechanischen Eigenschaften
   und schließlich der Art der Herstellung der Kokillen in der Graugießerei;
2. von der konstruktiven Gestaltung der Kokille;
3. von den jeweiligen Verhältnissen beim Einsatz im Stahlwerk.

Bei der Herstellung der Kokillen in der Graugießerei spielen eine Rolle:

Gattierung,
Art und Führung des Schmelzofens,
Formstoffe,
Gießtemperatur und Gießgeschwindigkeit,
Abkühlzeit in der Form
und eine etwaige nachträgliche Wärmebehandlung.

Bei der konstruktiven Gestaltung sind von Bedeutung:

Größenabmessungen, insbesondere Wanddicke und Form der Kokille, und hierbei im einzelnen der Querschnitt (rund, quadratisch, rechteckig, oval oder polygonal),
der Längsschnitt (normal oder umgekehrt konisch),
dann ohne und mit Haube
und schließlich etwaige Bombierungen und Abrundungen.

Von der Beanspruchung der Kokillen im Zusammenhang mit der Arbeitsweise des Stahlwerks sollen auch hier alle Punkte aufgezählt werden, die auf die Lebensdauer der Kokillen einwirken:

Stahlqualität,
Gießmethode (fallend oder steigend),
Gießtemperatur und Gießgeschwindigkeit,
Abstand der Kokillen voneinander in der Gießgrube oder auf dem Gießwagen,
Abstehzeit der gefüllten Kokille,
Art der Kühlung der Kokille nach dem Abziehen vom Stahlblock,
Häufigkeit des Einsatzes
und schließlich alles, was unter den Begriff „Kokillenpflege" fällt, wie reinigen, schlichten, vorwärmen und lackieren.

Alle die aufgezählten Faktoren bestimmen in ihrer Gesamtheit die Haltbarkeit der Kokillen.

Grundsätzlich soll das Gefüge des Gußeisens ferritisch/perlitisch sein. Es liegt also der Gehalt des Gußeisens an C und Si nach dem Gußeidendiagramm von MAURER (Abb. 1) eindeutig mit dem obersten Dreiecksfeld fest und weiter durch die Forderung nach einem möglichst niedrigen Si-Gehalt. Silizium begünstigt nämlich die Bildung der oben erwähnten Risse an den Innenflächen der Kokillen, die in ihrer Form und Verteilung den Adern von Marmor ähneln.

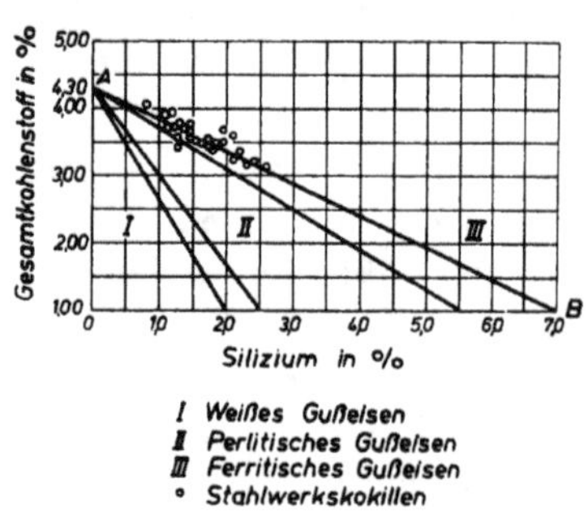

Abb. 1. Gußeisendiagramm von Maurer mit eingetragenen Punkten von Stahlwerkskokillen mit guter Haltbarkeit.

Von weiterer Bedeutung ist nur noch der Phosphorgehalt, der nach der Literatur möglichst unter 0,1%, höchstens aber bei 0,2% liegen soll. Diese Forderung ist mit den aus heimischen Erzen erblasenen Roheisen nicht zu erfüllen. Praktisch liegt daher der P-Gehalt des Kokillengußeisens zwischen 0,3 und 0,4%.

Durch zusätzliche Verwendung vom Importroheisen, durch Impfen, durch Änderung des Gußbruchanteils in der Gattierung, durch Änderung von Gießtemperatur und Gießzeit und schließlich auch durch gewisse Verbesserungen in der Formerei gelang eine teilweise Hebung der Lebensdauer. Dazu kam eine bessere Behandlung und Pflege der Kokillen in den Stahlwerken, auf deren Notwendigkeit in den monatlichen Kokillensitzungen immer wieder hingewiesen worden war. Die Lebensdauer der Kokillen blieb aber noch zu gering.

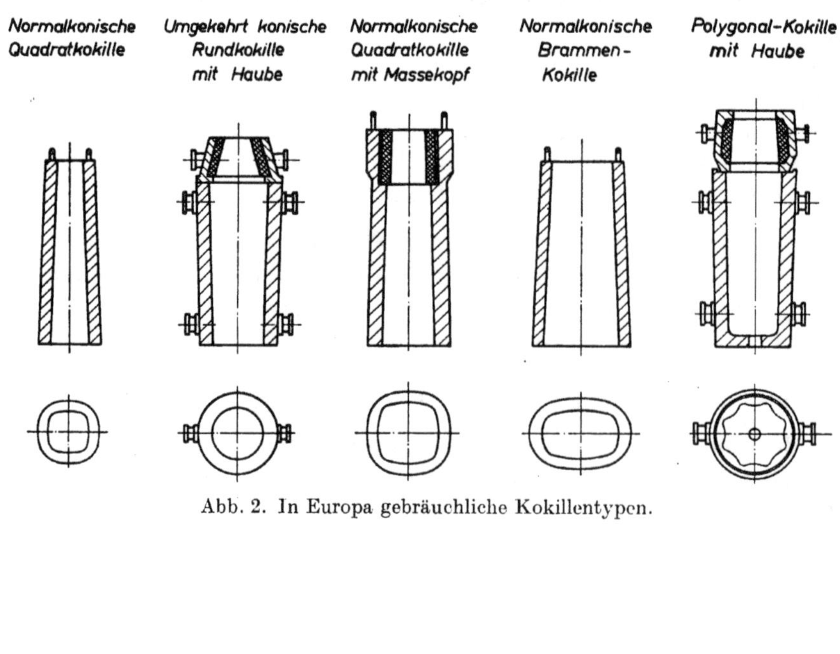

Abb. 2. In Europa gebräuchliche Kokillentypen.

Auffallende Unterschiede in der Haltbarkeit einzelner Kokillentypen waren schließlich die Veranlassung, der konstruktiven Gestaltung erhöhte Aufmerksamkeit zuzuwenden. Dafür stand eine umfangreiche Literatur zur Verfügung, doch erforderte es eine erhebliche Arbeit, alles kritisch zu sichten und die für die Konstruktion maßgebenden Beziehungen herauszuschälen oder auch neu zu bilden.

An dieser Stelle möchte ich meinen beiden Mitarbeitern, Herrn Dipl.-Ing. H. Allendorf und Herrn Ing. G. Radomski, für ihre wertvolle und unermüdliche Hilfe bei der Suche nach Literatur und bei der Auswertung von etwa 300 Literaturstellen danken. Das

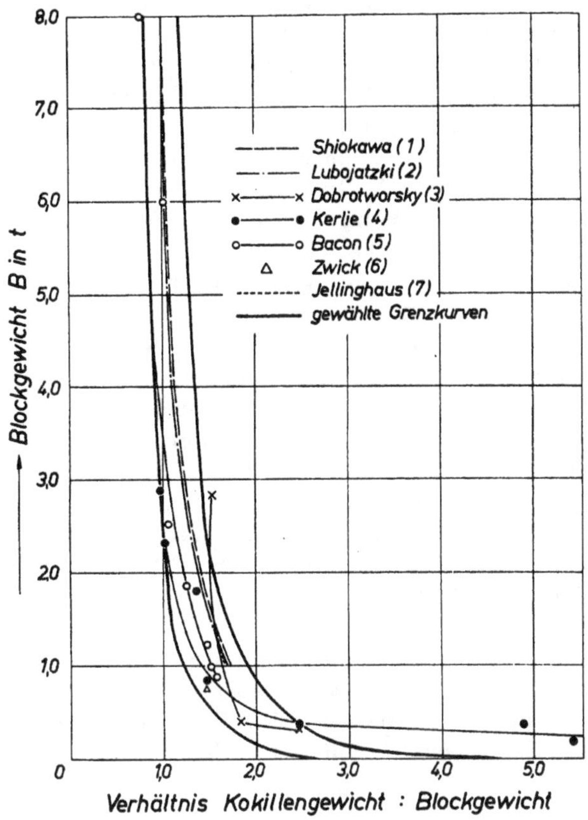

Abb. 3. Zusammenhang zwischen Blockgewicht und dem Verhältnis Kokillengewicht : Blockgewicht nach Angaben in der Literatur.

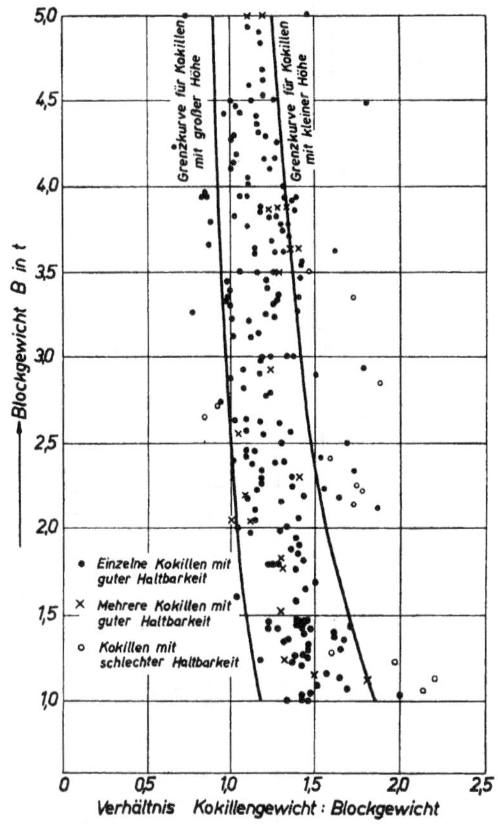

Abb. 4. Nachweis der Berechtigung der in Abb. 3 gezeichneten Grenzkurven durch Eintragung von 242 in der Literatur angegebenen Werten.

Ziel unserer Arbeit war es, Unterlagen für die Berechnung jeder Art von Kokillen zu schaffen, wobei besonderer Wert auf die Festlegung der günstigsten Wanddicke zu legen war.

Zum besseren Verständnis der folgenden Ausführungen sind in Abb. 2 die in den europäischen Stahlwerken gebräuchlichsten Kokillentypen dargestellt.

I. Aufstellung von Schaubildern der für die konstruktive Gestaltung der Stahlwerkskokillen notwendigen Abmessungen

1. Verhältnis Kokillengewicht zum Blockgewicht

In der Literatur wird immer wieder auf die Bedeutung des Verhältnisses vom Kokillengewicht K zum Blockgewicht B hingewiesen. In Abb. 3 wurden die Angaben von 7 Autoren

(1, 2, 3, 4, 5, 6, 7) in Form von Kurven in ein Schaubild mit den Koordinaten Blockgewicht B in t und dem obengenannten Verhältnis K/B eingetragen und daraus zwei Grenzkurven gezeichnet. Es ergab sich so eine Bandkurve, deren Berechtigung an Hand von Zahlenangaben aus der Literatur (3, 4, 5, 8, 9, 10) mit Abb. 4 nachgewiesen werden konnte. Innerhalb der Blockgewichte von 1 bis 5 t wurden insgesamt 242 Kokillen, und zwar für normalkonische, umgekehrtkonische, runde, quadratische und vieleckige Blöcke und schließlich für Brammen, davon 229 mit brauchbarer und 13 mit schlechter Haltbarkeit, eingetragen. Alle übrigen oben aufgezählten Faktoren, die gleichfalls die Lebensdauer von Kokillen beeinflussen, wurden dabei nicht berücksichtigt. Daraus kann zwangsläufig gefolgert werden, daß deren Einfluß unter normalen Bedingungen geringer ist als dieses Verhältnis von K/B. Innerhalb der Bandkurve liegen 197 Kokillen mit brauchbarer und 1 mit schlechter Haltbarkeit, links daneben 12 mit brauchbarer und 2 mit schlechter Haltbarkeit, rechts daneben 22 mit brauchbarer und 10 mit schlechter Haltbarkeit. Hieraus kann der Schluß gezogen werden, daß ein *zu großes* Gewicht der Kokille ungünstiger ist als ein zu geringes.

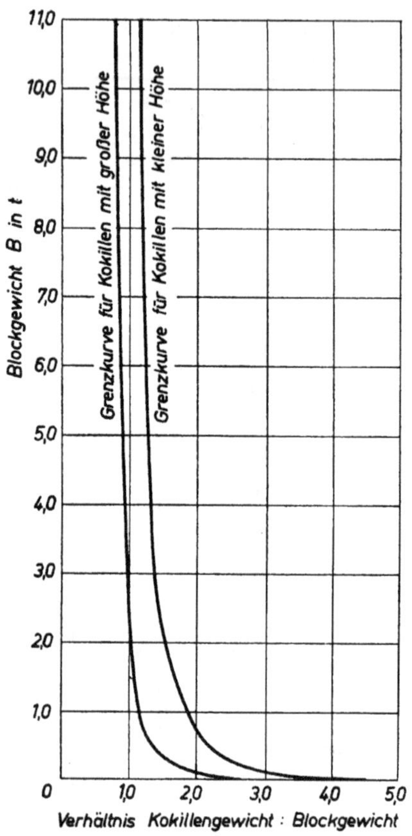

Abb. 5. Verlängerung der Grenzkurven der Abb. 4 unter das Blockgewicht von 1,0 t bzw. über 5,0 t hinaus unter Auswertung von weiteren 360 Angaben aus der Literatur.

Weiter ergab sich dabei, daß an der linken Grenzkurve die Kokillen mit der größten, an der rechten Grenzkurve die mit der kleinsten üblichen Kokillenhöhe liegen, so daß also mit der gewählten Bandkurve gleichzeitig der wesentliche Einfluß der Kokillenhöhe (Schlankheitsgrad) mit erfaßt werden konnte.

Mit Abb. 5 konnte die Bandkurve unter Benutzung weiterer Literaturangaben (4, 5, 8, 9, 10) bei Auswertung von rund 600 Kokillen bis zu einem Blockgewicht von 11 t verlängert werden.

2. *Verhältnis Blockgewicht zur Kokillenhöhe*

Weiter wurden die in der Literatur (5, 8, 9, 10) bekanntgegebenen und somit üblichen Kokillenhöhen H in Abb. 6 eingetragen, wobei sich wiederum eine Bandkurve ergab. Der gestrichelt gezeichnete Teil der oberen Grenzkurve erschien durch die wenigen Punkte oberhalb eines Blockgewichtes von 3 t nicht genügend begründet. Es fanden sich aber Hinweise (2, 11, 12, 13), daß das Verhältnis vom Blockquerschnitt zum Wandquerschnitt einer Kokille zwischen den Werten 1 : 3 und 1 : 1, nicht aber unter dem letzteren Werte liegen darf. Wurde diese untere Grenze 1 : 1 zugrunde gelegt, so ergab sich, unter Benutzung der weiter unten entwickelten Berechnungsweise für die Wanddicke einer Kokille, die voll ausgezogene obere Grenzkurve für die Kokillenhöhe, die bei Neukonstruktionen verwendet werden sollte. Damit würde also die größte Höhe einer Kokille von einem Blockgewicht von 5 t ab mit 2,20 m begrenzt sein. Dieses Maß wird auch bei den Schmiedeblockkokillen erst von einem Blockgewicht von 20 t ab überschritten.

3. *Berechnung der Wanddicke von Kokillen*

Aus einem nach Abb. 3 gewählten Verhältnis K/B und einer nach Abb. 6 gewählten Kokillenhöhe H läßt sich zunächst auf rechnerischem Wege die noch fehlende Wanddicke einer Kokille finden. Um die Rechnung zu vereinfachen, wurde der Inhalt des

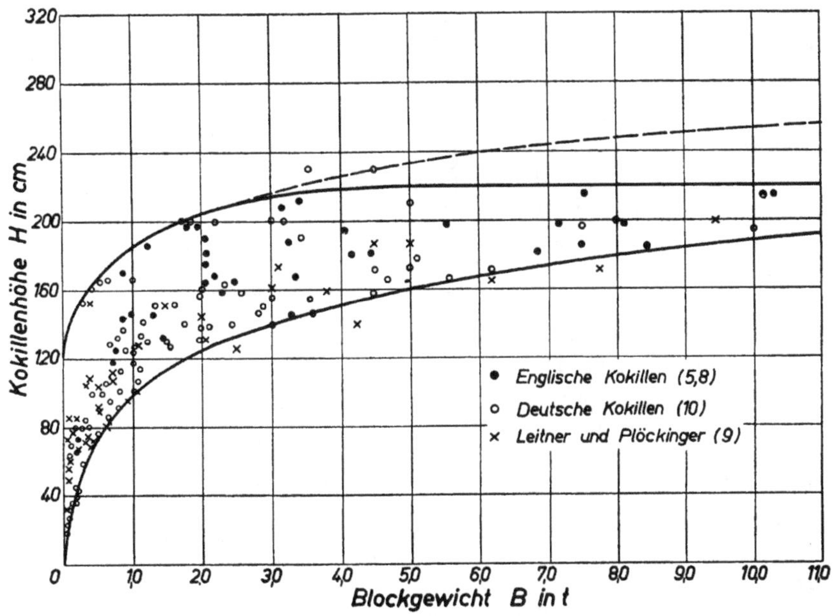

Abb. 6. Verhältnis von Kokillenhöhe zum Blockgewicht.

Blockes und dementsprechend auch der Kokille nach der Näherungsformel für abgestumpfte Pyramiden:

Inhalt = Querschnitt in halber Höhe × Höhe

$$I = \left(\frac{a+b}{2}\right)^2 \cdot h$$

berechnet, anstelle der richtigen Formel

$$I = \frac{1}{3} h \left(a^2 + b^2 + \sqrt{a^2 \cdot b^2}\right)$$

Der größtmögliche Fehler würde auftreten, wenn der Pyramidenstumpf zur spitzen Pyramide wird. Es ist dann $b = 0$, wobei sich die Formeln ändern in

$$I = \frac{a^2}{4} \cdot h \quad \text{und} \quad I = \frac{a^2}{3} \cdot h$$

Der Fehler beträgt dann 25%.

Wenn die für normal konische Stahlwerkskokillen üblichen Abmessungen, wie sie in Abb. 6 und in der weiter unten noch zu besprechenden Abb. 12 enthalten sind, zugrunde gelegt werden, so ergibt sich als *ungünstigstes* Verhältnis der unteren zur oberen Seitenkante (bzw. der beiden entsprechenden Durchmesser) der Wert von 1,4. Der durch Verwendung der genannten Näherungsformel mögliche Fehler liegt dann bei nur 1 % und kann somit praktisch vernachlässigt werden.

Für die Berechnung der Wanddicke von Kokillen wurden folgende Buchstaben verwendet:

B = Blockgewicht in kg

K = Kokillengewicht in kg

a und b = Länge der inneren Seitenkanten bei Kokillen für rechteckige Blöcke bzw. bei annähernd elliptischem Querschnitt (Brammen) der beiden Durchmesser, vermindert um eine Bombierung jeweils in halber Kokillenhöhe in dm (vgl. Abb. 7)

a_m = Länge der inneren Seitenkante in halber Kokillenhöhe bei Kokillen für Blöcke mit quadratischem Querschnitt in dm (vgl. Abb. 8)

d_m[1]) = Durchmesser in halber Kokillenhöhe bei Kokillen für Rundblöcke, für polygonale Blöcke das Mittel zwischen den Durchmessern des eingeschriebenen und des umschriebenen Kreises in dieser Höhe in dm (vgl. Abb. 9)

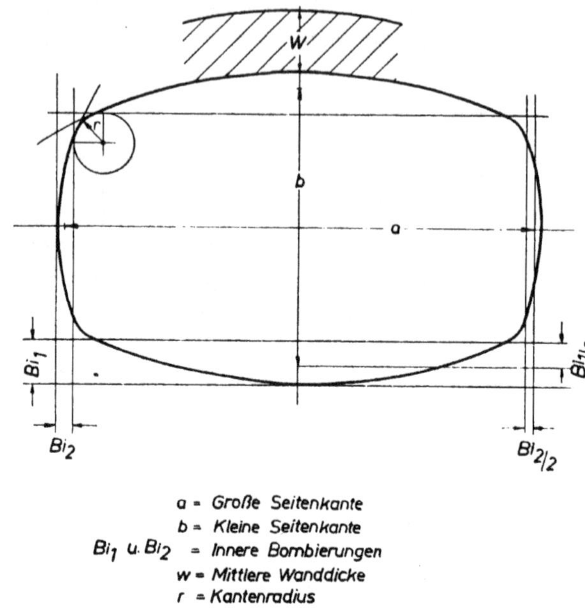

Abb. 7. Konstruktion der inneren Bombierung (Blockbombierung) bei Brammenkokillen.

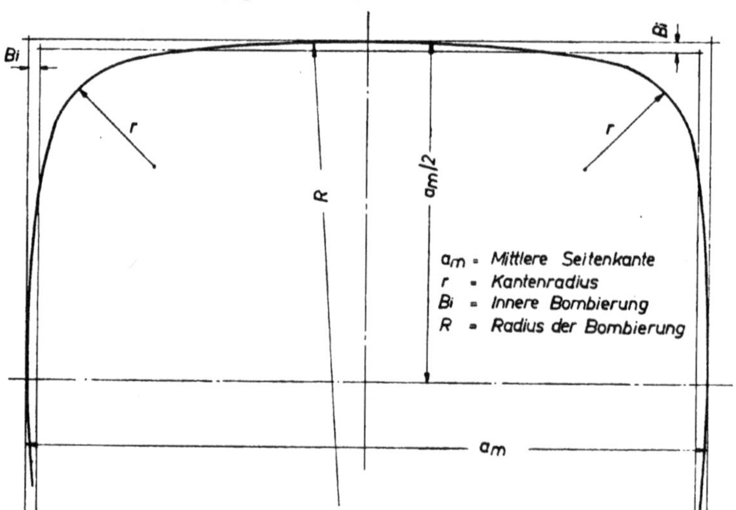

Abb. 8. Konstruktion einer normalen inneren Bombierung (Blockbombierung) bei Quadrat- und Rechteckkokillen.

[1]) Der mittlere Durchmesser „d_m“ ist nicht zu verwechseln mit der im folgenden vielfach verwendeten Maßbezeichnung „dm“ (Dezimeter) (1 dm = 0,1 m).

H = Kokillenhöhe in dm
h = Blockhöhe in dm für den *flüssigen* Block
w = Wanddicke in halber Kokillenhöhe in dm (mittlere Wanddicke)
γ_1 = Spezifisches Gewicht für Gußeisen = 7,30[1])
γ_2 = Spezifisches Gewicht für Stahl flüssig
γ_3 = Spezifisches Gewicht für Stahl fest

Die für Stahl geltenden spezifischen Gewichte sind in Zahlentafel 1 zusammengestellt.

Zahlentafel 1

Werte für das spezifische Gewicht von Stählen
(Nach Stahl-Eisen-Kalender 1953)

		Temp. °C	Flüssig	Fest
Eisen mit	0,1% C	1600	7,061	
	0,5% C	1600	6,920	7,70 bis 7,85
	1% C	1600	6,844	
	2% C	1600	6,725	
	3,5% C	1600	6,499	7,13
Eisen mit	3,6% Si	1600	6,920	—
Dynamoblech mit	4% Si	—	—	7,61
Eisen mit	8,5% Mn	1600	7,122	—
Eisen mit	9,44% Ni	1500	7,178	—
Nickelstahl mit	36% Ni	—	—	8,13
Nickelstahl mit	50% Ni	—	—	8,19
Eisen mit	13,7% Cr	1600	7,042	—
Nichtrostender Stahl ohne Ni		—	—	7,74
Nichtrostender Stahl mit Chrom und Nickel		—	—	7,85
Stahl mit 15% Ni, 5% Mn		—	—	8,03
Schnellarbeitsstahl auf Kobalt-Chrom-Wolfram Grundlage		—	—	8,3 bis 9,0
Eisen mit 1,15% Al		1600	7,032	—

Wenn im folgenden die aus den Kokillenabmessungen entnommenen Größen a und b bzw. a_m bzw. d_m für die Berechnung des Querschnittes von normal konischen Blöcken benutzt werden, so ist dies streng genommen nur für Blöcke ohne Verjüngung (Konizität) richtig, denn die Blockhöhe ist rund 10% kleiner als die Kokillenhöhe, da Kokillen meist nur zu 90% ihrer Höhe mit Stahl gefüllt werden. Es werden daher bei normal konischen Kokillen die Flächen $a \cdot b$ bzw. a_m^2 bzw. d_m^2 als mittlere Querschnittsflächen der Blöcke etwas zu klein. Bei Berechnung vom Blockgewicht B und gegebener Blockhöhe h für den flüssigen Block wird dann das Blockgewicht zu klein, bei gegebenem Blockgewicht B die

[1]) Für das spezifische Gewicht von Gußeisen sind folgende Werte zu finden:

Rechenschieber	7,25
Stahl-Eisen-Kalender 1954:	7,15/7,25
Gießerei-Kalender: 1954	7,30

Osann, Lehrbuch der Eisen- und Stahlgießerei, Engelmann, Leipzig 1920: „Man rechnet meist für Gießereien mit der Zahl 7,25; vielfach, um eine Reserve zu haben, mit 7,30."

zu errechnende Blockhöhe h zu groß. Im ungünstigsten Falle, der oben bereits näher gekennzeichnet wurde, kann der Fehler in beiden Fällen höchstens 3 % betragen. Außerdem konnte die Abrundung der Blockecken (Kantenradius) und die konvexe Wölbung der Blockflächen (Bombierung) bei der folgenden Berechnung der Querschnitte unter bestimmten Voraussetzungen vernachlässigt werden.

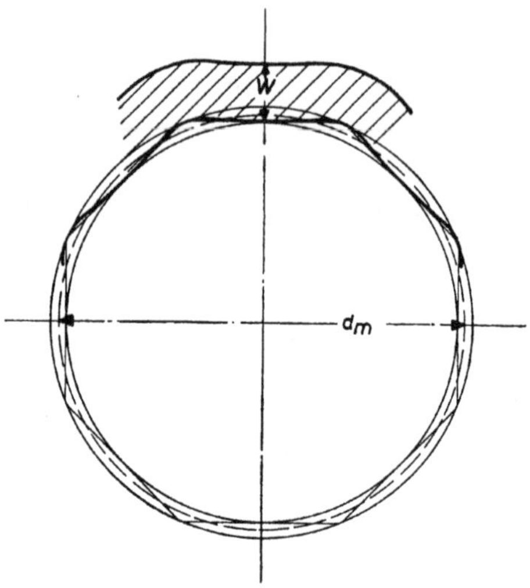

d_m = Mittlerer Durchmesser

w = Mittlere Wanddicke

Abb. 9. Konstruktion von polygonalen Kokillen.

Es muß nur bei quadratischen und rechteckigen Blöcken bis zu einem Seitenverhältnis von 1,5 mit dem umschriebenen Quadrat bzw. Rechteck, bei Brammen mit einem mittleren Rechteck (vgl. Werte a und b für Brammen), bei polygonalen Blöcken mit dem mittleren Kreisquerschnitt und bei Rundblöcken mit dem Kreisquerschnitt gerechnet werden, alle in halber Kokillenhöhe gemessen (Abb. 7, 8 und 9). Das Blockgewicht B wird demnach bei gleichbleibender Höhe zu groß, oder die Höhe h bei gleichbleibendem Blockgewicht zu klein gefunden. Dieser Fehler ist dem vorher beschriebenen entgegengesetzt gerichtet und liegt bei normal konischen Quadrat-, Rechteck- und Brammenkokillen mit den üblichen Abmessungen in der Größenordnung von 1 %. Bei polygonalen und bei Rundkokillen fällt dieser Fehler fort.

Der *größte* Gesamtfehler, der unter Zugrundelegung aller üblichen Abmessungen möglich ist, beträgt somit bei normal konischen Kokillen außer Rundkokillen $1 + 3 - 1 = 3\,\%$, bei polygonalen und bei Rundkokillen aber $1 + 3 = 4\,\%$ bei der Berechnung des Blockgewichtes B, das um diesen Betrag zu klein bzw. bei der Berechnung der Blockhöhe h, die entsprechend zu groß ausfällt. Auch Fehler dieser Größenordnung sind für den praktischen Betrieb ohne Bedeutung, doch geben sie einen Hinweis, in welcher Richtung die üblichen Abrundungen von Berechnungsergebnissen vorzunehmen sind. Unter diesen Voraussetzungen lassen sich folgende Formeln aufstellen:

Blockform	(1) Blockgewicht B	(2) Blockhöhe h
Rechteckig	$a \cdot b \cdot h \cdot \gamma_2$	$\frac{B}{a \cdot b \cdot \gamma_2}$
Quadratisch	$a_m^2 \cdot h \cdot \gamma_2$	$\frac{B}{a_m^2 \cdot \gamma_2}$
Rund	$d_m^2 \cdot h \cdot \gamma_2$	$\frac{B}{d_m^2 \pi/4 \cdot \gamma_2}$

(1) (2)

Kokillengewicht $K = (a + 2w) \cdot (b + 2w) \cdot H \cdot \gamma_1 - a \cdot b \cdot H \cdot \gamma_1$

bzw. $K = (a_m + 2w)^2 \cdot H \cdot \gamma_1 - a_m^2 \cdot H \cdot \gamma_1$

$$\text{bzw. } K = \frac{\pi}{4}(d_m + 2w)^2 \cdot H \cdot \gamma_1 - \frac{\pi}{4} d_m^2 \cdot H \cdot \gamma_1 \quad (3)$$

Kokillenhöhe $H = h + 10\,\% \cdot h$ [1]) (4)

[1]) Hierbei wird in Übereinstimmung mit dem praktischen Betrieb angenommen, daß eine Kokille meist nur bis zu rund 90% ihrer Höhe mit flüssigem Stahl gefüllt wird.

Werden die Formeln (3) und (1) durcheinander dividiert, so ergibt sich:

$$\frac{K}{B} = \frac{[(a + 2w)(b + 2w) - ab] \cdot H \cdot \gamma_1}{a \cdot b \cdot h \cdot \gamma_2}$$

Zur Vereinfachung dieser Formel wird anstelle von h im Nenner $0{,}909 \cdot H$ eingeführt. Wenn der Block bei einer Höhe von H sein Gewicht behalten soll, muß nach Formel (4) der mittlere Querschnitt um 9,09% vermindert werden. Die Formel lautet dann, da sich H heraushebt:

$$\frac{K}{B} = \frac{[(a + 2w)(b + 2w) - ab] \cdot \gamma_1}{a \cdot b \cdot 0{,}909 \cdot \gamma_2}$$

$$w^2 + w \cdot \frac{a + b}{2} = \frac{K}{B} \cdot \frac{a \cdot b \cdot 0{,}909 \cdot \gamma_2}{4 \cdot \gamma_1}$$

$$w = -\frac{a + b}{4} \pm \sqrt{\left(\frac{a + b}{4}\right)^2 + \frac{K}{B} \cdot a \cdot b \cdot 0{,}031 \cdot \gamma_2} \qquad (5)$$

Für *quadratischen* Querschnitt gilt:

$$\frac{K}{B} = \frac{4\gamma_1 (w^2 + a_m \cdot w)}{a_m^2 \cdot 0{,}909 \cdot \gamma_2}$$

$$w^2 + a_m \cdot w = \frac{K}{B} \cdot \frac{a_m^2}{4} \cdot \frac{0{,}909}{\gamma_1} \cdot \gamma_2$$

$$w = -\frac{a_m}{2} \pm \frac{a_m}{2} \sqrt{1 + \frac{K}{B} \cdot 0{,}125 \cdot \gamma_2}$$

$$w = \frac{a_m}{2} \left(\sqrt{1 + \frac{K}{B} \cdot 0{,}125 \cdot \gamma_2} - 1 \right) \qquad (6)$$

Für *runden* Querschnitt gilt:

$$\frac{K}{B} = \frac{\pi/4\,(4w^2 + 4d_m w) \cdot H \cdot \gamma_1}{\pi/4 \cdot d_m^2 \cdot 0{,}909 \cdot H \cdot \gamma_2}$$

$$w = \frac{d_m}{2} \left(\sqrt{1 + \frac{K}{B} \cdot 0{,}125 \cdot \gamma_2} - 1 \right) \qquad (7)$$

4. *Nomogramm zum Ablesen der Wanddicke*

Die beiden für die mittlere Wanddicke von Kokillen für quadratische und für runde Blöcke entwickelten Formeln (6) und (7) sind miteinander identisch und so einfach, daß sich durch Annahme von entsprechenden Zahlenwerten, unter Benutzung der Bandkurven in den Abb. 5 und 6, ein Schaubild nach Abb. 10 zeichnen ließ. Hieraus kann für Blockgewichte bis 11 t, nach Festlegung der Kokillenhöhe H, die mittlere Wanddicke für die Kokille abgelesen werden, wobei das richtige Verhältnis vom Kokillengewicht zum Blockgewicht K/B gewährleistet ist.

Die oben genannten Fehler, wonach K um höchstens 1% und B um höchstens 4% zu niedrig gerechnet werden, wirken sich in bezug auf die Wanddicke w so aus, daß diese in ungünstigsten Fällen um 1 bis 2 mm *zu groß* gefunden wird. Dieser Fehler ist zu vernachlässigen, da die Ungenauigkeiten in der Formerei größer und daher Abrundungen auf 5 mm üblich sind.

Für rechteckige und für Brammenkokillen ließ sich ein solches Schaubild nicht zeichnen, da das Verhältnis der beiden Seitenkanten bzw. der beiden Durchmesser zueinander veränderlich ist. Es hat sich aber für den praktischen Gebrauch gezeigt, daß in allen Fällen, bei denen das Verhältnis der längeren zur kürzeren Strecke den Wert von 2,6 nicht übersteigt — bei den meisten deutschen und ausländischen Kokillen für rechteckige Blöcke bzw. für Brammen liegt dieser Wert zwischen 1,9 und 2,6 —, auch für rechteckige und für

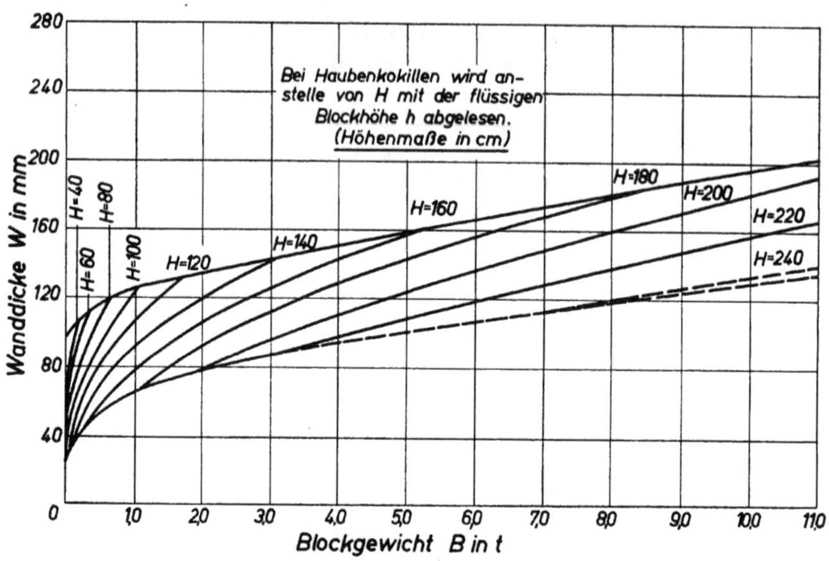

Abb. 10. Nomogramm für die Bestimmung der Wanddicke bei gegebenem Blockgewicht und bekannter Blockhöhe.

Brammenkokillen die Wanddicke nach Abb. 10 abgelesen werden konnte, wobei diese dann im Höchstfalle um 11,5% zu groß gegenüber der Berechnung nach Formel (5) ausfiel.

Dieser Fehler läßt sich wie folgt berechnen: Die beiden zu vergleichenden Formeln lauten:

$$w = -\frac{a+b}{4} \pm \sqrt{\left(\frac{a+b}{4}\right)^2 + \frac{K}{B} \cdot a \cdot b \cdot 0{,}031 \cdot \gamma_2} \tag{5}$$

$$w = \frac{a_m}{2}\left(\sqrt{1 + \frac{K}{B} \cdot 0{,}125 \cdot \gamma_2} - 1\right) \tag{6}$$

Angenommen wird: $\frac{b}{a} = 2{,}6; \quad b = 2{,}6\,a$

$$a_m = \sqrt{a \cdot b} = \sqrt{a \cdot 2{,}6a} = a\sqrt{2{,}6}$$

Werden diese Werte in die Formel (5) eingesetzt, so ergibt sich:

$$w = -\frac{3{,}6a}{4} \pm \sqrt{\left(\frac{3{,}6a}{4}\right)^2 + \frac{K}{B} \cdot 2{,}6a^2 \cdot 0{,}031 \cdot \gamma_2}$$

$2{,}6a^2 \cdot 0{,}031$ ergibt $0{,}0806a^2$ oder angenähert $0{,}81\,a^2 \cdot \frac{1}{10}$

Dadurch läßt sich die Formel vereinfachen auf:

$$w = -0{,}9\,a \pm 0{,}9\,a\left(\sqrt{1 + \frac{K}{B} \cdot \frac{1}{10} \cdot \gamma_2}\right)$$

$$w = 0{,}9a\left(\sqrt{1 + \frac{K}{B} \cdot \frac{1}{10} \cdot \gamma_2} - 1\right) \tag{8}$$

Die zweite Formel lautet:

$$w = 0{,}5\,\sqrt{2{,}6} \cdot a \left(\sqrt{1 + \frac{K}{B} \cdot \frac{1}{8} \cdot \gamma_2} - 1\right)$$

$$w = 0{,}807\,a \left(\sqrt{1 + \frac{K}{B} \cdot \frac{1}{8} \cdot \gamma_2} - 1\right) \quad (9)$$

Die Klammerwerte der beiden Formeln (8) und (9) unterscheiden sich lediglich durch die unter der Wurzel auftretenden Koeffizienten $\frac{1}{10}$ bzw. $\frac{1}{8}$ und können daher praktisch gleichgesetzt werden. Bei Anwendung der Formel (6) anstelle von (5) oder, was das gleiche ist, bei der Ablesung der mittleren Wanddicke für rechteckige oder für Brammenkokillen aus Abb. 10 wird diese *im Höchstfalle* $\left(\text{bei } \frac{b}{a} = 2{,}6\right)$ um

$$\frac{0{,}9 - 0{,}807}{0{,}807} \cdot 100 = 11{,}5\,\%$$

zu groß gefunden. Mit abnehmendem Wert des Verhältnisses $b:a$ wird der Fehler kleiner, da bei einem Verhältnis $b:a = 1$ die Formel (6) richtig ist.

5. *Verjüngung der Wanddicke mit der Kokillenhöhe*

Ganz allgemein ist es üblich, die Wanddicke einer Stahlwerkskokille von unten nach oben zu verjüngen. Als Grund hierfür wird in der Literatur [11, 13] angegeben, daß damit die Erstarrung des Stahlblocks möglichst von unten nach oben verläuft und Längsrisse vermieden werden. In Abb. 11 wurden aus der Literatur [8, 10, 14] entnommene Werte für die Verjüngung der Wanddicke in bezug zur Kokillenhöhe H eingetragen und daraus eine Mittelkurve gezeichnet, welche die *größte* zu wählende Verjüngung angeben soll. In den meisten Fällen genügt die sich dann oben an der Kokille ergebende Wanddicke, um ohne Anbringung einer Verstärkung die Aufhängebügel (Ohren) eingießen zu können.

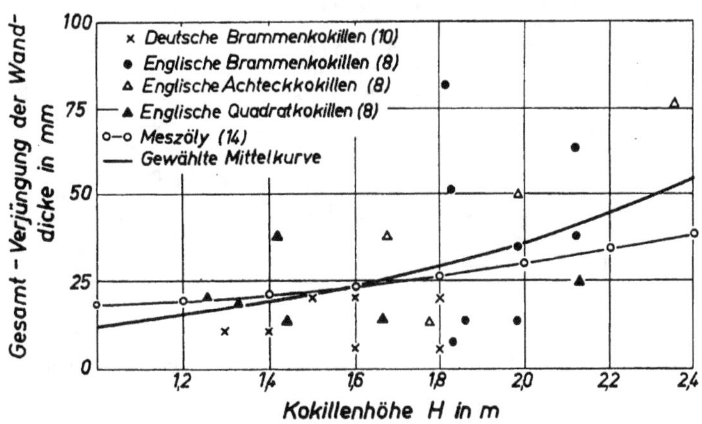

Abb. 11. Verjüngung der Wanddicke mit zunehmender Kokillenhöhe.

6. *Innere Gesamtverjüngung (Blockkonizität) der Kokillen*

Alle Stahlblöcke weisen eine mehr oder weniger große Verjüngung (Konizität) auf, die das Ergebnis eines Vergleichs zwischen den Wünschen der Walzwerker und der Forderung der Stahlwerker nach einem leichten Strippen der Blöcke aus den Kokillen darstellt.

Für die Kokillen ergibt sich daher eine innere Gesamtverjüngung, die wieder an Hand von Literaturangaben [8, 9, 10] in Abb. 12 für normal konische und in Abb. 13 für umgekehrt konische Kokillen festgelegt wurde. In beiden Fällen konnte eine obere und eine untere Grenzkurve gefunden werden.

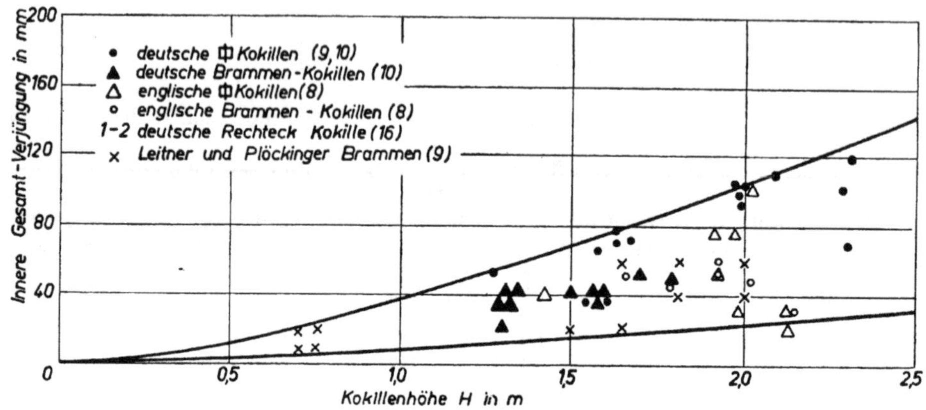

Abb. 12. Innere Gesamtverjüngung (Blockkonizität) für normalkonische Kokillen.

Als Richtlinie für den praktischen Gebrauch beider Schaubilder kann die Angabe dienen, daß in der Literatur [3, 4, 5, 8, 9, 10] das Verhältnis der unteren zur oberen Seiten-

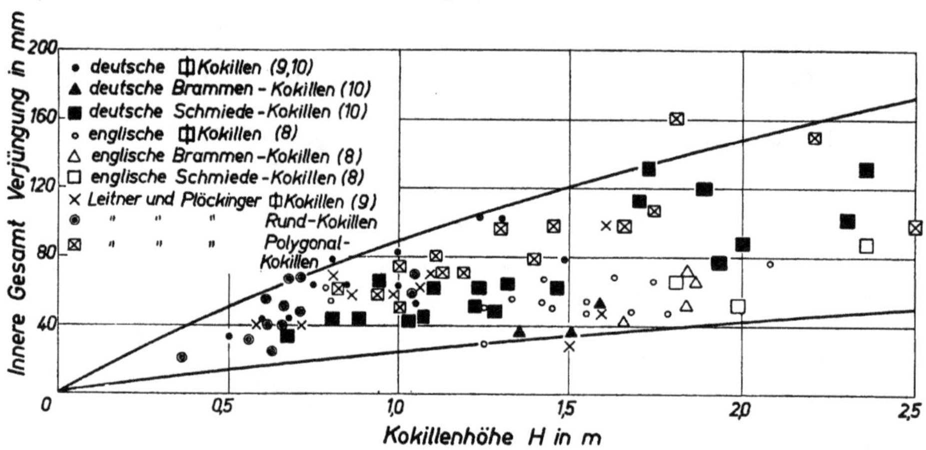

Abb. 13. Innere Gesamtverjüngung (Blockkonizität) für umgekehrt konische Kokillen.

kante — bei umgekehrt konischen Kokillen entgegengesetzt — für alle aufgefundenen Kokillen zwischen 1,05 und 1,4 gefunden wurde.

7. *Größe des Kantenradius im Verhältnis zum mittleren Blockdurchmesser*

Die Größe des Kantenradius schwankt in Abhängigkeit vom mittleren Blockdurchmesser nach den Angaben der Literatur [6, 8, 10, 15, 16, 17, 18] recht erheblich, wie die Eintragungen in Abb. 14 zeigen. Während der Gießer einen möglichst großen Kantenradius anstrebt, um die Gußspannungen in den Kokillen klein zu halten, wünscht der Walzwerker einen kleinen Radius, da andernfalls beim Walzen Kantenrisse auftreten. Auffallend ist, daß die englischen Kokillen z. T. recht kleine Kantenradien aufweisen. Unter diesen Umständen ließ sich eine Mittelkurve nicht zeichnen, so daß nur eine Bandkurve als Richtwert in Vorschlag gebracht werden konnte. Der mittlere Blockdurchmesser entspricht bei quadratischen Kokillen a_m, bei Rund- und polygonalen Kokillen d_m und bei Brammenkokillen $\sqrt{a \cdot b}$.

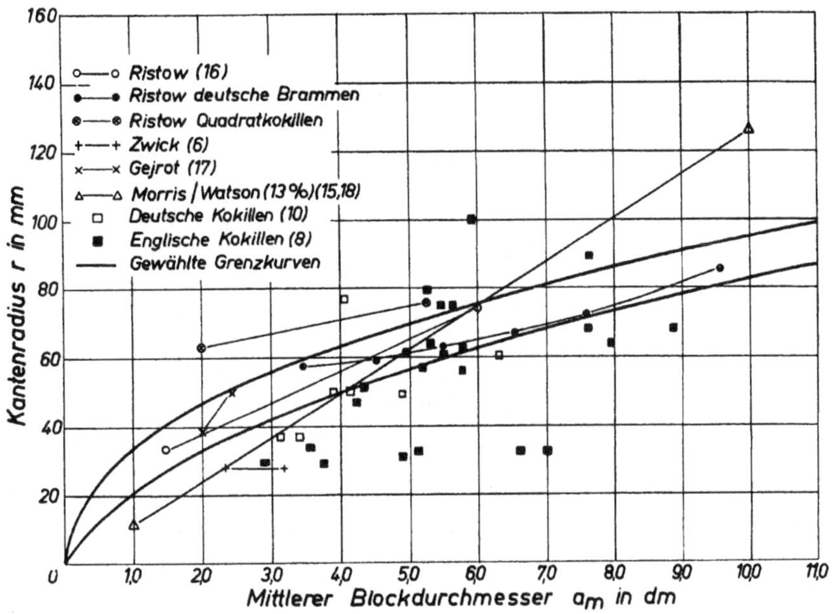

Abb. 14. Bandkurve zur Bestimmung des Kantenradius in Abhängigkeit vom mittleren Blockdurchmesser.

8. *Innere Bombierung (Blockbombierung) der Kokillen*

Eine weitere Möglichkeit, die unvermeidbaren Gußspannungen bei Stahlwerkskokillen zu vermindern, besteht in einer Bombierung der Innen- und der Außenflächen. Auch hierfür konnten in der Literatur [8, 10] Anhaltspunkte gefunden werden.

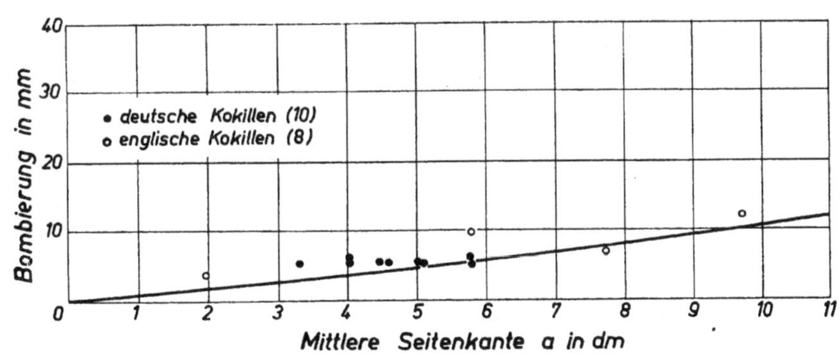

Abb. 15. Innere Bombierung (Blockbombierung) bei Quadratkokillen.

Die bei Kokillen für *quadratische* Blöcke übliche innere Bombierung wurde in Abb. 15 in Abhängigkeit von der Länge der mittleren Seitenkante (Länge in halber Kokillenhöhe) aufgetragen. Dabei ergab sich eine nahezu lineare Zunahme des Stichmaßes der Bombierung mit wachsender Länge der Seitenkante.

In Abb. 8 wurde der übliche Übergang des Kantenradius in den Bogen der Bombierung zeichnerisch dargestellt, wobei der Deutlichkeit halber das Maß *Bi* für die Bombierung um 100% übertrieben wurde.

Die innere Bombierung der Kokille, die sich beim gegossenen Stahlblock als nach außen gerichtete (konvexe) Wölbung der Seitenflächen auswirkt, darf nicht so groß sein, daß der Block auf dem Rollgang ins Schaukeln kommt, wodurch ein sicherer Transport namentlich in Kurven in Frage gestellt wird. Es muß also auch hier ein Mittelweg zwischen den Belangen der Gießer und der Walzwerker gefunden werden.

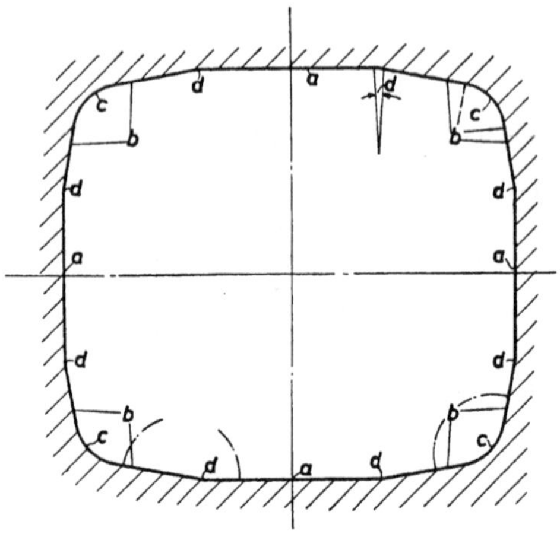

Abb. 16. Innere Bombierung (Blockbombierung) bei großen Kokillen nach GATHMANN [19].

In besonders kritischen Fällen, namentlich bei schweren Stahlblöcken empfiehlt GATHMANN [19] den mittleren Teil der Seitenfläche einer Kokille als ebene Fläche auszubilden, wie es die mit *a* bezeichneten Strecken in Abb. 16 angeben. Der Anschluß zum Kantenradius *c* wird dabei durch gerade Strecken *b* gebildet, wobei der Winkel bei *d* 5 bis 15° betragen soll.

Der Verfasser schlägt dagegen nach Abb. 17 vor, die geraden Teile *b* durch Bogenstücke zu ersetzen, deren Radien sich nach dem aus Abb. 14 gewählten Kantenradius und nach dem aus Abb. 15 entnommenen Maß für die innere Bombierung ergeben.

Die in der Literatur [8, 10, 20] gefundenen Werte für die innere Bombierung von

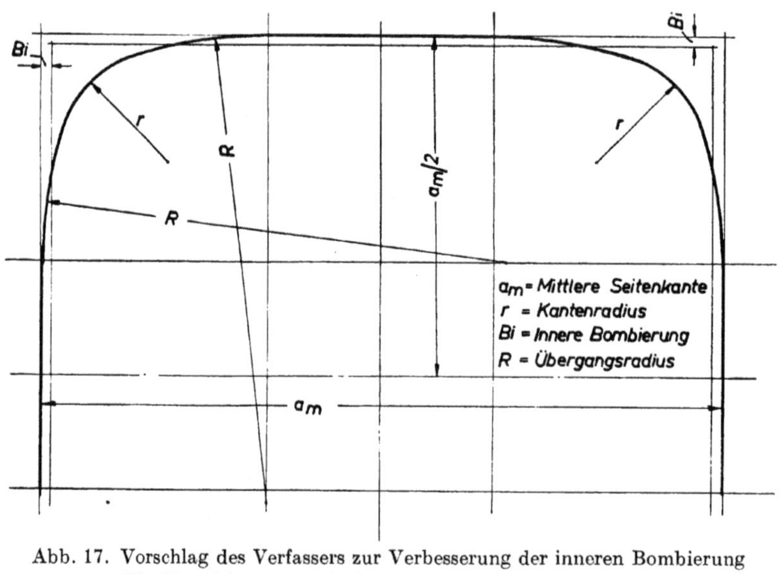

Abb. 17. Vorschlag des Verfassers zur Verbesserung der inneren Bombierung (Blockbombierung) nach GATHMANN bei großen Kokillen.

Brammenkokillen, die in Abb. 18 eingetragen wurden, ähneln nur bei englischen Brammenkokillen denen für Quadratkokillen, während bei den deutschen Kokillen eine wesentlich größere Bombierung vorgezogen wird. Je größer die Bombierung gewählt wird, um so sicherer lassen sich bei der hinsichtlich von Gußspannungen ungünstigen Form der Brammenkokillen gefährlich hohe Spannungen in der Kokille vermeiden, was mit einer längeren Lebensdauer gleichbedeutend ist. Bei dieser Gelegenheit soll nochmals auf das Verhältnis vom großen zum kleinen Durchmesser des ellipsenähnlich gedachten mittleren Quer-

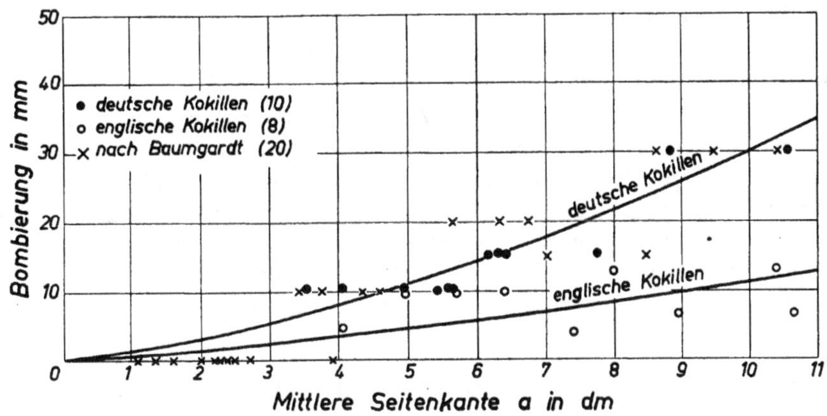

Abb. 18. Innere Bombierung (Blockbombierung) bei Brammenkokillen.

schnittes bei Brammenkokillen hingewiesen werden. Es wurde oben schon gesagt, daß dieses Verhältnis bei der weitaus überwiegenden Zahl der in der Literatur genannten Kokillen zwischen den Werten 1,9 und 2,6 liegt. Ergänzend ist noch zu bemerken, daß die englischen Brammenkokillen in Richtung auf den Wert 1,9, die deutschen oberhalb 2,3

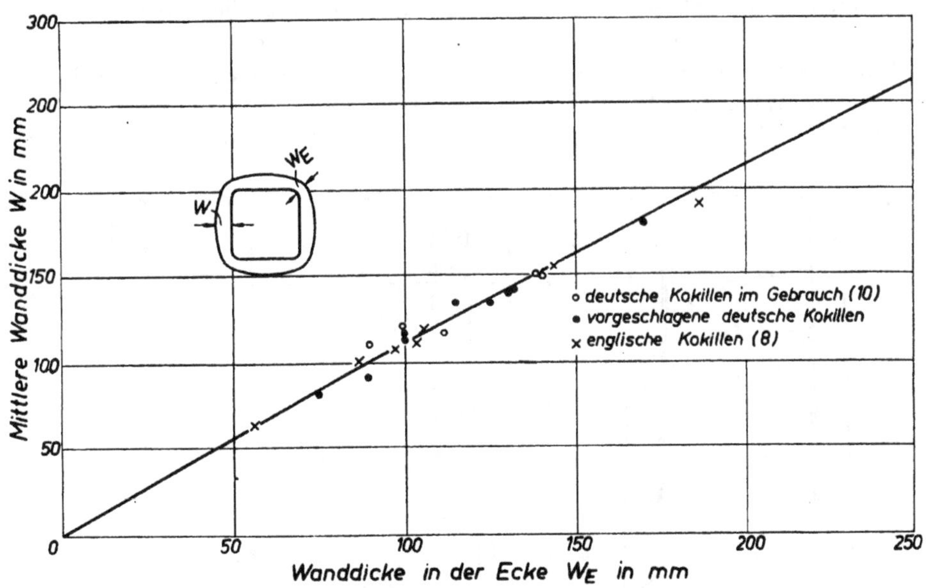

Abb. 19. Äußere Bombierung von Kokillen.

liegen, woraus sich auch der erwähnte Unterschied hinsichtlich der Größe der inneren Bombierung erklären läßt. Bei der praktischen Berechnung neuer Kokillen wird demnach die untere Grenzlinie in Abb. 18 für Kokillen mit geringem Längenunterschied (1,9) der beiden Durchmesser, die obere bei großem Unterschied (2,6) zu wählen sein. Das Feld zwischen den beiden Kurven gilt dann sinngemäß für Werte zwischen 1,9 und 2,6.

9. *Äußere Bombierung der Kokillen*

Auch eine Abrundung der äußeren Formen einer Kokille (äußere Bombierung) hilft Gußspannungen zu vermeiden. Sie ist ganz allgemein üblich, doch werden in der Literatur [8, 10] nur selten Maßzahlen angegeben. Die Wanddicke nimmt von der Mitte der Seitenkante nach den Ecken zu ab, um in deren Mitte den niedrigsten Wert zu erreichen. In Abb. 19 konnte die nahezu geradlinige Abhängigkeit der Wanddicke in der Ecke von der größten mittleren Wanddicke festgelegt werden.

Es soll hierzu auch noch kurz darauf hingewiesen werden, daß mehrfach in der Literatur [14, 21, 22] auf die Bedeutung einer richtigen Verteilung der Metallmassen bei Stahlwerkskokillen aufmerksam gemacht wird. Es soll die größte Menge Kokillenwerkstoff an der Stelle vorhanden sein, wo die größte Wärmemenge aus dem Stahlblock abgegeben wird. Dies ist erfahrungsgemäß am unteren Ende etwas unter dem Schwerpunkt des Blockes der Fall, und zwar in der Mitte der Seitenwände. Die Zunahme der Wanddicke von oben nach unten und die äußere Bombierung der Kokille trägt dem Rechnung.

II. Praktische Anwendung, erläutert an Hand von Rechenbeispielen

Die hier im einzelnen besprochenen Bilder gestatten es nun, die Abmessungen von normal und umgekehrt konischen Kokillen bei Neukonstruktionen festzulegen, wobei nur die Einschränkung zu machen ist, daß bei Kokillen mit Kopf oder solchen mit Haube besondere Gesichtspunkte zu berücksichtigen sind. Auf diese soll weiter unten noch eingegangen werden.

Um den praktischen Gebrauch der Schaubilder deutlich zu machen, sollen hier zunächst einige Rechenbeispiele folgen.

Als Unterlage für die Neukonstruktion einer Kokille liegt meist eine Zeichnung des Blocks nach den Wünschen des Walzwerks vor. In ihr sind enthalten: Querschnitte oben und unten, Höhe, Konizität in %, Bombierung, Kantenradius und das Blockgewicht.

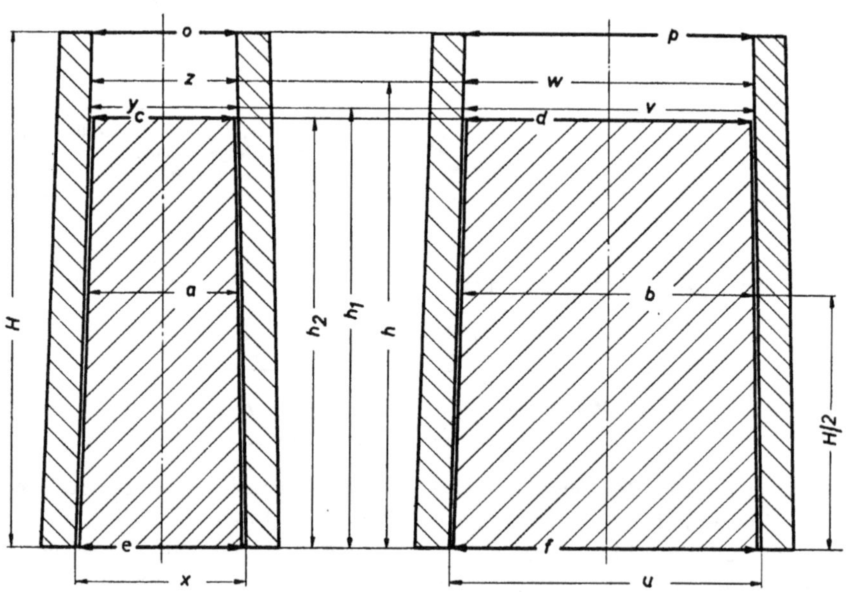

Abb. 20. Idealisierte Schnittdarstellung einer Brammenkokille mit erkaltetem Block.

In erster Linie ist die Kokillenhöhe zu berechnen. Nach Formel (4) wird

$$\text{Kokillenhöhe } H = h + 10\% \cdot h,$$

wobei h die Höhe des *flüssigen* Blocks bedeutet. Die letztere muß also zunächst berechnet werden. Hierzu ist eine kurze Überlegung erforderlich.

In Abb. 20 ist als Beispiel eine Brammenkokille im Schnitt gezeichnet, wobei eine Konizität von 5% (obere übliche Grenze) gewählt wurde.

Im *Idealfalle* (Lunkerung bleibt unberücksichtigt) wird der Spiegel des flüssigen Blocks bei einer Höhe h die Abmessungen z und w, der Fuß x und u aufweisen. Bei der nun folgenden Abkühlung sinkt der Flüssigkeitsspiegel ab und erreicht im Augenblick der Erstarrung (angenommen wird eine unendlich kleine Abkühlungsgeschwindigkeit und somit eine gleichzeitige Erstarrung des gesamten Blockes) y und v, wobei die Blockhöhe auf h_1 zurückgeht und das spezifische Gewicht von γ_2 auf γ_4 ansteigt. Diese Volumenabnahme wird mit Schrumpfung bezeichnet. Bei weiterer Abkühlung folgt eine nochmalige Volumenabnahme durch die thermische Schwindung. Für Stahl kann näherungsweise mit einer linearen Schwindung von $\alpha = 2\%$ und einer kubischen von $\beta \approx 3\alpha$ gerechnet werden. Hierdurch ändert der Block bei einer Abkühlung bis auf Raumtemperatur seine Abmessungen auf c, d, e, f und h_2, wobei das spezifische Gewicht von γ_4 auf γ_3 anwächst.

Es gelten nun folgende Formeln:

Nach (4) $$H = h + 10\% \cdot h$$

$$h_1 = \frac{h_2}{1 - \alpha\,\%} = \frac{h_2}{0{,}98}$$

$$h_2 = h_1 - \alpha\,\% \cdot h_1 = 0{,}98\,h_1$$

Weiter: $$e = x - \alpha\,\% \cdot x = 0{,}98\,x$$

$$x = \frac{e}{0{,}98}; \quad y = \frac{c}{0{,}98}; \quad u = \frac{f}{0{,}98}; \quad v = \frac{d}{0{,}98} \tag{10}$$

Volumen des flüssigen Blocks:

$$V = \left(\frac{x + z}{2}\right) \cdot \left(\frac{u + w}{2}\right) \cdot h$$

Volumen des eben erstarrten Blocks:

$$V_1 = \left(\frac{x + y}{2}\right) \cdot \left(\frac{u + v}{2}\right) \cdot h_1$$

Volumen des kalten Blocks:

$$V_2 = \left(\frac{e + c}{2}\right) \cdot \left(\frac{f + d}{2}\right) \cdot h_2$$

Außerdem gilt:

$$V : V_1 = \gamma_4 : \gamma_2$$

$$V_1 : V_2 = \gamma_3 : \gamma_4$$

$$V : V_2 = \gamma_3 : \gamma_2; \quad V = V_2 \cdot \frac{\gamma_3}{\gamma_2}$$

Bei Einsetzung der Werte für x und für u ergibt sich:

$$V = \left(\frac{e}{2 \cdot 0{,}98} + \frac{z}{2}\right) \cdot \left(\frac{f}{2 \cdot 0{,}98} + \frac{w}{2}\right) \cdot h$$

Die Unbekannten z und w können den Größen y und v gleichgesetzt werden, wobei im ungünstigsten Falle ein Fehler von 2% auftreten kann.

$$V = \left(\frac{e}{2 \cdot 0{,}98} + \frac{c}{2 \cdot 0{,}98}\right) \cdot \left(\frac{f}{2 \cdot 0{,}98} + \frac{d}{2 \cdot 0{,}98}\right) \cdot h$$

$$h = \frac{V}{\left(\frac{e+c}{2 \cdot 0{,}98}\right) \cdot \left(\frac{f+d}{2 \cdot 0{,}98}\right)}$$

$$h = \frac{V_2 \cdot \frac{\gamma_3}{\gamma_2}}{\left(\frac{e+c}{2 \cdot 0{,}98}\right) \cdot \left(\frac{f+d}{2 \cdot 0{,}98}\right)}$$

$$h = \frac{\left(\frac{e+c}{2}\right) \cdot \left(\frac{f+d}{2}\right) \cdot h_2 \cdot \frac{\gamma_3}{\gamma_2}}{\frac{\left(\frac{e+c}{2}\right) \cdot \left(\frac{f+d}{2}\right)}{0{,}98 \cdot 0{,}98}}$$

$$h = 0{,}98 \cdot 0{,}98 \cdot h_2 \cdot \frac{\gamma_3}{\gamma_2}$$

$$h = 0{,}96 \cdot h_2 \cdot \frac{\gamma_3}{\gamma_2} \qquad (11)$$

Nach dieser Formel wird infolge der Gleichsetzung der Werte $z = y$ und $w = v$ und zusätzlich durch Anwendung der Näherungsformel für das Blockvolumen die Höhe h um höchstens 3% zu klein gefunden. Dieser Fehler ist im Hinblick auf die üblichen betriebsbedingten Abweichungen so klein, daß er vernachlässigt werden kann.

1. Berechnung einer Kokille für eine Bramme von 2 t Gewicht

Als praktisches Beispiel sollen die Unterlagen für die Neukonstruktion einer Kokille für eine Bramme von 2 t Gewicht berechnet werden.

Aus der Zeichnung können folgende Maße als Richtmaße entnommen werden (Buchstaben nach Abb. 20):

Blockhöhe	$h_2 = 1360$ mm	
Seitenkanten	$e = 295$ mm	$f = 705$ mm
	$c = 261$ mm	$d = 671$ mm

Verhältnis der Seitenkanten 1:2,4 bzw. 1:2,6

Konizität 2,5% Bombierung und Kantenradius nicht angegeben.

Annahme: $\gamma_2 = 6{,}9$; $\gamma_3 = 7{,}8$; $\alpha = 2\%$; $\beta = 3\alpha = 6\%$

Höhe des flüssigen Blocks:

Nach Formel (11) $h = 0{,}96 \cdot h_2 \cdot \frac{\gamma_3}{\gamma_2}$

$$h = 0{,}96 \cdot 1360 \cdot \frac{7{,}8}{6{,}9}$$

$$h = 1476 \text{ mm}$$

Nach Formel (4) $H = h + 10\% \cdot h$

$H = 1476 + 147{,}6 = 1623{,}6$ mm

Gewählt wird $\underline{H = 1{,}60 \text{ m}}$

Nach Zeichnung soll die Bramme eine Konizität von 2,5% haben, woraus sich die gesamte innere Kokillenverjüngung zu

$$1600 \cdot \frac{2{,}5}{100} = 40 \text{ mm}$$

ergibt. Nach Abb. 12 liegt diese Verjüngung innerhalb der üblichen Grenzen.

Die inneren Kokillenmaße ergeben sich zunächst ohne Berücksichtigung der Bombierung nach Formel (10):

$$x = \frac{e}{0{,}98} = \frac{295}{0{,}98} = 300 \text{ mm}$$

$$u = \frac{f}{0{,}98} = \frac{705}{0{,}98} = 720 \text{ mm}$$

$$o = x - 2{,}5\% \cdot H = 300 - 40 = 260 \text{ mm}$$

$$p = u - 2{,}5\% \cdot H = 720 - 40 = 680 \text{ mm}$$

Die Maße für die mittleren Seitenkanten sind dann:

$a = 280$ mm; $b = 700$ mm Verhältnis 1:2,5

Aus Abb. 10 ist bei einem Blockgewicht von 2,0 t und einer Kokillenhöhe $H = 1{,}60$ m die mittlere Wanddicke

$$\underline{w = 105 \text{ mm}}$$

zu entnehmen.

Zur *Kontrolle* dieser Ablesung aus Abb. 10 soll der rechnerische Weg an Hand der entwickelten Formen dienen.

In Abb. 6 wird bei einem Blockgewicht $B = 2{,}0$ t der Abstand der Grenzkurven voneinander durch den Punkt für die Höhe $H = 160$ cm im Verhältnis 66:29 geteilt.

Hierbei ist noch darauf hinzuweisen, daß bei einer derartigen Kontrollrechnung für Blöcke über 2,5 t in Abb. 6 der Abstand der oberen gestrichelten Kurve von der unteren Begrenzungskurve gewählt werden muß.

Bei sinngemäßer Übertragung auf Abb. 4 (oder Abb. 5) ergibt sich für das Verhältnis vom Kokillengewicht zum Blockgewicht K/B bei $B = 2{,}0$ t der Wert von 1,34.

Unter Benutzung dieses Wertes läßt sich nach Formel (6) die Ablesung aus Abb. 10 nachprüfen:

$$w = \frac{\sqrt{7{,}0 \cdot 2{,}8}}{2}\left(\sqrt{1 + (1{,}34 \cdot 0{,}125 \cdot 6{,}9)} - 1\right) = 1{,}04 \text{ dm} = 104 \text{ mm}$$

Die Differenz zwischen Ablesung und Rechnung in der Größe von 1 mm ist auf die Abrundung der mit 1623,6 mm errechneten Kokillenhöhe auf 1600 mm zurückzuführen. Hieraus ist auch ersichtlich, daß eine solche Abrundung infolge des geringen Einflusses der inneren Konizität der Kokille auf die Größe des mittleren Querschnittes zulässig ist. (Die Werte 7,0 und 2,8 würden sich geringfügig ändern.)

Oben war schon darauf hingewiesen worden, daß sowohl Abb. 10 wie auch die soeben benutzte Formel (6) für Brammenkokillen streng genommen nicht anwendbar sind. Wird die mittlere Wanddicke nach der für Brammenkokillen gültigen Formel (5) berechnet, so ergibt sich:

$$w = -\frac{7{,}0 + 2{,}8}{4} \pm \sqrt{\left(\frac{7{,}0 + 2{,}8}{4}\right)^2 + 1{,}34 \cdot 7{,}0 \cdot 2{,}8 \cdot 0{,}031 \cdot 6{,}9}$$

$$w = 0{,}965 \text{ dm} = 96{,}5 \text{ mm}$$

Die aus Abb. 10 abgelesene mittlere Wanddicke von 105 mm ist also um 8,8% zu groß. Hierzu muß noch darauf hingewiesen werden, daß sowohl die verwendeten Modelle für die Herstellung der Kokillenform in der Gießerei ihre Abmessungen durch natürlichen Verschleiß und durch Verziehen verändern, wie auch der Formstoff durch die notwendige Trocknung Maßänderungen unterworfen ist, so daß eine auf den Millimeter genaue Berechnung zwecklos erscheint.

Im vorliegenden Fall wird als praktisches Maß für die mittlere Wanddicke

$$w = 100 \text{ mm}$$

angenommen.

Es empfiehlt sich aber, derartige Annahmen noch auf ihre Zulässigkeit zu prüfen. Ausschlaggebend für die Kokillenhaltbarkeit war nach den obigen Ausführungen in erster Linie das Verhältnis vom Kokillengewicht zum Blockgewicht. Nach der Formel (3) kann das Kokillengewicht berechnet werden.

Es wird

$$K = [(2{,}8 + 2{,}0)(7{,}0 + 2{,}0) - 2{,}8 \cdot 7{,}0] \cdot 16{,}0 \cdot 7{,}3$$

$$K = 2756 \text{ kg}$$

$$B = 2000 \text{ kg}$$

$$\frac{K}{B} = 1{,}38$$

Der Unterschied gegenüber dem oben festgestellten Sollwert von 1,34 ist gering. Auch ist der Wert von 1,38 nach Abb. 4 bzw. 5 noch tragbar.

Die Wanddicke einer Kokille verjüngt sich von unten nach oben, und zwar bei einer Kokillenhöhe von $H = 1{,}6$ m nach Abb. 11 insgesamt um 24 mm. Somit wird die Wanddicke

am Fuß $100 + 12 = 112$ mm, gewählt 115 mm

und am oberen Ende $100 - 12 = 88$ mm, gewählt 90 mm.

Das Maß für die innere Bombierung beträgt nach Abb. 18 für die Breitseite mit einem mittleren Durchmesser von $b = 7{,}0$ dm:

17 mm

und für die Schmalseite mit einem mittleren Durchmesser von $a = 2{,}8$ dm:

5 mm

Unter Berücksichtigung der früheren Festlegung, wonach a bzw. b bei Brammenkokillen die Länge der inneren Durchmesser, vermindert um *eine* Bombierung, darstellen, ergeben sich die lichten Kokillendurchmesser bzw. Blockmaße zu: (vgl. Abb. 7)

Unten:	$300 + 17 = 317$ mm	Unten:	$317 \cdot 0{,}98 = 310$ mm
	$720 + 5 = 725$ mm		$725 \cdot 0{,}98 = 710$ mm
Oben:	$260 + 17 = 277$ mm	Oben:	Etwa 275 mm
	$680 + 5 = 685$ mm		Etwa 675 mm

Die *äußeren* Abmessungen werden dann:

	Großer Durchmesser	Kleiner Durchmesser
Unten:	$725 + 2 \cdot 115 = 955$ mm	$317 + 2 \cdot 115 = 547$ mm
Oben:	$685 + 2 \cdot 90 = 865$ mm	$277 + 2 \cdot 90 = 457$ mm

Der Kantenradius wird nach Abb. 14 für den mittleren Durchmesser von

$$\sqrt{a \cdot b} = \sqrt{19,6} = 4,42 \text{ dm} \quad \text{mit}$$

$$r = 60 \text{ mm}$$

gewählt.

Die äußere Bombierung ergibt sich aus der Abnahme der Wanddicke an den Kokillenecken, die aus Abb. 19 entnommen werden kann.

Diese beträgt am Fuß der Kokille, bei der gewählten Wanddicke von $w = 115$ mm in der Ecke 106 mm und am oberen Ende, bei einer Wanddicke $w = 90$ mm, in der Ecke 80 mm.

An Hand der so berechneten Maße kann die Kokillenzeichnung angefertigt werden, wobei nach Abb. 7 zu verfahren ist.

2. *Berechnung einer Kokille für einen Quadratblock von 1,8 t Gewicht*

Als weiteres praktisches Beispiel sollen die Unterlagen für die Neukonstruktion einer Kokille für einen Quadratblock von 1,8 t Gewicht berechnet werden. Aus der Blockzeichnung können folgende Maße entnommen werden (Buchstaben nach Abb. 20):

Blockhöhe	$h_2 = 1460$ mm	
Seitenkanten	$e = 430$ mm	$f = 430$ mm
	$c = 365$ mm	$d = 365$ mm
Konizität	$= 4,45\%$	

Annahme: $\gamma_2 = 6,9$; $\gamma_3 = 7,8$; $\alpha = 2\%$; $\beta = 3\alpha = 6\%$.

Höhe des flüssigen Blockes:

Nach Formel (11)

$$h = 0,96 \cdot h_2 \cdot \frac{\gamma_3}{\gamma_2}$$

$$h = 0,96 \cdot 1460 \cdot \frac{7,8}{6,9}$$

$$\underline{\underline{h = 1584 \sim 1600}}$$

Nach Formel (4)

$$H = h + 10\% \cdot h$$

$$H = 1600 + 160 = 1760 \text{ mm}$$

Gewählt wird:

$$\underline{\underline{H = 1,80 \text{ m}}}$$

Nach Zeichnung soll der Block eine Konizität von 4,45% haben, woraus die gesamte innere Kokillenverjüngung mit

$$1800 \cdot \frac{4,45}{100} = 80 \text{ mm}$$

errechnet wird.

Nach Abb. 12 liegt diese Verjüngung innerhalb der üblichen Grenzen.

Die inneren Kokillenmaße ergeben sich nach Formel (8):

$$x = \frac{e}{0{,}98} = \frac{430}{0{,}98} = 440 \text{ mm}$$

$$u = \frac{f}{0{,}98} = \frac{430}{0{,}98} = 440 \text{ mm}$$

$$o = x - 4{,}45\% \cdot H = 440 - 80 = 360 \text{ mm}$$

$$p = u - 4{,}45\% \cdot H = 440 - 80 = 360 \text{ mm}$$

Die Maße für die mittleren Seitenkanten sind dann:

$$a = 400 \text{ mm}; \qquad b = 400 \text{ mm}.$$

Aus Abb. 10 ist bei einem Blockgwicht von 1,8 t und einer Kokillenhöhe $H = 1{,}80$ m die mittlere Wanddicke

$$w = 88 \text{ mm}$$

zu entnehmen.

Zur Kontrolle dieser Ablesung soll wieder der rechnerische Weg an Hand der entwickelten Formeln dienen.

In Abb. 6 wird bei einem Blockgewicht $B = 1{,}8$ t der Abstand der beiden Grenzkurven voneinander durch den Punkt für die Höhe = 180 cm im Verhältnis 66: 18 geteilt. Bei sinngemäßer Übertragung auf Abb. 4 (oder Abb. 5) ergibt sich für das Verhältnis K/B bei $B = 1{,}8$ t der Wert von 1,23.

Die Ablesung aus Abb. 10 läßt sich nach Formel (6) nachprüfen:

$$w = \frac{4{,}0}{2}\left(\sqrt{1 + 1{,}23 \cdot 0{,}125 \cdot 6{,}9} - 1\right)$$

$$w = 0{,}88 \text{ dm} = \underline{88 \text{ mm}}$$

Nach Formel (3) wird:

$$K = [(a_m + 2\,w)^2 - a_m^2] \cdot H \cdot \gamma_1$$

$$K = [(4{,}0 + 2 \cdot 0{,}88)^2 - 16{,}0] \cdot 18{,}0 \cdot 7{,}3$$

$$K = 2260 \text{ kg}$$

$$B = 1800 \text{ kg} \qquad \frac{K}{B} = 1{,}255$$

Die Differenz gegenüber dem oben aus den Schaubildern entnommenen Wert von K/B = 1,23 beruht auf der Abrundung der Kokillenhöhe H von 1760 mm auf 1800 mm.

Diese Differenz kann aber vernachlässigt werden, da der Wert $K/B = 1{,}255$ nach Abb. 4 bzw. 5 durchaus tragbar ist.

Im übrigen ist aus der Kontrollrechnung zu entnehmen, daß sie bei Quadratkokillen überflüssig ist, da Abb. 10 für diese Kokillen aufgestellt wurde.

Nach Abb. 11 beträgt die Verjüngung der Wanddicke bei einer Kokillenhöhe von 1,80 m = 30 mm. Somit wird die Wanddicke

am Fuß 88 + 15 = 103 mm,

am oberen Ende 88 − 15 = 73 mm

Die äußeren Abmessungen werden dann, unter sinngemäßer Abrundung der Verjüngung der Wanddicke

$$\text{Oben:}\quad 360 + 2 \cdot 75 = 510 \text{ mm}$$

$$\text{Unten:}\quad 440 + 2 \cdot 100 = 540 \text{ mm}$$

Der Kantenradius wird nach Abb. 14 für den mittleren Durchmesser von 4,00 dm mit

$$r = 55 \text{ mm}$$

gewählt.

Die innere Bombierung wird aus Abb. 15 bei einer mittleren Seitenkante von $a = 4{,}00$ dm mit 4 mm entnommen. Diese muß nach der früheren Festlegung beiderseits nach innen aufgetragen werden, wie aus Abb. 8 hervorgeht.

Die äußere Bombierung ergibt sich aus der Abnahme der Wanddicke an den Kokillenecken. Diese beträgt nach Abb. 19 am Fuß der Kokille, bei der gewählten Wanddicke von $w = 100$ mm, in der Ecke $= 90$ mm und am oberen Ende, bei einer Wanddicke $w = 75$ mm, in der Ecke 65 mm.

III. Berechnung der mittleren Wanddicke für umgekehrt konische Haubenkokillen

Für die Berechnung wurden die gleichen Buchstabenbezeichnungen wie bisher verwendet. Es war aber zu beachten, daß die Blockhöhe h_1 (Abb. 20), die für den Augenblick der angenommenen gleichzeitigen Erstarrung des ganzen Blocks maßgebend ist, hier gleich der Kokillenhöhe (ohne Haube) H zu setzen war.

Das Blockgewicht B errechnet sich nach der bisher angewandten Näherungsformel (vgl. Gleichung 1) nach:

$$B = a \cdot b \cdot h_1 \cdot \gamma_4 = a \cdot b \cdot H \cdot \gamma_4$$

Der schon oben genannte Fehler bei Verwendung der Näherungsformel liegt im ungünstigsten Falle auch hier bei 1%. Weiter kommt noch ein Fehler durch die Vernachlässigung des Kantenradius und der Bombierung hinzu. Diese beiden Fehler sind gegenläufig, da im ersteren Falle ein zu kleines, im zweiten Falle ein zu großes Blockgewicht gefunden wird. Der *größte* Gesamtfehler, der unter Zugrundelegung aller üblichen Abmessungen möglich ist, beträgt hier deshalb nur 1%, und zwar bei Rundkokillen.

Wenn mit β% wieder der kubische Wärmeschwindungskoeffizient bezeichnet wird, so gilt:

$$V_2 = V_1 - \frac{\beta}{100} \cdot V_1$$

wobei: V_2 = Volumen des Blocks bei Raumtemperatur

V_1 = Volumen des Blocks bei der angenommenen gleichzeitigen Erstarrung, das im vorliegenden Falle $= V_K =$ dem inneren Kokillenvolumen ist

$$V_2 = V_1 (1 - \beta\%)$$

Außerdem gilt:

$$V_1 \cdot \gamma_4 = V_2 \cdot \gamma_3$$

Demnach:

$$V_1 \cdot \gamma_4 = V_1 (1 - \beta\%) \cdot \gamma_3$$

$$\gamma_4 = \gamma_3 (1 - \beta\%)$$

Bei $\gamma_3 = 7{,}8$ und $\beta = 3\alpha = 6\%$ wird $\gamma_4 = 7{,}332$

Das Kokillengewicht errechnet sich nach der Näherungsformel 3:

$$K = [(a + 2w)(b + 2w) - ab] \cdot H \cdot \gamma_1$$

$$\frac{K}{B} = \frac{[(a + 2w)(b + 2w) - ab] \cdot H \cdot \gamma_1}{a \cdot b \cdot H \cdot \gamma_4}$$

$$w^2 + w \cdot \frac{a + b}{2} = \frac{K}{B} \cdot \frac{a \cdot b \cdot \gamma_4}{4\gamma_1}$$

$$w = -\frac{a + b}{4} \pm \sqrt{\left(\frac{a + b}{4}\right)^2 + \frac{K}{B} \cdot a \cdot b \cdot 0{,}0342 \cdot \gamma_4} \qquad (12)$$

Für *quadratischen* Querschnitt gilt:

$$\frac{K}{B} = \frac{[(a_m + 2w)^2 - a_m^2] \cdot H \cdot \gamma_1}{a_m^2 \cdot H \cdot \gamma_4}$$

$$\frac{K}{B} = \frac{4 \cdot \gamma_1 (w^2 + a_m \cdot w)}{a_m^2 \cdot \gamma_4}$$

$$w^2 + a_m \cdot w = \frac{K}{B} \cdot \frac{a_m^2}{4} \cdot \frac{\gamma_1}{\gamma_4}$$

$$w = -\frac{a_m}{2} \pm \frac{a_m}{2} \sqrt{1 + \frac{K}{B} \cdot 0{,}137 \cdot \gamma_4}$$

$$w = \frac{a_m}{2} \left(\sqrt{1 + \frac{K}{B} \cdot 0{,}137 \cdot \gamma_4} - 1\right) \qquad (13)$$

Für *runden* Querschnitt wird:

$$w = \frac{d_m}{2} \left(\sqrt{1 + \frac{K}{B} \cdot 0{,}137 \cdot \gamma_4} - 1\right) \qquad (14)$$

An Hand der entwickelten Formeln könnte ein der Abb. 10 ähnliches Nomogramm gezeichnet werden, das sich aber nur wenig davon unterscheiden würde. Es wurde deshalb untersucht, ob sich eine Ablesung der Wanddicke für umgekehrt konische Kokillen aus Abb. 10 ohne große Fehler ermöglichen ließ. Wenn wie oben die Kokillenhöhe H für die Ablesung verwendet wurde, ergaben sich zu große Wanddicken und dementsprechend auch ein zu großes Verhältnis vom Kokillengewicht zum Blockgewicht im Vergleich mit derartigen Kokillen mit guter Haltbarkeit aus der Literatur. Für normal konische Kokillen wurde oben die Kokillenhöhe H um 10% größer gewählt als die Höhe des flüssigen Blockes h (Gleichung 4). Bei umgekehrt konischen Kokillen wurde H gleich der Höhe h_1 (Abb. 20) des Blockes im Augenblick der angenommenen gleichzeitigen Erstarrung des gesamten Blockes gesetzt, also kleiner als die Höhe h des flüssigen Blockes.

Es lag nun nahe, zu versuchen, ob sich bei Verwendung der Höhe h des flüssigen Blockes bei der Ablesung der Wanddicke in Abb. 10 brauchbare Zahlen ergeben würden. Insgesamt wurden 40 Kokillen der Literatur mit guten Haltbarkeitszahlen in dieser Hinsicht überprüft. Bei der Ablesung mit der flüssigen Blockhöhe in Abb. 10 kamen die Werte für die Wanddicke denen der Literatur am nächsten, was auch für das Verhältnis $K:B$ der Fall war.

Bei der Berechnung der Wanddicke nach den Formeln (12), (13) und (14) war das Verhältnis $K:B$ in der oben beschriebenen Weise aus den Abb. 4 und 6 zu entnehmen, wobei in Abb. 6 die errechnete flüssige Blockhöhe h zu verwenden war. Nach den Formeln wurden die Wanddicken bei Blockgewichten unter 1 t um höchstens 5% tiefer und über 1 t um höchstens 5% höher gefunden als bei der Ablesung aus Abb. 10.

Damit wurde bewiesen, daß eine Ablesung aus Abb. 10 unter Benutzung der Höhe h des flüssigen Blockes praktisch brauchbar ist, wobei es sich empfiehlt, die Ablesung bei Blockgewichten unter 1 t nach unten und über 1 t nach oben abzurunden.

IV. Berechnung von Hauben für alle Arten von Kokillen

Das Aufsetzen einer Haube auf eine Kokille bezweckt, den Lunker aus dem Block in die Haube zu verlegen, entsprechend der Verwendung eines „Verlorenen Kopfes" oder auch eines Steigers bei Gußstücken. Das Haubenvolumen richtet sich nach der Größe des zu erwartenden Lunkers und der Stahlmenge, die aus der Haube unter den gegebenen jeweiligen Verhältnissen in den Block hinein auslaufen kann.

Für die Berechnung des Lunkervolumens soll zunächst folgendes Zahlenbeispiel dienen:

Das spezifische Gewicht des verwendeten Stahles soll sich von $\gamma_2 = 6{,}9$ (flüssig) auf $\gamma_3 = 7{,}8$ (fest) ändern. Das weiter oben für den Idealfall einer gleichzeitigen Erstarrung des gesamten Blockes angenommene spezifische Gewicht im Augenblick der Erstarrung des Blocks beträgt dann bei Annahme von $\alpha = 2\%$ und somit $\beta = 6\%$:

$$\gamma_4 = \gamma_3 \cdot \left(1 - \frac{\beta}{100}\right) = 7{,}332$$

Wird das Volumen des eben erstarrten Blocks (vgl. Abb. 20) mit $V_1 = 100\ \mathrm{dm}^3$ angenommen, so läßt sich folgende Zahlentafel aufstellen:

Volumen dm³	Spez. Gewicht	Blockgewicht
V (flüssig) 106,26	$\gamma_2 = 6{,}9$	733,2 kg
V_1 (erstarrt) 100,00	$\gamma_4 = 7{,}332$	733,2 kg
V_2 (kalt) 94,00	$\gamma_3 = 7{,}8$	733,2 kg

Das *größte mögliche* Lunkervolumen V_L entsteht dann, wenn die erste erstarrte Stahlkruste in ihren äußeren Abmessungen V (flüssig) entspricht und errechnet sich aus der Differenz von V und V_1

$$V_L = V - V_1$$

Im vorliegenden Falle:

$$V_L = 106{,}26 - 100 = 6{,}26\ \mathrm{dm}^3$$

Diese Volumenabnahme wurde oben bereits mit Schrumpfung bezeichnet. Bei der Abkühlung des eben erstarrten Blockes ändert sich das Volumen um

$$V_1 - V_2 = 100 - 94 = 6\ \mathrm{dm}^3$$

entsprechend der angenommenen kubischen thermischen Schwindung von $\beta = 6\%$.

Werden diese Zahlen in Prozenten ausgedrückt, so ergibt sich:

Bezogen auf V (*flüssig*):

Lunkervolumen:	5,89%
Kubische Schwindung:	5,65%
Gesamtschwindung:	11,54%

Bezogen auf V_2 (*kalt*):

Lunkervolumen:	6,66%
Kubische Schwindung:	6,38%
Gesamtschwindung:	13,04%

Bezogen auf V_1 (*erstarrt*):

Lunkervolumen:	6,26%
Kubische Schwindung:	6,00%
Gesamtschwindung:	12,26%

Beim Guß von Blöcken in Kokillen ohne Haube wird sich das Volumen des ausgebildeten Lunkers (Gesamtvolumen = Oberflächenlunker + Innenlunker + Mikrolunker) dem hier errechneten größten möglichen Lunker weitgehend annähern. Bei Verwendung einer ausgekleideten Haube sinkt mit abnehmender Temperatur zunächst der Flüssigkeitsspiegel entsprechend der Wärmeleitfähigkeit der Auskleidung um einen gewissen Betrag ab, bevor sich festes Metall an den Wandungen ansetzt. Der sich bildende Lunker wird also kleiner, denn das Volumen des größten möglichen Lunkers vermindert sich um das Volumen, das dem absinkenden Flüssigkeitsspiegel ohne Ansatzbildung entspricht. Wenn zum Warmhalten der Oberfläche heißer Stahl von oben nachgegossen wird oder Sand bzw. Asche aufgestreut wird, oder wenn eine zusätzliche Beheizung durch Verwendung von Holzkohlenpulver, Lunkerpulver oder durch einen Gas- oder Ölbrenner und schließlich durch einen elektrischen Lichtbogen oder hochfrequente Ströme erfolgt, kann der Lunker noch weiter verkleinert werden.

Einer Berechnung des erforderlichen Haubenvolumens muß aber zunächst immer das größte mögliche Lunkervolumen zugrunde gelegt werden.

Die Berechnung des Haubenvolumens erfolgt an Hand folgender Formeln:

Verwendete Buchstaben:

V = Volumen des flüssigen Blocks einschl. Haube
V_1 = Volumen des eben erstarrten Blocks (Idealfall)
V_H = Nutzbares Haubenvolumen
V_K = Kokillenvolumen ohne Haube $= \frac{B}{\gamma_4}$; B = Blockgewicht *ohne* Kopf
V_Z = Maximales Lunkervolumen
f_o = Oberer Haubenquerschnitt
f_m = Mittlerer Haubenquerschnitt
h_o = Maximale Lunkertiefe im Augenblick der Erstarrung
B_{Ges} = Blockgewicht mit Kopf

$$V_Z = V - V_1$$

$$V = (V_K + V_H) \quad V_1 = (V_K + V_H - V_Z)$$

$$V \cdot \gamma_2 = V_1 \cdot \gamma_4$$

$$(V_K + V_H) \cdot \gamma_2 = (V_K + V_H - V_Z) \cdot \gamma_4$$

$$V_Z = (V_K + V_H) - (V_K + V_H) \cdot \frac{\gamma_2}{\gamma_4}$$

Erfahrungsgemäß laufen die Hauben je nach der Wärmeleitfähigkeit ihrer Ausmauerung zwischen 35 und 50% des nutzbaren Haubenvolumens V_H aus (23, 24, 25).

Da der Inhalt eines Kegels $33^1/_3\,\%$ des Zylindervolumens mit gleicher Grundfläche und Höhe ausmacht, dürfte es zulässig sein, den größten möglichen Lunker als Kegel zu rechnen.

$$V_Z = f_o \cdot h_o \cdot \frac{1}{3}$$

$$h_o = \frac{3\,V_Z}{f_o}$$

$$V_H = f_m \cdot h_o = f_m \cdot \frac{3\,V_Z}{f_o}$$

$$V_Z = \left(V_K + \frac{3\,V_Z \cdot f_m}{f_o}\right) - \left(V_K + \frac{3\,V_Z \cdot f_m}{f_o}\right) \cdot \frac{\gamma_2}{\gamma_4}$$

$$V_Z = V_K\left(1 - \frac{\gamma_2}{\gamma_4}\right) + V_Z \cdot \frac{f_m}{f_o}\left(3 - 3\,\frac{\gamma_2}{\gamma_4}\right)$$

$$V_Z = \frac{V_K\left(1 - \frac{\gamma_2}{\gamma_4}\right)}{1 - \left(3 - 3\,\frac{\gamma_2}{\gamma_4}\right) \cdot \frac{f_m}{f_o}}$$

Für die meisten Fälle genügt es, $\gamma_2 = 6{,}9$ und $\gamma_4 = 7{,}332$ anzunehmen. Die Formel lautet dann:

$$V_Z = \frac{0{,}059\,V_K}{1 - 0{,}177\,\frac{f_m}{f_o}}$$

Für die maximale Lunkertiefe h_o ergibt sich:

$$h_o = \frac{V_K\left(3 - 3\,\frac{\gamma_2}{\gamma_4}\right)}{f_o - \left(3 - 3\,\frac{\gamma_2}{\gamma_4}\right) \cdot f_m}$$

Beim Einsatz der Zahlenwerte für γ_2 und γ_4:

$$h_o = \frac{0{,}177\,V_K}{f_o - 0{,}177 \cdot f_m}$$

Da V_K meist nicht bekannt ist, sondern das Blockgewicht B ohne Kopf oder B_{Ges} mit Kopf, war die Formel für die maximale Lunkertiefe h_o auf diese Größen umzustellen.

Wenn B in die Formel eingesetzt wird, lautet diese:

$$V_K = \frac{B}{\gamma_4}$$

$$h_o = \frac{\frac{B}{\gamma_4}\left(3 - 3\,\frac{\gamma_2}{\gamma_4}\right)}{f_o - \left(3 - 3\,\frac{\gamma_2}{\gamma_4}\right) \cdot f_m} \tag{15}$$

Beim Einsatz der Werte für $\gamma_2 = 6{,}9$ und $\gamma_4 = 7{,}332$:

$$h_o = \frac{0{,}0241\,B}{f_o - 0{,}177\,f_m}$$

Die abkühlende Fläche im Verhältnis zum Blockinhalt ist bei Brammenkokillen am größten, am kleinsten bei Rundkokillen. Quadratkokillen nähern sich infolge ihrer inneren

Bombierung den Rundkokillen, die polygonalen Kokillen infolge der entgegengesetzten Bombierung ihrer Innenflächen den Brammenkokillen. Bei Brammenkokillen spielt das Verhältnis der beiden Durchmesser zueinander hierbei noch eine wesentliche Rolle. Wie schon oben angegeben, liegt der Wert für das Verhältnis des größeren zum kleineren Durchmesser in weitaus den meisten Fällen zwischen 1,9 und 2,6.

Die Formel (15) gilt für den Fall, daß die Hauben nur zu $33^1/_3\%$ ihres Inhaltes in den Block auslaufen. Nach den praktischen Erfahrungen [23, 24, 25] mit normal ausgemauerten Hauben ist dieser Wert aber größer. Neben der oben schon angeführten Form der Kokille hängt er noch von der Art der Ausmauerung der Haube ab. Es hat sich gezeigt, daß die mittlere Dicke der Haubenausmauerung die Größe von 60 mm nicht unterschreiten sollte. Wird dieser Wert zugrunde gelegt, so können in die Formel (15) im Nenner folgende Faktoren für f_o eingesetzt werden:

für Brammenkokillen der Faktor	1,2
für Quadratkokillen	1,5
für polygonale Kokillen	1,3
und für Rundkokillen	1,6.

Zu berücksichtigen ist aber, daß bei konstruktiv bedingter dünnerer Ausmauerung der Hauben alle diese Faktoren sich in Richtung auf den Wert 1,0 verschieben. Bei Brammenkokillen ist darüber hinaus eine Verkleinerung des Faktors auch dann erforderlich, wenn das genannte Verhältnis der Durchmesser den Wert von 2,6 überschreitet. Umgekehrt kommt eine Vergrößerung des Faktors bis zu dem Wert von 1,5 dann in Frage, wenn das Verhältnis der beiden Durchmesser sich über den Wert von 1,9 dem Wert 1,0 nähert.

Für den normalen praktischen Gebrauch haben sich auf Grund der Erfahrungen [23, 24, 25] folgende Formeln bewährt:

Für Brammenkokillen:

$$h_o = \frac{\frac{B}{\gamma_4}\left(3 - 3\frac{\gamma_2}{\gamma_4}\right)}{1{,}2 f_o - \left(3 - 3\frac{\gamma_2}{\gamma_4}\right)\cdot f_m} \qquad h_o = \frac{0{,}0241\,B}{1{,}2 f_o - 0{,}177 f_m} \qquad \text{Wenn } \gamma_2 = 6{,}9;\ \gamma_4 = 7{,}332 \tag{16}$$

Für Quadratkokillen:

$$h_o = \frac{\frac{B}{\gamma_4}\left(3 - 3\frac{\gamma_2}{\gamma_4}\right)}{1{,}5 f_o - \left(3 - 3\frac{\gamma_2}{\gamma_4}\right)\cdot f_m} \qquad h_o = \frac{0{,}0241\,B}{1{,}5 f_o - 0{,}177 f_m} \tag{17}$$

Für polygonale Kokillen:

$$h_o = \frac{\frac{B}{\gamma_4}\left(3 - 3\frac{\gamma_2}{\gamma_4}\right)}{1{,}3 f_o - \left(3 - 3\frac{\gamma_2}{\gamma_4}\right)\cdot f_m} \qquad h_o = \frac{0{,}0241\,B}{1{,}3 f_o - 0{,}177 f_m} \tag{18}$$

Für Rundkokillen:

$$h_o = \frac{\frac{B}{\gamma_4}\left(3 - 3\frac{\gamma_2}{\gamma_4}\right)}{1{,}6 f_o - \left(3 - 3\frac{\gamma_2}{\gamma_4}\right)\cdot f_m} \qquad h_o = \frac{0{,}0241\,B}{1{,}6 f_o - 0{,}177 f_m} \tag{19}$$

Wenn B_{Ges} in die Formel eingesetzt werden soll, dann wird:

$$V_Z = V - V_1$$

$$V = \frac{B_{Ges}}{\gamma_2} \qquad V_1 = \frac{B_{Ges}}{\gamma_2} - V_Z$$

$$V \cdot \gamma_2 = V_1 \cdot \gamma_4$$

$$\frac{B_{Ges}}{\gamma_2} \cdot \gamma_2 = \left(\frac{B_{Ges}}{\gamma_2} - V_Z\right) \cdot \gamma_4$$

$$V_Z = \frac{B_{Ges}}{\gamma_2}\left(1 - \frac{\gamma_2}{\gamma_4}\right)$$

$$h_o = \frac{3 \cdot V_Z}{f_o}$$

$$h_o = \frac{\frac{B_{Ges}}{\gamma_2}\left(3 - 3 \cdot \frac{\gamma_2}{\gamma_4}\right)}{f_o}$$

Für Brammenkokillen:

$$h_o = \frac{\frac{B_{Ges}}{\gamma_2}\left(3 - 3\,\frac{\gamma_2}{\gamma_4}\right)}{1{,}2 \cdot f_o} \qquad h_o = \frac{0{,}0257\,B_{Ges}}{1{,}2 \cdot f_o} \qquad \text{Wenn } \gamma_2 = 6{,}9;\ \gamma_4 = 7{,}332 \tag{20}$$

Für Quadratkokillen:

$$h_o = \frac{\frac{B_{Ges}}{\gamma_2}\left(3 - 3\,\frac{\gamma_2}{\gamma_4}\right)}{1{,}5 \cdot f_o} \qquad h_o = \frac{0{,}0257\,B_{Ges}}{1{,}5 \cdot f_o} \tag{21}$$

Für polygonale Kokillen:

$$h_o = \frac{\frac{B_{Ges}}{\gamma_2}\left(3 - 3\,\frac{\gamma_2}{\gamma_4}\right)}{1{,}3 \cdot f_o} \qquad h_o = \frac{0{,}0257\,B_{Ges}}{1{,}3 \cdot f_o} \tag{22}$$

Für Rundkokillen:

$$h_o = \frac{\frac{B_{Ges}}{\gamma_2}\left(3 - 3\,\frac{\gamma_2}{\gamma_4}\right)}{1{,}6 \cdot f_o} \qquad h_o = \frac{0{,}0257\,B_{Ges}}{1{,}6 \cdot f_o} \tag{23}$$

Die äußere Haubenhöhe muß größer als h_o sein, weil im Betrieb die Hauben nicht vollgegossen werden. Folgende Zuschläge haben sich bewährt: h_o + 20 mm Sicherheit + 50 mm bis Oberkante Ausmauerung + Wanddicke Haubenkörper über dieser.

Der Sitz der Haube auf der Kokille muß so beschaffen sein, daß zwischen Kokille und Haube kein Stahl einfließen kann, da sonst die Haube durch Auftrieb abgehoben werden kann, der Block sich aufhängt und folglich beim Abkühlen Querrisse bekommt. Die Auflage ist dann am sichersten, wenn Kokille und Haube glattgehobelt sind. Manche Stahlwerker sind aber der Ansicht, daß das genaue Aufsetzen der Haube dann zu viel Zeit in Anspruch nimmt und dadurch bedingt auch nicht genügend zuverlässig ausgeführt wird. Daher wird vielfach die Haube unten mit einem Bund versehen, der in eine entsprechende Vertiefung in der Kokille hineinpaßt. Würde sich der Bund an der Kokille befinden, so wird bei der Ausdehnung der Kokille nach dem Eingießen des Stahls die Haube gesprengt, wie dies in verschiedenen Fällen beobachtet werden konnte.

Weiter wird der untere Haubenquerschnitt etwas kleiner als der obere Kokillenquerschnitt gehalten, und zwar um 10 bis 20%, bezogen auf den oberen Kokillendurchmesser, wobei die kleinere Prozentzahl für große Durchmesser Gültigkeit hat.

Die Haube muß sich vor dem Strippen des Blockes leicht abziehen lassen, weshalb sie eine gewisse Konizität aufweisen muß. Andererseits ist zu berücksichtigen, daß nach den Formeln die Lunkerhöhe h_0 um so größer wird, je kleiner der obere Haubenquerschnitt f_0 gewählt wird. Für die Konizität wird deshalb ein Wert zwischen 10 und 25% der Haubenhöhe mit dem Blockgewicht ansteigend vorgeschlagen. Bei schwersten Schmiedeblockkokillen sind Werte bis 30% üblich.

V. Rechenbeispiele für umgekehrt konische Kokillen mit Haube

1. Berechnung einer umgekehrt konischen Brammenkokille mit Haube für ein Nutzblockgewicht von 2 t

Aus der vorliegenden Blockzeichnung können folgende Maße entnommen werden (Buchstabenbezeichnung nach Abb. 20):

Nutzblockhöhe $h_2 = 1340$ mm (Ist einzuhalten)
Seitenkanten $e = 261$ mm $f = 671$ mm
$c = 295$ mm $d = 705$ mm

Verhältnis der Seitenkanten 1:2,6 bzw. 1:2,4 Kantenradius und Bombierung nicht angegeben.
Konizität $= 2{,}5\%$

Annahme: $\gamma_2 = 6{,}9$; $\gamma_3 = 7{,}8$; $\gamma_4 = 7{,}332$; $\alpha = 2\%$; $\beta = 6\%$

Höhe des Blocks im Augenblick der Erstarrung:

$$h_1 = \frac{h_2}{1 - \alpha\,\%} = \frac{1340}{0{,}98} = 1369 \text{ mm}$$

Die Kokillenhöhe H ist gleich $h_1 = 1369$ mm,

oder abgerundet $\underline{H = 1370 \text{ mm}}$

Aus der Konizität von 2,5% ergibt sich dann die gesamte innere Kokillenverjüngung zu

$$1370 \cdot \frac{2{,}5}{100} = 34 \text{ mm},$$

die nach Abb. 13 innerhalb der üblichen Grenzen liegt.

Die inneren Kokillenmaße ergeben sich zunächst ohne Berücksichtigung der Bombierung nach Formel (10)

$$x = \frac{e}{0{,}98} = \frac{261}{0{,}98} = 266 \text{ mm, aufgerundet auf } 270 \text{ mm}$$

$$u = \frac{f}{0{,}98} = \frac{671}{0{,}98} = 686 \text{ mm, aufgerundet auf } 690 \text{ mm}$$

$$o = x + 2{,}5\% \cdot H = 270 + 34 = 304 \text{ mm, abgerundet auf } 300 \text{ mm}$$

$$p = u + 2{,}5\% \cdot H = 690 + 34 = 724 \text{ mm, abgerundet auf } 720 \text{ mm}$$

Die Maße für die mittleren Seitenkanten werden dann:

$a = 285$ mm; $b = 705$ mm Verhältnis 1:2,5

Die Höhe des flüssigen Blockes wird nach Formel (11)

$$h = 0{,}96 \cdot h_2 \frac{\gamma_3}{\gamma_2} = 0{,}96 \cdot 1340 \cdot \frac{7{,}8}{6{,}9} = 1455 \text{ mm}$$

Nach Abb. 10 wird bei einem Blockgewicht von 2 t und bei Ablesung mit der flüssigen Blockhöhe $h = 1{,}46$ die mittlere Wanddicke

$$\underline{\underline{w = 116 \text{ mm}}}$$

Diese Ablesung aus Abb. 10 soll an Hand der entwickelten Formeln rechnerisch kontrolliert werden. Nach den beim ersten Rechenbeispiel besprochenen Ablesungen aus Abb. 4 und Abb. 6 wird bei einem Blockgewicht von 2 t und der hier anzuwendenden flüssigen Blockhöhe $h = 1{,}46$ m das Verhältnis $K/B = 1{,}4$ gefunden. Nach Formel (12) gilt dann:

$$w = -\frac{2{,}85 + 7{,}05}{4} \pm \sqrt{\left(\frac{2{,}85 + 7{,}05}{4}\right)^2 + 1{,}4 \cdot 2{,}85 \cdot 7{,}05 \cdot 0{,}0342 \cdot 7{,}332}$$

$$w = 1{,}17 \text{ dm} = 117 \text{ mm}$$

Es kann weiter geprüft werden, ob die bisher errechneten Werte richtig und die vorgenommenen Abrundungen zulässig sind. Es handelt sich um die Werte:

$$a = 2{,}85 \text{ dm}; \quad b = 7{,}05 \text{ dm}; \quad w = 1{,}16 \text{ dm}; \quad H = 13{,}7 \text{ dm}$$

Nach Formel (3) wird das Kokillengewicht:

$$K = [(2{,}85 + 2 \cdot 1{,}16)(7{,}05 + 2 \cdot 1{,}16) - 2{,}85 \cdot 7{,}05] \cdot 13{,}7 \cdot 7{,}3$$

$$K = 2835 \quad B = 2000$$

$$\frac{K}{B} = \frac{2835}{2000} = 1{,}42$$

Dieser Wert stimmt mit dem Sollwert von 1,4 überein.

Aus Abb. 11 wird bei einer Kokillenhöhe $H = 1{,}37$ m die Gesamtverjüngung der Wanddicke mit 18 mm entnommen. Somit wird die Wanddicke

am Fuß $116 + 9 = 125$ mm

am oberen Ende $116 - 9 = 107$ mm

Das Maß für die innere Bombierung beträgt nach Abb. 18 für die Breitseite mit einem mittleren Durchmesser von $b = 7{,}05$ dm

$$\underline{18 \text{ mm}}$$

und für die Schmalseite mit einem mittleren Durchmesser von $a = 2{,}85$ dm

$$\underline{5 \text{ mm}}$$

Unter Berücksichtigung der früheren Festlegung, wonach a bzw. b bei Brammenkokillen die Länge der inneren Durchmesser, vermindert um eine Bombierung, darstellen, ergeben sich die *lichten* Kokillendurchmesser bzw. Blockmaße zu (vgl. Abb. 7):

Unten:	$270 + 18 = 288$ mm	Unten:	$288 \cdot 0{,}98 = 282$ mm
	$690 + 5 = 695$ mm		$695 \cdot 0{,}98 = 681$ mm
Oben:	$300 + 18 = 318$ mm	Oben:	$318 \cdot 0{,}98 = 312$ mm
	$720 + 5 = 725$ mm		$725 \cdot 0{,}98 = 710$ mm

Die äußeren Abmessungen der Kokille werden demnach:

Große Seitenkante:

Unten: $695 + 2 \cdot 125 = 945$ mm

Oben: $725 + 2 \cdot 107 = 939$ mm

Kleine Seitenkante:

Unten: $288 + 2 \cdot 125 = 538$ mm

Oben: $318 + 2 \cdot 107 = 532$ mm

Der Kantenradius wird nach Abb. 14 für den mittleren Durchmesser von

$$\sqrt{a \cdot b} = \sqrt{20,1} = 4,49 \text{ dm mit}$$

$$\underline{r = 60 \text{ mm}}$$

gewählt.

Die äußere Bombierung wird aus Abb. 19 entnommen. Am Fuß der Kokille wird bei der gewählten Wanddicke von $w = 125$ mm die Wanddicke in der Ecke $w_E = 113$ mm, und am oberen Ende der Kokille bei $w = 107$ mm wird $w_E = 95$ mm.

Berechnung der Haube:

Die lichten Durchmesser der Kokille betragen am oberen Ende 318 bzw. abgerundet 725 mm. Das untere Haubenmaß wird um 19,8% bzw. um 12,4% kleiner gewählt.

Es wird dann der untere Haubenquerschnitt

$$2,55 \cdot 6,35 = 16,19 \text{ dm}^2$$

Der obere Haubenquerschnitt wird zunächst willkürlich mit

$$f_o = 1,95 \cdot 5,75 = 11,21 \text{ dm}^2$$

angenommen.

Somit wird: $f_m = 2,25 \cdot 6,05 = 13,61 \text{ dm}^2$

Nach Formel (16) wird

$$h_o = \frac{0,0241 \cdot 2000}{1,2 \cdot 11,21 - 0,177 \cdot 13,61} = 4,36 \text{ dm}$$

Äußere Haubenhöhe (vgl. S. 119): $4,36 + 0,20 + 0.50 = 5,06$ abgerundet 5,0 dm bis Oberkante der Ausmauerung. Die Konizität wird etwa 12%.

Nach den hier berechneten Werten läßt sich die Zeichnung für diese umgekehrt konische Brammenkokille mit Haube mit einem Nutzblockgewicht von 2 t anfertigen, wobei nach Abb. 7 oder 17 zu verfahren ist.

2. Berechnung einer umgekehrt konischen Quadratkokille mit Haube für ein Nutzblockgewicht von 2 t

Aus der Blockzeichnung können folgende Maße entnommen werden: (Buchstaben nach Abb. 20)

Nutzblockhöhe $h_2 = 1315$ mm
Seitenkanten $e = f = 392$ mm
$c = d = 490$ mm
Konizität 7,4%

Annahme: $\gamma_2 = 6,9$; $\gamma_3 = 7,8$; $\gamma_4 = 7,332$; $\alpha = 2\%$; $\beta = 6\%$

Höhe des Blocks im Augenblick der Erstarrung:

$$h_1 = \frac{h_2}{1 - a\,\%} = \frac{1315}{0{,}98} = 1342 \text{ mm}$$

Die Kokillenhöhe H ist gleich h_1 $= 1342$ mm
oder aufgerundet

$$\underline{H = 1350 \text{ mm}}$$

Aus der Konizität von 7,4% ergibt sich dann die gesamte innere Kokillenverjüngung zu

$$1350 \cdot \frac{7{,}4}{100} = 100 \text{ mm},$$

die nach Abb. 13 innerhalb der üblichen Grenzen liegt.

Die inneren Kokillenmaße ergeben sich nach Formel (10):

$$x = u = \frac{e}{0{,}98} = \frac{f}{0{,}98} = \frac{392}{0{,}98} = 400 \text{ m}$$

$$o = p = x + 7{,}4\,\%\ H = u + 7{,}4\,\%\ H = 400 + 100 = 500 \text{ mm}$$

Die Maße für die mittleren Seitenkanten werden dann:

$$a = b = 450 \text{ mm}$$

Die Höhe des flüssigen Blockes wird nach Formel (11):

$$h = 0{,}96 \cdot h_2 \cdot \frac{\gamma_3}{\gamma_2} = 0{,}96 \cdot 1315 \cdot \frac{7{,}8}{6{,}9} = 1427 \text{ mm}$$

Nach Abb. 10 wird bei einem Blockgewicht von 2 t und bei Ablesung mit der flüssigen Blockhöhe $h = 1{,}43$ m die mittlere Wanddicke $w = 118$ mm aufgerundet auf

$$\underline{w = 120 \text{ mm}}$$

Zur Kontrolle dieser Ablesung aus Abb. 10 wird wieder der rechnerische Weg gewählt. Nach den beim ersten Beispiel besprochenen Ablesungen aus Abb. 4 und Abb. 6 wird bei einem Blockgewicht von 2 t und bei der hier anzuwendenden flüssigen Blockhöhe $h = 1{,}43$ m das Verhältnis $K/B = 1{,}38$ gefunden. Nach Formel (13) gilt dann:

$$w = 2{,}25\left(\sqrt{1 + 1{,}38 \cdot 0{,}137 \cdot 7{,}332} - 1\right)$$
$$w + 2{,}25 \cdot 0{,}54 = 1{,}215 \text{ dm} = \underline{121{,}5 \text{ mm}}$$

An dieser Stelle empfiehlt es sich, die bisher gefundenen und z. T. abgerundeten Werte durch Einsetzen in die entsprechenden Formeln zu prüfen.

Nach Formel (3) wird das Kokillengewicht

$$K = [(a_m + 2w^2) - a_m^2] \cdot H \cdot \gamma_1$$

Es waren festgelegt worden:

$$a_m = 4{,}50 \text{ dm};\quad w = 1{,}20 \text{ dm};\quad H = 13{,}5 \text{ dm}$$
$$K = [(4{,}5 + 2{,}4)^2 - 4{,}5^2] \cdot 13{,}5 \cdot 7{,}3$$
$$K = 2698{,}4 \quad B = 2000$$
$$\frac{K}{B} = 1{,}35$$

Der Unterschied gegenüber dem Sollwert von 1,38 ist nicht so groß, daß eine Änderung der festgelegten Werte vorgenommen werden müßte.

Aus Abb. 11 wird bei einer Kokillenhöhe $H = 1{,}35$ die Gesamtverjüngung der Wanddicke mit 18 mm entnommen. Somit wird die Wanddicke

am Fuß	$120 + 9 = 129$ mm	aufgerundet 130 mm
am oberen Ende	$120 - 9 = 111$ mm	abgerundet 110 mm

Die Maße für die äußeren Seitenkanten der Kokille werden dann:

$$\text{Unten: } 400 + 2 \cdot 130 = 660 \text{ mm}$$

$$\text{Oben: } 500 + 2 \cdot 110 = 720 \text{ mm}$$

Der Kantenradius wird nach Abb. 14 für einen mittleren Durchmesser von 4,50 dm mit

$$\underline{r = 60 \text{ mm}}$$

gewählt.

Das Maß für die innere Bombierung beträgt nach Abb. 15 bei einer mittleren Seitenkante von 4,50 dm

$$\underline{4{,}5 \text{ mm}},$$

die entsprechend Abb. 8 nach innen aufgetragen und mit der Abrundung der Kanten abgeglichen werden muß.

Die äußere Bombierung wird aus Abb. 19 entnommen. Am Fuß der Kokille wird bei der gewählten Wanddicke von 130 mm die Wanddicke in der Ecke $w_E = 116$ mm und am oberen Ende der Kokille bei $w = 110$ mm wird $w_E = 100$ mm.

Berechnung der Haube:

Der lichte Querschnitt der Kokille beträgt am oberen Ende 5,0 dm · 5,0 dm. Das untere Haubenmaß wird um 13% = 65 mm kleiner gewählt, also mit $4{,}35 \cdot 4{,}35 = 18{,}92$ dm^2.

Das obere Haubenmaß wird zunächst willkürlich mit

$$3{,}85 \cdot 3{,}85 = 14{,}82 \text{ dm}^2$$

angenommen.

$$f_o = 14{,}82 \text{ dm}^2$$

$$f_m = 4{,}1 \cdot 4{,}1 = 16{,}81 \text{ dm}^2$$

Nach Formel (17) wird

$$h_o = \frac{0{,}0241 \cdot 2000}{1{,}5 \cdot 14{,}82 - 0{,}177 \cdot 16{,}81} = 2{,}5 \text{ dm}$$

Die äußere Haubenhöhe wird dann (vgl. S. 119)

$$2{,}5 + 0{,}20 + 0{,}50 = 3{,}20 \text{ dm bis Oberkante der Ausmauerung}$$

Die Konizität beträgt in diesem Falle etwa 15%, was zulässig ist.

Nach den hier berechneten Werten läßt sich die Zeichnung für diese umgekehrt konische quadratische Haubenkokille mit einem Nutzblockgewicht von 2 t anfertigen, wobei nach Abb. 8 oder 17 zu verfahren ist.

Besonders soll noch darauf hingewiesen werden, daß für normal konische Kokillen mit Kopf (K-Kokillen) die Berechnung der Kopfabmessungen in der gleichen Weise erfolgen muß, wie dies hier für die Berechnung der Haube durchgeführt wurde.

ZUSAMMENFASSUNG

Nach Aufzählung aller die Haltbarkeit von Stahlwerkskokillen beeinflussender Faktoren wurde die überragende Bedeutung der konstruktiven Gestaltung der Kokillen herausgestellt. So ließ sich an Hand zahlreicher Angaben der Literatur nachweisen, daß insbesondere das Verhältnis vom Kokillengewicht zum Blockgewicht mit der Lebensdauer der Kokillen in Zusammenhang gebracht werden kann. Es gelang unter Auswertung von rund 600 Angaben über Kokillen aus der Literatur eine Bandkurve mit den Koordinaten Blockgewicht und dem Verhältnis Blockgewicht: Kokillengewicht zu zeichnen, wobei innerhalb des Bandes Kokillen mit brauchbarer Haltbarkeit lagen. Die Blockform — rund, quadratisch, rechteckig, ellipsenähnlich (Brammen) oder polygonal, normal oder umgekehrt konisch, ohne oder mit Haube — spielte dabei keine Rolle. Es ergab sich aber, daß der „Schlankheitsgrad" — das Verhältnis von Blockhöhe zum Blockgewicht (oder zum Blockquerschnitt) — in dieser Bandkurve insofern mit erfaßt war, als die Kokillen für Blöcke mit relativ großer Höhe nach der linken Grenzkurve zu lagen und solche mit kleiner Höhe zur rechten Grenzkurve hin. Weiter war es möglich, für die Beziehung Blockgewicht zu Kokillenhöhe wieder eine Bandkurve zu zeichnen. Beide Bandkurven gaben die Grundlage für die Berechnung der Wanddicke von Kokillen. Der Gang der Berechnung wurde eingehend behandelt, wobei insbesondere auch die größtmöglichen Fehler angegeben wurden, die sich aus der Anwendung von die Rechnung vereinfachenden Annahmen ergeben. Die entwickelten Formeln ermöglichten den Entwurf eines Nomogramms, aus dem für ein bestimmtes Blockgewicht bei bekannter Kokillenhöhe die mittlere Wanddicke der Kokille abgelesen werden kann, wobei gleichzeitig das günstigste Verhältnis vom Kokillengewicht zum Blockgewicht gewährleistet ist.

Weitere Schaubilder über die Zusammenhänge zwischen Kokillenhöhe und Wanddickenverjüngung, zwischen Kokillenhöhe und innerer Verjüngung (Blockkonizität), zwischen mittlerem Blockdurchmesser und Kantenradius, zwischen der Länge der mittleren Seitenkante der Kokille und der inneren Bombierung (Bombierung des Blocks) und schließlich zwischen der Wanddicke in der Mitte der Seitenkante und der in der Ecke (äußere Bombierung der Kokille) wurden entworfen und eingehend besprochen, insbesondere hinsichtlich der Anwendung bei den einzelnen Kokillentypen. Im Rahmen dieser Ausführungen wurde auch ein eigener Vorschlag für die Bombierung von Blöcken über 4 t Gewicht gemacht, um ein Schaukeln der Blöcke auf dem Rollgang zu vermeiden.

Ein besonderer Abschnitt wurde der Berechnung von Hauben für alle Arten von Kokillen gewidmet, wobei eine neuartige Berechnung der größtmöglichen Lunkertiefe entwickelt wurde. Diese Berechnungsweise hat sich im praktischen Betrieb insofern bewährt, als nach ihr konstruierte Hauben den gesamten Lunker enthielten. Die Lunkertiefen entsprachen bei umgekehrt konischen Brammen den durch Rechnung gefundenen Größen, während sie bei quadratischen, polygonalen und runden Blöcken entsprechend der Verkleinerung der abkühlenden Flächen stets kleiner waren. Für die letzteren drei Blocktypen konnten aus den praktischen Versuchen Faktoren in die Formeln eingeführt werden, wodurch die Haubenhöhen entsprechend kleiner ausfielen.

Weiter wurde an Hand von vier Rechenbeispielen die praktische Anwendung der Formeln und Schaubilder eingehend erläutert.

Zum Schluß soll noch darauf hingewiesen werden, daß bei der Aufstellung der Technischen Güte- und Lieferbedingungen für Walz- und Schmiedeblöcke und der dazu gehörenden Kokillen die in dieser Arbeit niedergelegte Berechnungsweise und sonstigen Maßangaben nach eingehender Besprechung mit den Stahl- und Walzwerken sowie den Kokillengießereien zugrunde gelegt werden sollen.

LITERATUR

[1] SHIKOAWA, HIROSHI, Über Blockkokillen. Tetsu to Hagane **9** (1923) S. 239/67; vgl. Stahl u. Eisen **43** (1923) S. 1140.
[2] LUBOJATZKY, E., Berechnung und Gestaltung von Stahlwerkskokillen. Montan. Rundschau **22** (1930) Nr. 18, S. 393/400;
vgl. Stahl u. Eisen **50** (1930) S. 1692.
[3] DOBROTWORSKY, M. M., Die Haltbarkeit der Blockformen. Gießerei **17** (1930) Nr. 35, S. 849/52.
[4] KERLIE, W. L., Die Haltbarkeit von Stahlwerkskokillen. J. Iron and Steel Inst. **158** (1948) Nr. 10, S. 139/43.
[5] BACON, N. H., Der Kokillenverbrauch je t Stahl in Abhängigkeit vom Verhältnis Kokillengewicht zu Blockgewicht. J. Iron and Steel Inst. **158** (1948) Nr. 1, S. 81/95.
[6] ZWICK, J., genannt in: RISTOW, A., Untersuchung zur Verbesserung der Kokillenhaltbarkeit. Stahl u. Eisen **60** (1940) S. 429/30.
[7] JELLINGHAUS, A., genannt in: RISTOW, A., Untersuchung zur Verbesserung der Kokillenhaltbarkeit. Stahl u. Eisen **60** (1940) S. 432.
[8] Seventh Report on the Heterogeneity of Steel Ingots, Iron and Steel Inst., London 1937, S. 143/213.
[9] LEITNER, F., u. PLÖCKINGER, E., Die Edelstahlerzeugung. Springer-Verlag, Wien 1950.
[10] Kokillen-Verzeichnis VEB Gröditz, Selbstverlag, 1952.
[11] LEITNER, F., Einfluß der Kokillenwandstärke auf den Gußblock. Stahl u. Eisen **46** (1926) S. 629/31.
[12] PRIESTLEY, WILLIAM, J., Wirkung der Abkühlungsgeschwindigkeit in Kokillen auf Stahl. Stahl u. Eisen **44** (1924) S. 857/58.
[13] GATHMANN, E., Neuere amerikanische und englische Kokillen. Iron Trade Rev. **86** (1930) Nr. 2, S. 25/27, Iron Age **125** (1930) Nr. 2, S. 158/59; vgl. Stahl u. Eisen **50** (1930) S. 635/37.
[14] MESZÖLY, C. v., Einiges über Stahlwerkskokillen. Gießerei **19** (1932) Nr. 7/8, S. 61/66.
[15] WATSON, R. H., Über neuere Bestrebungen in der Bemessung von Stahlwerkskokillen. Year Book Amer. Iron Steel. Inst. (1928) S. 177/211. Ref. Stahl u. Eisen **48** (1928) S. 1176/77.
[16] RISTOW, A., Kokillen u. Gießen im Stahlwerk. Stahl u. Eisen **53** (1933) S. 617/27.
[17] GEJROT, C., Stahlwerkskokillen und ihre Bemessung. Jernkont. Ann. **111** (1927) S. 121/42; vgl. Stahl u. Eisen **48** (1928) S. 77/78.
[18] MORRIS, M. J. R., Über neuere Bestrebungen in der Bemessung von Stahlwerkskokillen; vgl. [15].
[19] GATHMANN, E., DRP, Klasse 31c, Gruppe 10, Nr. 472048.
[20] BAUMGARDT, W., Vorschlag zur Vereinheitlichung von Brammenkokillen. 51. Vollsitzung des Stahlwerksausschusses des Vereins deutscher Eisenhüttenleute vom 25. 2. 1944.
[21] MORAWA, F. W., Erfahrungen mit Stahlwerkskokillen. Stahl u. Eisen **51** (1931) S. 1221/28 und 1256/63.
[22] KAUTH, K., Diskussion zum Vortrag A. Ristow: Untersuchung zur Verbesserung der Kokillenhaltbarkeit. Stahl u. Eisen **60** (1940) S. 433.
[23] NELSON, L. H., Solidification of Steel in Ingot Molds. Trans. A. S. M. Vol. **22** (1934) März, S. 193/226.
[24] Unveröffentlicht: Versuche über die richtige Bemessung von Hauben. Stahl- und Walzwerk Gröditz.
[25] Unveröffentlicht: Eigene Versuche über die Lunkertiefe bei Haubenblöcken.

Oberflächenfehler bei Grobblechen aus beruhigten Siemens-Martin-Stahlbrammen

Karl-Friedrich Lüdemann und Helmut Löscher

Der Anfang 1946 im Gebiet der heutigen Deutschen Demokratischen Republik (DDR) begonnene Aufbau der Friedenswirtschaft erforderte frühzeitig die Bereitstellung von Grobblechen aus eigener Erzeugung für die Belange des Kesselbaues, des Schiffbaues und des Schwermaschinenbaues. Es wurde deshalb bereits im Juni 1946 mit der Walzung von Grobblechen aus Stahl auf der bis dahin ausschließlich zur Herstellung von Kupferblechen verwendeten Umkehrstraße des Kupfer- und Blechwalzwerkes „Michael Niederkirchner" in Ilsenburg[1]) begonnen. Dem steigenden Bedarf vornehmlich an Grobblechen größerer Abmessungen wurde dadurch entsprochen, daß das Walzwerk für Buntmetalle, Kupfer- und Messingwerke Hettstedt[1]), seit Juni 1948 mehr und mehr zur Walzung von Stahlblechen überging. Schließlich wurde im Oktober 1949 im neu aufgebauten Walzwerk „Willy Becker", Kirchmöser[1]), die Erzeugung von Grobblechen geringerer Dicken aufgenommen.

Die in den Werken Ilsenburg und Hettstedt anfänglich ausgewalzten Stahlbrammen stammten aus Restbeständen aus der Zeit vor dem Mai 1945. Anfang 1947 begann das Stahlwerk Silbitz in seinen 10 t-Siemens-Martin-Öfen in beschränktem Umfang mit der Erschmelzung von Brammen hauptsächlich für Kesselbleche. Im September 1948 ging das Stahlwerk Riesa zur Herstellung von Stahl für Brammen zunächst im 15 t-Ofen, später im 110 t-Ofen der Bauart Maerz über. Bis Ende 1950 wurde hier die Hauptmenge der Brammen erzeugt. Dann wurde der hauptsächlich für Baubleche bestimmte Teil der Brammenerzeugung nach und nach in das Stahlwerk Brandenburg verlegt, dessen erster 140 t-Maerz-Ofen im Juli 1950 und dessen zehnter Ofen im Juli 1953 in Betrieb genommen wurde. Seit April 1950 wird Stahl für Qualitätsbleche, wie Kesselbleche und Bleche des Hochbaustahls St 52, in den 40- und 60 t-Maerz-Öfen des Stahlwerkes Gröditz erschmolzen.

Die Qualitätsentwicklung auf dem Gebiet der Grobbleche wurde seit der Zeit der Aufnahme der Erzeugung im Gebiet der DDR von Ed. Maurer zunächst persönlich und später in seinem Auftrag von Mitarbeitern des Eisen-Forschungsinstitutes verfolgt. In ständiger Zusammenarbeit mit den Stahlwerken und Blechwalzwerken wurden zahlreiche Untersuchungen mit dem Ziel der Qualitätsverbesserung durchgeführt, wobei besonderes Augenmerk auf die Bekämpfung der *Oberflächenfehler* gerichtet wurde. Über einige der wichtigsten Ergebnisse dieser Arbeiten, die sich über den Zeitraum von 1951 bis 1954 erstreckten, soll im folgenden berichtet werden.

I. Die Stahlmarken und Brammenformate

A. Wie bereits einleitend erwähnt, wurde mit der Walzung von Grobblechen aus Stahl in den Werken Ilsenburg und Hettstedt begonnen, deren Wärmöfen und Walzgerüste seinerzeit nur für die Erzeugung von Blechen aus Buntmetallen eingerichtet waren. Es

---

[1]) Die Blechwalzwerke werden im folgenden Text sowie auf den Bildern und Tafeln nur durch ihren Standort bezeichnet.

bestand mithin, zumindest bis zu der in den folgenden Jahren Zug um Zug vorgenommenen Anpassung der Betriebseinrichtungen an die Verarbeitung von Stahlbrammen, keine Gewißheit darüber, daß einmal mit den bestehenden Stoßöfen eine ausreichende Durchwärmung der Brammen erzielt werden konnte, und daß zum anderen die für die vorhandenen Walzgerüste zulässigen Drücke zum Verschweißen der Blasenkränze ausreichten, die das Hauptmerkmal des *unberuhigt* vergossenen Stahls sind. Hierbei muß berücksichtigt werden, daß auch in solchen Betrieben, die von vornherein für die Walzung von Grobblechen aus gegossenen Stahlbrammen eingerichtet sind, die Frage der „*Aufspaltungen*" im Bruchgefüge von Blechen aus unberuhigtem Stahl nach wie vor offen ist. Es handelt sich hier sowohl um einzelne, nicht restlos verschweißte Gasblasen als auch um Seigerungsstreifen, die Schlackeneinschlüsse führen. Bis heute besteht keine eindeutige Klarheit darüber, wie groß diese Aufspaltungen bei den Abnahmeproben, wie Zerreiß- oder Kerbschlagproben, sein dürfen. Amerikanische Normen (A 30) sehen hierzu z. B. folgendes vor: Bei einem Blech von 20 mm Dicke und darunter kann die Länge der Aufspaltungen bis 6,4 mm, bei einem Blech über 20 bis 50 mm Dicke bis 9,5 mm betragen. Auch aus einer Arbeit von A. THUM und H. HOLDT [1] über die Prüfung von Kesselblechen durch die Kerbbiegeprobe geht hervor, daß die Beurteilung dieser Aufspaltungen nicht einfach ist. Außerdem muß der Einfluß dieser nach dem Walzen noch unganzen Stellen auf die später bei der Verarbeitung des Bleches durchzuführenden Schweißungen beachtet werden. Aus diesen Gründen hat MAURER sich stets dafür eingesetzt, daß die Beantwortung der Frage, ob Bleche aus unberuhigtem Stahl verwendet werden dürfen, *in jedem Falle vom Verwendungzweck der Bleche abhängig gemacht werden muß*. Für Kesselbleche und Baubleche, die für Schweißkonstruktionen vorgesehen sind und tragenden oder dynamischen Beanspruchungen ausgesetzt werden, wird in der DDR grundsätzlich nur beruhigter Stahl verwendet. Hierin besteht Übereinstimmung mit der seit Anfang 1952 in der DDR angewendeten GOST-Vorschrift 380—50, die z. B. für Schweißkonstruktionen in Kältegebieten die Stahlmarke MSt 3 S mit 0,12 bis 0,22% Si vorsieht.

In der DDR wird die Hauptmenge der Grobbleche aus *beruhigtem* Stahl hergestellt. Die chemische Zusammensetzung der Grobblechstähle, auf die sich die folgenden Betrachtungen beziehen, geht aus Tafel 1 hervor. Die hier links angegebenen Markenbezeichnungen entsprechen der Bezeichnungsart, wie sie in der 1953 eingeführten „Standardliste Eisen und Stahl" [2] angewendet wird. Die Stähle für die Baubleche der Marken MSt 3 b bzw. MSt 3 S und MSt 4 — letztere hauptsächlich für den Schiffbau — wurden ausschließlich in den großen Öfen des Stahlwerkes Brandenburg erschmolzen. Die Hauptmenge der Kesselblechstähle stammte aus den mittelgroßen Öfen des Stahlwerkes Gröditz. Zur Entlastung dieses Werkes mußten Stähle der Marken Mb 12 und Mb 18 für dünnere Bleche auch in Brandenburg erzeugt werden. Ein Teil der Kesselblechstähle war zwecks Erzielung der Alterungsbeständigkeit mit einem Aluminiumzusatz von 1,0 bis 1,3 kg je t flüssigen Stahls in der Gießpfanne überberuhigt worden.

B. Die Abmessungen der für die Bau- und Kesselbleche verwendeten *Brammenformate* sind in Tafel 2 enthalten. Für Baubleche kamen ausschließlich normalkonische Brammen ohne Kopf mit Gewichten von 1070 bis 3500 kg in Betracht. Brammen für Kesselbleche mit Gewichten von 1750 bis 3300 kg werden seit 1952 fast durchweg in umgekehrtkonischen Kokillen mit verlorenem Kopf gegossen; nur für die niedrigen Gewichte von 1070 bis 1430 kg wird bis heute die normalkonische Kokille ohne Haube verwendet.

Erfahrungsgemäß weisen Gußblöcke und -brammen aus *unberuhigt* vergossenem Stahl auch dann noch eine fehlerfreie Oberfläche auf, wenn die Kokillen bereits eine größere Anzahl von Abgüssen und einen entsprechenden Verschleiß der Innenflächen erreicht haben. Es kommt hinzu, daß man beim Vergießen von unberuhigtem Stahl, im Hinblick auf die

Tafel 1 Chemische Zusammensetzung der im vorliegenden behandelten Stähle für Grobbleche

Bezeichnung nach der Standardliste Eisen und Stahl (1953)	Chemische Zusammensetzung C %	Si %	Mn %	P max. %	S max. %	Al %	Vergleichbar mit einem Stahl der früheren Bezeichnung
I. Baubleche							
MSt 3b . . .	bis 0,22	0,12/,30	0,40/,65	0,050	0,055	—	St 37.21
MSt 3S . . .	bis 0,22	0,12/,22	0,40/,65	0,045	0,050	[1]	St 37.21
MSt 4 . . .	0,18/,27	0,12/,30	0,40/,70	0,050	0,055	—	St 42.21
II. Kesselbleche							
Mb 12 . . .	bis 0,17	0,10/,35	0,30/,55	0,050	0,050	[2]	C 12
Mb 18 . . .	bis 0,23	0,10/,35	0,30/,55	0,050	0,050	[2]	C 18
16 Mn 3 . . .	bis 0,22	0,10/,35	0,55/,80	0,050	0,050	[2]	16 Mn 3
19 Mn 5 . . .	0,17/,23	0,40/,60	1,00/,130	0,050	0,050	[2]	19 Mn 5

Anmerkungen:

[1] Aluminiumzusatz zwecks völliger Beruhigung des Stahls.

[2] Falls gewünscht, mit einem zur Erzielung von Alterungsbeständigkeit erforderlichen Aluminiumzusatz. In diesem Fall tritt zur Markenbezeichnung der Buchstabe „A" hinzu.

Tafel 2 Die Abmessungen der verwendeten Brammenformate

Bezeichnung	Gewicht (ohne Kopf) kg	Abmessungen oben Breitseite mm	oben Schmalseite mm	unten Breitseite mm	unten Schmalseite mm	Höhe (ohne Kopf) mm	Konizität %	Bemerkungen
I. Normal-konische Brammen ohne verlorenen Kopf								
B 120	1070	572	222	590	240	1180	1,45	Im Stahlwerk Brandenburg hauptsächlich für Baubleche
B 130	1270	643	213	670	240	1270	2,14	
B 140	1430	603	223	640	260	1365	2,67	
B 170	1700	623	243	660	280	1460	2,50	
B 200	2000	683	263	720	300	1460	2,50	
B 240	2350	744	292	780	328	1430	2,50	
B 350	3500	864	334	905	375	1640	2,50	
II. Umgekehrt-konische Brammen mit verlorenem Kopf								
BH 200	1750	660	280	620	240	1500	2,67	Im Stahlwerk Gröditz nur für Kesselbleche
BH 285	2400	795	335	760	300	1350	2,59	
BH 400	3300	905	375	870	340	1500	2,34	

Oberflächenbeschaffenheit der Brammen, auf ein Kokillenanstrichmittel verzichten kann. Im Gegensatz hierzu üben der sich mit steigender Abgußzahl verschlechternde Innenzustand der Kokille sowie die Eigenschaften des Anstrichmittels einen erheblichen Einfluß auf die Güte der Oberfläche *beruhigt* gegossener Blöcke und Brammen aus. Mit dieser Gegenüberstellung der die Gießgrubenarbeit wesentlich beeinflussenden Faktoren und mit zweifellos vorhandenen weiteren metallurgischen und kostenmäßigen Vorteilen rechtfertigt der Betriebsmann seine Vorliebe für den unberuhigten Stahl. Es sei hier hervorgehoben, daß unsere Betriebsleute trotz dieser verständlichen Neigung stets bestrebt waren, den besonderen Anforderungen zu entsprechen, die die beruhigt gegossenen Brammen an die Stahlwerksarbeit stellen. Sie haben die Notwendigkeit erkannt, jede Bramme nach dem Verlassen des Stahlwerkes auf die Anwesenheit von Oberflächenfehlern zu prüfen und sichtbare Fehler durch Ausmeißeln oder Sauerstoffhobeln zu beseitigen. Trotzdem erreichten die Walzwerke in den vergangenen Jahren kein gleichmäßiges Ausbringen an fehlerfreien Blechen, bezogen auf die Anzahl der ausgewalzten Brammen: das gute Ausbringen lag in günstigen Fällen bei 95%, es sank aber auch zeitweilig bis auf 45% ab. Es blieben bislang die Fragen unbeantwortet, inwieweit einerseits die Stahlwerke für diese Schwankungen im Ausbringen an fehlerfreien Blechen verantwortlich zu machen wären, und ob andererseits nicht auch die Walzwerke zur Verminderung der Oberflächenfehler beitragen könnten. Die Verfolgung dieser Fragen war oft recht schwierig, weil in der DDR die Stahlwerke und Blechwalzwerke räumlich weit voneinander getrennt liegen, so daß eine planmäßige Verfolgung des Schmelzens und Gießens bestimmter Chargen sowie ihrer Auswalzung meist mit großem Zeitaufwand verbunden war. Wenn nun im folgenden versucht werden soll, zu den genannten Fragen Stellung zu nehmen, so gründet sich diese Stellungnahme sowohl auf die Auswertung von Betriebsaufschreibungen, vor allem der Dekadenbefunde der Walzwerke, über längere Zeitabschnitte als auch auf eine größere Reihe mehrtägiger Betriebsuntersuchungen, die von den Verfassern in den Werken selbst durchgeführt worden sind. Die Ausführungen werden sich mit folgenden Punkten befassen:

1. Kennzeichnung der verschiedenen Arten der Oberflächenfehler von Grobblechen.
2. Einfluß des Schmelzens und Gießens auf die Beschaffenheit der Gußbrammen.
3. Einfluß der Wärmzeit der Brammen insbesondere auf den Anfall an pockigen Blechen im Walzwerk Kirchmöser.
4. Erhöhung des Ausbringens an fehlerfreien Blechen infolge Verbesserung der Brammenwärmung im Walzwerk Hettstedt.

II. Die Oberflächenfehler der Grobbleche

Bereits 1922 gab K. Meerbach [3] in seinem Buch über die Erzeugung und Verarbeitung von Kesselblechen einen Überblick über die auf diesen Blechen auftretenden Oberflächenfehler. Die von ihm verwendeten Fehlerbezeichnungen, wie „Schlangenrisse" (snakes) für Querrisse sowie „Pocken" für breitgewalzte, mit Schlacke gefüllte Randblasen, sollen im folgenden beibehalten werden, wenn auch die Bezeichnungen sich ursprünglich auf Bleche aus unberuhigtem Stahl bezogen haben. Veröffentlichungen, die sich eigens mit Oberflächenfehlern auf Blechen aus *beruhigtem* Stahl befassen, sind im Schrifttum der Folgezeit nicht enthalten. Erst im Jahre 1952 berichteten M. Signora und G. Camolese [4] über den Einfluß der Stahlzusammensetzung und der Gießbedingungen auf den Anfall an fehlerhaften Brammen aus beruhigten Stählen. Sie bestätigten im wesentlichen die Erfahrungen, die hierüber in den Jahren 1948 bis 1951 in den Stahlwerken der DDR gesammelt worden sind. Nach diesen Erfahrungen kennt man folgende Fehlerarten auf Blechen, die aus steigend gegossenen Brammen gewalzt sind:

A. Querrisse („Schlangenrisse“)

Querrisse zeichnen sich auf dem Blech in der Regel als schlangenförmig gewundene Streifen ab, die von einfachen oder zwei parallelen Rändern begrenzt werden. Die kennzeichnende Form eines Querrisses geht aus der oberen Aufnahme der Abb. 1 hervor. Als Hauptursache dieser Rißart gab MAURER im Jahre 1948 die „*Überwallungen*“ an, die der beim Gespannguß in der Kokille emporsteigende Stahl bildet, sofern er infolge zu niedriger Gießtemperatur oder unsachgemäß durchgeführter Beruhigung mit Aluminium ein zu geringes Fließvermögen aufweist. Der auf dem Stahl schwimmende teigige, mit Oxyden und Verunreinigungen durchsetzte Deckel bleibt an einer unglatten Stelle der Kokillenwand hängen und wird überspült. An der Bramme zeichnen sich diese überwallten Stellen deutlich ab. Sie werden meist bei Beginn des Walzens aufgerissen, und die zunächst schmalen Risse werden dann zu verhältnismäßig flachen Streifen mit beiderseits spitz verlaufenden Verästelungen gestreckt, wie der Schnitt in Abb. 1, Mitte, erkennen läßt. Die untere Abb. zeigt, wie sich die Werkstoffaser um die rechtsseitige Verästelung des Risses herumgelegt hat. Grobe Querrisse ergeben sich bei Brammen mit verlorenem Kopf, wenn sich der Block infolge unglatter Innenflächen der Kokillenhaube während des Erstarrens aufhängt und die hierbei gebildete dünne Kruste einreißt. Da derartige Risse meist in der Nähe des Kopfes liegen, fallen sie in den üblichen Kopfverschnitt des Bleches und beeinflussen das Blechausbringen nicht. *Walzwerksbedingte* Querrisse sind in der Regel die Folge einer ungenügenden Durchwärmung der Bramme vor dem Walzen. Die warme Oberflächenzone wird gegenüber der kälteren Brammenmitte, vor allem bei den ersten Stichen, zu stark beansprucht und reißt infolgedessen quer zur Walzrichtung auf.

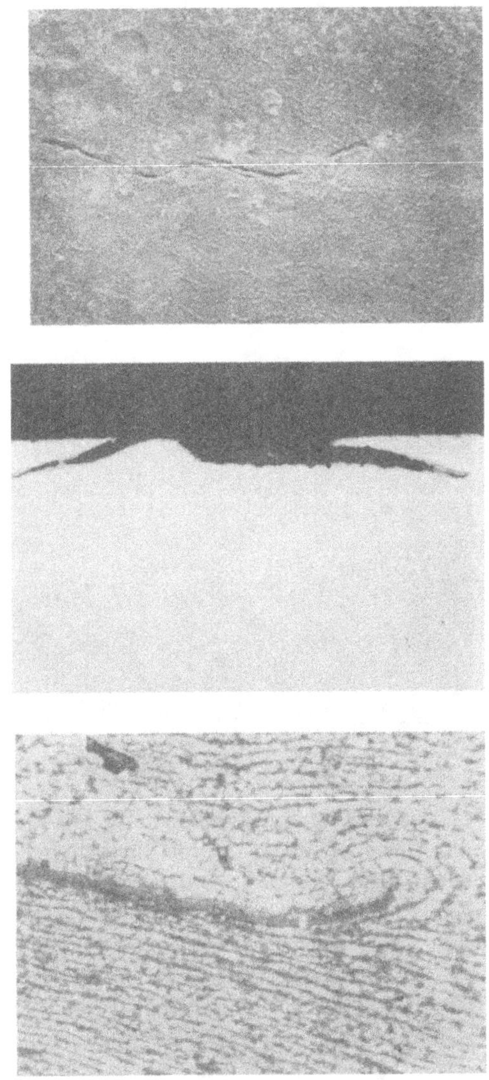

Abb. 1. Querriß („Schlangenriß“) als Folge einer Überwallung auf der Brammenoberfläche

B. Längsrisse

Längsrisse verlaufen meist vom Brammenfuß aus senkrecht nach oben bis in das untere Drittel der Bramme, und zwar überwiegend auf den *Breit*seiten. MEERBACH [3] erklärt ihre Entstehung wie folgt: In der mit Stahl gefüllten Kokille ruft der „allseitig wirkende Flüssigkeitsdruck auf die Breitseiten einen Gesamtdruck hervor, der gegenüber dem auf die Schmalseiten wirkenden um so viel größer ist, als das Verhältnis der Flächeninhalte ausmacht. Es hängt nun von der örtlichen Dicke der erstarrten Kruste ab, an welcher Stelle ein Einreißen erfolgt. Ist sie an den Ecken noch nicht erheblich stärker als in der Mitte, so werden die Risse an ersteren Stellen ansetzen, anderenfalls erfolgt Aufbauchen der Breitseiten, und der Riß bildet sich auf der Mitte". Günstige Voraussetzungen für das Entstehen dieser in Längsrichtung verlaufenden Schrumpfrisse sind gegeben durch Unebenheiten und Risse in der Kokillenwand sowie durch Gratbildung am Brammenfuß, verursacht durch schlecht auf die Gespannplatte aufgesetzte Kokillen. Auch die Lage der Steigelöcher in den Kanalsteinen zur Kokillenwand spielt eine wesentliche Rolle. Der entscheidende Einfluß der Gießtemperatur und der Steigegeschwindigkeit auf den Anfall rissiger Brammen wird noch erläutert werden.

Die eigenen Erfahrungen bestätigen die bereits von MEERBACH geäußerte Ansicht, daß der silizierte und der mit Aluminium überberuhigte Stahl sich gegenüber dem unberuhigt vergossenen Stahl in bezug auf Schrumpfrisse wesentlich ungünstiger verhält.

C. Pocken

Pocken sind die Folge von *Gasblasen*, die dicht unterhalb der Gußhaut der Bramme liegen und angeschnitten werden, wenn die Brammenoberfläche bei der Wärmung im

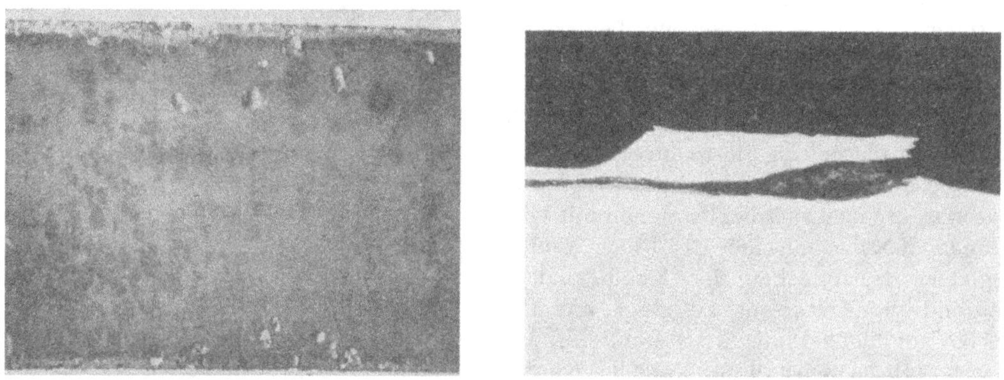

Abb. 2. „Pocken" als Folge von Blasen unterhalb der Brammenoberfläche (Randblasen)

Stoß- oder Tiefofen abgeschweißt wird. Die so entstandenen Hohlräume füllen sich mit Schweißschlacke und werden durch den Walzvorgang mehr und mehr verbreitert und verflacht. Abb. 2 zeigt links die mit Pocken bedeckte Oberfläche eines 10 mm-Bleches. Bei einem Teil der Pocken ist die Schlacke nachträglich entfernt worden, so daß ihre Tiefe zu erkennen ist. Die Pocken gehen in diesem Fall so tief in das Blech hinein, daß bei einem nachträglichen Ausschleifen die Mindesttoleranz für die Blechdicke unterschritten würde. Das Bild rechts stellt den ungeätzten Längsschnitt durch eine Pocke dieses Bleches dar. Es hat sich hier eine Verästelung gebildet, die von einer leicht abzuhebenden Schale bedeckt ist. Pocken bilden bis heute den Hauptanteil an den Oberflächenfehlern der in der DDR erzeugten Grobbleche, und dementsprechend richteten die Stahlwerke ihr Hauptaugenmerk auf die Bekämpfung der schmelz- und gießbedingten Entstehungsursachen dieser Fehlerart. MAURER hat bereits 1948 darauf hingewiesen, daß die Gasblasen in den Brammen die Folge einer ungenügenden Desoxydation des flüssigen Stahles seien, und eine zusätzliche Beruhigung mit Aluminium vorgeschlagen. Bei der damals noch unvollkommenen Wärmeführung der Siemens-Martin-Öfen ergab sich allerdings der Nachteil der Dickflüssigkeit des Stahls und somit der Überwallungen, so daß der Anfall an pockigen Blechen zwar verringert, die Gefahr der Schlangenrisse jedoch erhöht wurde.

D. Zundereinwalzungen

Zundereinwalzungen sind die Folgen einmal eines ungleichmäßigen Abschweißens der Brammenoberfläche im Wärmofen und zum anderen eines mangelhaften Entfernens des Zunders vom Blech während des Walzens selbst. Abb. 3 zeigt oben die Oberfläche eines Kesselbleches mit eingewalztem und zum Teil später herausgebrochenem Zunder. Der Umfang der Zundereinwalzung ist in diesem Fall verhältnismäßig groß; er hängt wesentlich davon ab, ob während des Durchganges durch die Walzen eine größere Zundermenge am Walzgut haftet und eingedrückt wird, oder ob der Zunder zwischen den Walzen zerspringt und nur in kleineren Stücken eingewalzt wird. Häufig weisen zusammenhängende Zundereinwalzungen eine wabenförmige Form und Anordnung auf. Obwohl es im allgemeinen nicht schwierig ist, durch den bloßen Augenschein die walzwerksbedingten Zundereinwalzungen von den stahlwerksbedingten Pocken zu unterscheiden, hat sich die Trennung dieser Fehlerarten erst seit Anfang 1954 durchsetzen können. Eindeutig erkennt man Zundereinwalzungen an Schliffbildern (Abb. 3 Mitte und unten), und zwar daran, daß sich die Werkstoffaser dem Verlauf der durch das Eindrücken des Zunders entstandenen Vertiefung angepaßt hat. Im Gegensatz hierzu ist bei Pocken die Faser an der Fehlstelle unterbrochen. An Hand des Schliffbildes lassen sich mithin Pocken und Zundereinwalzungen leicht voneinander unterscheiden, auch wenn sie, wie es bei dem in Abb. 4 gezeigten Blech der Fall ist, ineinander übergehen. Hier läßt der nach Oberhoffer geätzte Längsschliff deutlich eine Pocke erkennen, die den Faserverlauf unterbrochen hat und von einer Schale bedeckt ist. Die Vertiefung rechts der Schale ist, wie der hier nicht unterbrochene Faserverlauf zeigt, durch das Einwalzen von festgehaltenem Zunder vergrößert worden. Die Zundereinwalzung ist also in diesem Fall infolge der Anwesenheit einer Pocke, d. h. eines stahlwerksbedingten Fehlers entstanden.

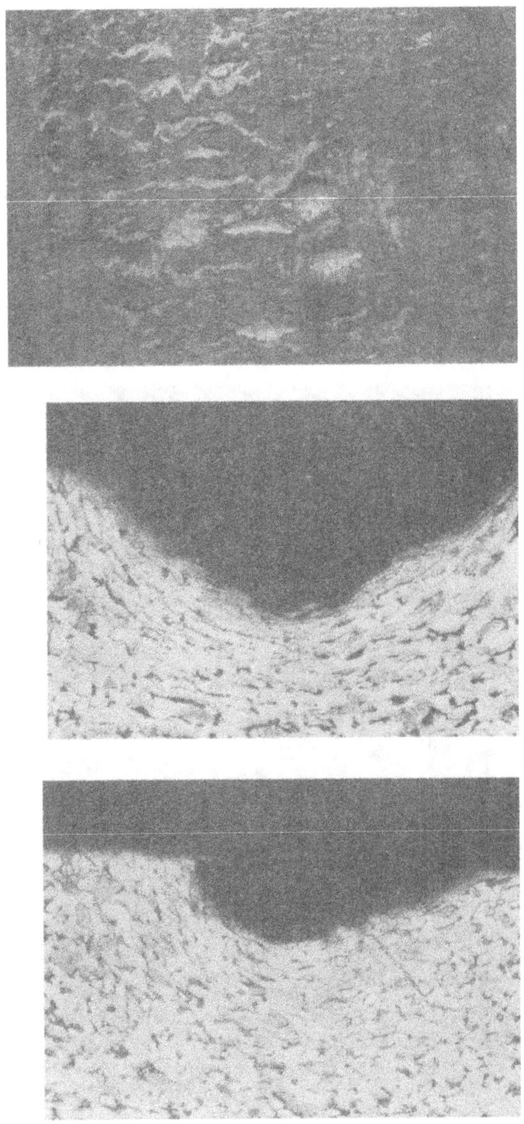

Abb. 3. Vertiefungen infolge von Zundereinwalzungen

E. Sonstige Oberflächenfehler

In die vorliegenden Betrachtungen wurden einige Fehlerarten nicht mit einbezogen, weil entweder ihre Ursache seit langem eindeutig feststeht und beseitigt oder aber der

Umfang ihres Auftretens sehr gering ist. Zur ersten Gruppe gehören die früher vornehmlich an den Blechrändern aufgetretenen Rotbrucherscheinungen, ferner Ablagerungen feuerfester Stoffe auf oder unmittelbar unterhalb der Blechoberfläche. Zur zweiten Gruppe zählen Schalen, die entweder auf Stahlspritzer bei gestörtem Gießvorgang oder auf nicht beseitigte Putzspäne zurückzuführen sind.

Abb. 4. Schalenbildung infolge einer Gasblase unterhalb der Brammenoberfläche, außerdem Vertiefung durch Zundereinwalzung

Auf Dopplungen und nichtmetallische Einschlüsse wird, da es sich hierbei um Fehler *innerhalb* des Bleches handelt, in der vorliegenden Arbeit nicht eingegangen.

III. Der Einfluß des Schmelzens und Gießens auf die Fehler der Gußbrammen

A. Der Einfluß des Schmelzens

Der Stahl für Grobbleche wird, wie bereits eingangs gesagt, in der DDR in basischen Siemens-Martin-Öfen mit Maerz-Köpfen erschmolzen. Die Öfen werden mit Generatorgas aus Braunkohlenbriketts beheizt. Der Stahleisenanteil am metallischen Einsatz wurde von 1951 bis 1954 nach und nach von rd. 15 auf 30% erhöht. Die Schmelzführung wird bis heute sehr wesentlich durch die Notwendigkeit beeinflußt, das Fassungsvermögen der Öfen bis aufs äußerste auszunutzen. Dies geht klar aus Abb. 5a hervor, in dem die Herdfläche der Mehrzahl der in der DDR betriebenen Öfen in Abhängigkeit vom Schmelzgewicht aufgetragen ist. Die hier eingezeichneten, nach Öfen normaler Bauart und Maerz-Öfen unterschiedenen Punkte belegen eine Kurve, deren Verlauf oberhalb der Öfen mit 40 t Schmelzgewicht wesentlich von der zum Vergleich mit eingezeichneten Richtkurve von K. GUTHMANN [5] abweicht. Bei gleichen Schmelzgewichten liegen die Herdflächen unserer Öfen erheblich unterhalb der Werte, die durch die Richtkurve gegeben sind; z. B. weisen die Brandenburger 140 t-Öfen Herdflächen von 50 m² auf, während ihnen nach Guthmann eine solche von 63 m² zuzuordnen wäre[1]). Es werden also Herdbelastungen bis zu 3 t/m² erreicht, die nach den von H. STOLLBERG [6] mitgeteilten Unterlagen, selbst unter günstigeren Beheizungs- und Einsatzbedingungen, auch in der Sowjetunion nicht üblich sind. Bei Öfen mit Schmelzgewichten, wie sie in der DDR vorhanden sind, rechnet man üblicherweise mit Herdbelastungen von 1,8 bis 2,3 t/m².

[1]) Neuerdings durchgeführte Nachprüfungen ergaben bei den Brandenburger Öfen Herdflächen von nur rd. 47 m².

In den Jahren 1950/51 wurde das Schmelzgewicht der Brandenburger Öfen von anfänglich 70 bis 90 t auf 140 bis 160 t erhöht. Da die Herdfläche unverändert blieb und sich infolgedessen die Herdbelastung und die mittlere Badtiefe vergrößerten, ergab sich die Möglichkeit, den Einfluß dieser Kennwerte auf die Geschwindigkeit der Entkohlungsreaktion zu verfolgen. Das Ergebnis dieser Auswertung, die 366 Schmelzen mit 15 bis

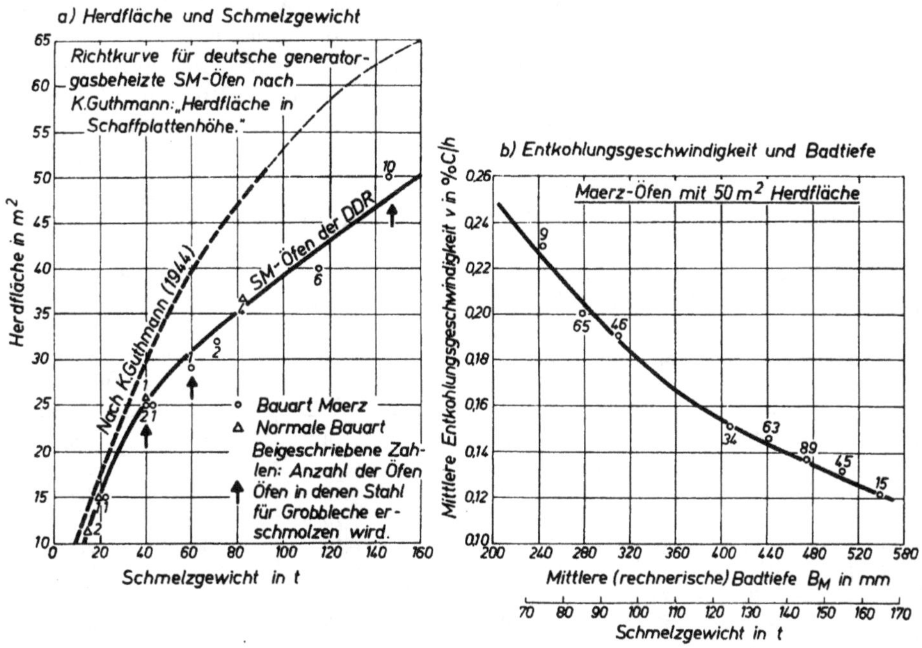

Abb. 5. a) Beziehung zwischen Herdfläche und Schmelzgewicht bei den SM-Öfen der DDR
b) Abnahme der mittleren Entkohlungsgeschwindigkeit mit steigender Badtiefe

20% Stahleiseneinsatz und normalem Schmelzverlauf umfaßte, ist in Abb. 5b dargestellt. Hier ordnen sich die Punkte einer Kurve zu, die in erster Annäherung der Gleichung

$$v \cdot B_M^{0,775} = 16,0 \qquad (1)$$

entspricht. Hierin bedeuten v die mittlere Entkohlungsgeschwindigkeit in % C/h und $B_M = \frac{t/m^2}{0,9 \cdot 6,8}$ die mittlere (rechnerische) Badtiefe in mm nach GUTHMANN [5]. Nach Abb. 5a sinkt also die Entkohlungsgeschwindigkeit von dem in Deutschland bei Qualitätsstählen meist angestrebten BEITTERschen Richtwert [7] von 0,22% C/h auf Werte um 0,14% C/h ab, wenn das Schmelzgewicht auf 130 bis 140 t, entsprechend einer mittleren Badtiefe von 420 bis 460 mm, gesteigert wird. Hierzu sei bemerkt, daß es bei den betrachteten Öfen bis heute nicht gelungen ist, die mittlere Entkohlungsgeschwindigkeit durch konstruktive oder wärmetechnische Maßnahmen über den Wert von 0,14% C/h merklich zu erhöhen.

Es sei noch darauf hingewiesen, daß die in der Betriebspraxis erhaltenen und in Abb. 5b dargestellten Ergebnisse die von M. DE LOISY [8] auf Grund der Diffusionsgesetze gemachte Aussage, die Entkohlungsgeschwindigkeit sei umgekehrt proportional dem Quadrat der Badtiefe, nicht bestätigen.

Es erhebt sich nun die Frage, wie sich die niedrige Entkohlungsgeschwindigkeit auf die *Qualität des Stahles* auswirken kann. In diesem Zusammenhang muß zunächst beachtet werden, daß die Brandenburger Schmelzen häufig eine deutliche Zunahme des Mangangehaltes des Stahlbades von der ersten bis zur letzten Vorprobe aufwiesen, die, wie die in Tafel 3 gebrachten Ergebnisse einer Großzahlauswertung zeigen, von der Entkohlungsgeschwindigkeit nicht beeinflußt wurde. Diese Manganreduktion war offenbar eine Folge sowohl der Erhöhung des Basengrades der Schlacke von durchschnittlich 1,6 beim Einlauf auf 2,4 vor dem Abstich als auch eines starken, für den Maerz-Ofen kennzeichnenden Temperaturanstieges während des Kochens, der im vorliegenden leider nur empirisch festgestellt und nicht durch Meßwerte belegt werden konnte. Diese neueren Beobachtungen stehen im Einklang mit den bereits 1931 von Ed. Maurer und W. Bischof [9] sowie später von H. Schenck [10] vertretenen Ansichten, nach denen die Verteilungsbedingungen des

Tafel 3. Bewegung des Mangangehaltes des Stahlbades während der Kochperiode von 140 t-Schmelzen im Maerz-Ofen mit 50 m² nutzbarer Herdfläche (1953/54)

Lfd. Nr.	Manganbewegung von der ersten bis zur letzten Vorprobe[1]) a) Gruppe von % [Mn] bis % [Mn]	b) Mittelwert der Gruppe % [Mn]	Mittlere Entkohlungsgeschwindigkeit % C/h	Mittlerer Basengrad CaO/SiO_2 der ersten Vorprobe	der letzten Vorprobe
1	—0,09 ÷ —0,05	—0,07	0,16	1,6	2,6
2	—0,04 ÷ ±0	—0,01	0,15	1,8	2,5
3	+0,01 ÷ +0,04	+0,04	0,14	1,6	2,2
4	+0,05 ÷ +0,09	+0,07	0,15	1,7	2,4
5	+0,10 ÷ +0,14	+0,12	0,14	1,7	2,5
6	+0,15 ÷ +0,19	+0,16	0,15	1,3	2,0
7	+0,20 ÷ +0,24	+0,21	0,13	1,4	2,5
8	+0,25 ÷ +0,29	+0,28	0,15	n. a.	n. a.

Anmerkung: [1]) Manganabnahme: — Durch Reduktion bewirkte Manganzunahme: +

Mangans im basischen Siemens-Martin-Ofen hauptsächlich vom Kalk- und Kieselsäuregehalt der Schlacke und von der Temperatur, jedoch *nicht* von der Entkohlungsgeschwindigkeit beeinflußt werden. Die Stahlwerker werten die Manganreduktion als einen die Stahlqualität fördernden metallurgischen Vorgang in der allerdings bisher wissenschaftlich noch nicht bewiesenen Annahme, daß mit steigendem Mangangehalt der Sauerstoffgehalt des Stahlbades absinke. Über den *Sauerstoffgehalt* der Brandenburger Schmelzen läßt sich überschlägig folgendes aussagen:

Die Gültigkeit der von Schenck [11] bereits 1933/34 mitgeteilten Beziehungen zwischen dem Sauerstoffgehalt des Bades einerseits und dem Kohlenstoffgehalt und der Entkohlungsgeschwindigkeit andererseits wurde neuerdings, soweit sie das basische Siemens-Martin-Verfahren betreffen, von K. G. Speith und H. vom Ende [12] bestätigt. Der Normalwert des Endkohlenstoffgehaltes der in Brandenburg hergestellten Brammenschmelzen ist mit 0,15% anzusetzen, und die entsprechende Entkohlungsgeschwindigkeit liegt bei 0,14% C/h; aus diesen Werten errechnet sich nach Schenck ein Sauerstoffgehalt des Stahles am Ende der Kochzeit von 0,026%. Diesem Wert ist nach Speith und vom Ende[1]), unter der Voraussetzung einer Badtemperatur von 1630 ± 20° C und eines Kohlenstoffgehaltes von 0,12 ± 0,04%, ein Gesamteisengehalt der Schlacke von 9,0 bis 9,5% zuzuordnen. In

[1]) Bild 23 der Schrifttumsangabe [12].

Brandenburg beträgt der Normalwert für den Gesamteisengehalt der vor der Desoxydation des Bades genommenen Schlackenproben 9,4%. Dies bedeutet, daß im Hinblick auf den Sauerstoffgehalt des Stahles als *normal* zu bezeichnende Verhältnisse vorliegen dürften.

Inwieweit der im Stahl gelöste *Wasserstoff* für Fehler der Gußbrammen verantwortlich zu machen sei, ist zur Zeit noch nicht bekannt. Nach H. Wentrup, H. Fucke und O. Reif [13] hängt die Höhe des Wasserstoffgehaltes von flüssigem Siemens-Martin-Stahl entscheidend von der Frischgeschwindigkeit ab, die beim basischen Verfahren Werte um 0,50% C/h erreichen müßte, um das Einwandern von Wasserstoff in die Schmelze zu verhüten. Was die Höhe des im Stahl gelösten Wasserstoffs betrifft, so fanden E. Piper, H. Hagedorn und H. Backes [14] bei einer Weichstahlschmelze in der ersten Probe nach dem Einschmelzen rd. 5 cm^3 H_2, nach einer Kochzeit von fast 60 min rd. 4 cm^3 H_2 und beim Abstich rd. 7 cm^3 H_2 je 100 g Stahl. Nach einer von den Letztgenannten mitgeteilten Gleichung gilt die Beziehung

$$[\mathrm{H}] = \frac{(\mathrm{H}) \cdot [C_A - C_X] \cdot K_1}{v + K_2} \tag{2}$$

Hierin bedeutet:

[H]	den Wasserstoff im Stahlbad,
(H)	den Wasserstoff in der Schlacke,
$[C_A - C_X]$	die Differenz zwischen dem Kohlenstoffwert beim Einlauf und der abgegebenen Kohlenstoffmenge,
v	die augenblickliche Entkohlungsgeschwindigkeit,
K_1 u. K_2	sind Geschwindigkeitskonstanten.

Nach Gleichung (2) ist also bei einem bestimmten Stand der Entkohlung der Wasserstoffgehalt des Bades um so höher, je niedriger die Entkohlungsgeschwindigkeit ist; der Wasserstoffgehalt der Schlacke wird hierbei als gleichbleibend angenommen. Der gegenläufigen Beziehung zwischen der Wasserstoffaufnahme und der Entkohlungsgeschwindigkeit wird nach M. I. Panfilow [15] bei dem in der Sowjetunion überwiegend angewendeten Roheisen-Erz-Verfahren bewußt in der Weise entsprochen, daß man im ersten Teil der Kochperiode Kohlenstoffabnahmen von 0,55 bis 0,70%/h anstrebt und diese dann im zweiten Teil auf Werte verringert, die etwa dem Beitterschen Richtwert von 0,22% C/h entsprechen. Diese Arbeitsweise bezieht sich allerdings auf Öfen mit normalen Badtiefen, wie sie in Brandenburg nicht vorhanden sind. Es besteht mithin die Möglichkeit, daß ein Teil der Brandenburger Schmelzen beim Vergießen noch so viel Wasserstoff enthält, daß die Voraussetzungen zur „Wasserstoffunruhe" und entsprechender Blasigkeit der Brammen gegeben sind. Es ist zwar, wie H. v. Köckritz in der Erörterung der Arbeit von Piper, Hagedorn und Backes hervorhebt, sehr schwierig, den Wasserstoffgehalt experimentell zu ermitteln, bei dem die Unruhe einsetzt. Trotzdem bedarf der Fragenbereich des Wasserstoffs in unseren Stahlwerken dringend einer sorgfältigen Bearbeitung, weil hier möglicherweise eine der wesentlichen Ursachen dafür liegt, daß die Pocken auf den Grobblechen bisher nicht zum Verschwinden gebracht werden konnten.

Bereits 1948 wies Maurer auf die Bedeutung der möglichst weitgehenden *Beruhigung* des Stahls für das Ausbringen pockenfreier Bleche hin. Abb. 6, die sich auf die erste Zeit nach der Inbetriebnahme des Stahlwerkes Brandenburg bezieht, zeigt deutlich den steilen Anstieg des Anfalls pockiger Baubleche bei *Silizium*gehalten von 0,15 bis 0,25% und weist auf die Notwendigkeit hin, den Siliziumgehalt des Fertigstahls auf mindestens 0,30% einzustellen. Allerdings ist, wie Abb. 6 weiter zeigt, auch bei Einhaltung höherer

Silizium-Werte nur dann mit einem niedrigen Anteil pockiger Bleche zu rechnen, wenn der *Mangan*gehalt über 0,30% liegt.

Die Bedeutung der ausreichenden Beruhigung geht auch aus einer Auswertung hervor, deren Ergebnisse S. KRONMARCK [16] mitgeteilt hat. Der Vergleich des Anfalls pockiger Bleche mit einer theoretisch allerdings nicht begründeten „Desoxydationskennzahl" $\frac{\% \text{Si}}{\%(\text{FeO})}$, in der (FeO) den auf Eisenoxydul umgerechneten Gesamteisengehalt der Schlacke am Ende des Kochens bedeutet, führte zu der in Abb. 7a dargestellten klaren Beziehung. Bei einem Eisenoxydulgehalt der Schlacke von z. B. 9,4% beträgt der Ausfall durch Pocken weniger als 10%, wenn der Stahl rd. 0,38% Si enthält.

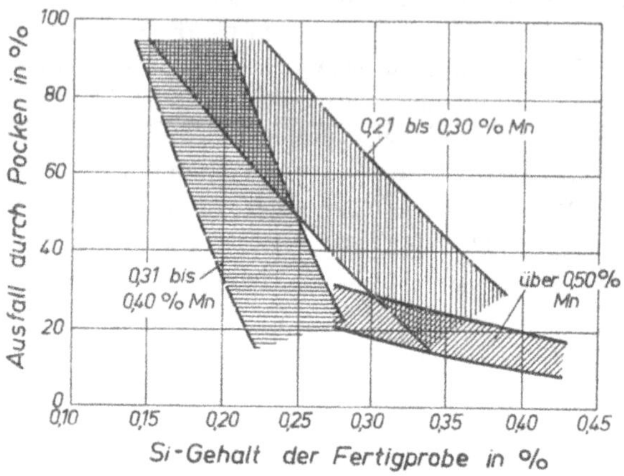

Abb. 6. Einfluß des Silizium- und Mangangehaltes der Fertigprobe auf den Ausfall durch Pocken bei Baublechen — Stahlwerk Brandenburg und Walzwerk Kirchmöser (Dez. 1950/Jan. 1951)

In diesem Zusammenhang wäre noch darauf hinzuweisen, daß auch das *Fließvermögen* des Stahls und seine hiervon abhängige Vergießbarkeit vom Siliziumgehalt stark beeinflußt werden. Nach H. E. TAYLOR, E. ROMINSKI und C. W. BRIGGS [17] nimmt, auf Grund der Messungen mit dem von ihnen entwickelten Prüfgerät, die Länge der „Fließspirale" bei 1600° C von rd. 24 auf 32″ zu, wenn der Siliziumgehalt des Stahls von 0,25 auf 0,41% erhöht wird. Bis etwa 0,6% Si steigt das Fließvermögen noch weiter an, das heißt, die Voraussetzungen zur Erzielung völlig dichter Brammen mit sauberer Oberfläche sind bei diesem Gehalt besonders günstig. Hiermit läßt sich die Erfahrungstatsache erklären, daß Bleche des Hochbaustahls St 52 mit höchstens 0,60% Si und 1,20 bis 1,40% Mn, im Gegensatz zu Blechen aus niedriger silizierten Stählen, fast frei von Oberflächenfehlern sind. Mangan hat bis zu Gehalten von 2% nach den genannten Bearbeitern praktisch keinen Einfluß auf das Fließvermögen des Stahls.

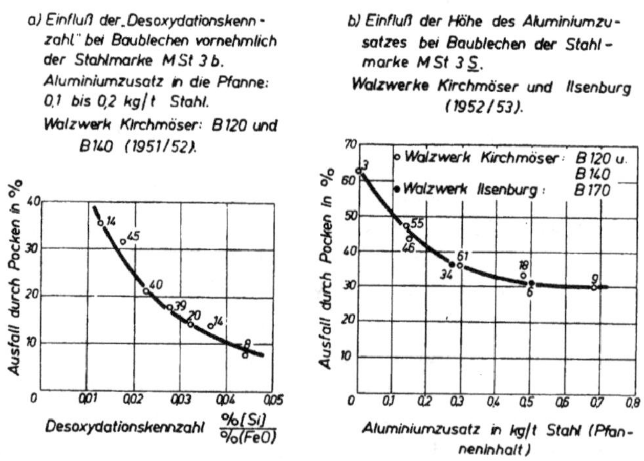

Abb. 7. Einfluß der „Desoxydationskennzahl" und der Höhe des Aluminiumzusatzes auf den Ausfall durch Pocken bei Baublechen aus Brandenburger Stahl. — Nach Auswertungen von S. Kronmarck (1953/54)

Der Einfluß des *Aluminium*zusatzes wurde von KRONMARCK [16] bei der Stahlmarke MSt 3 S mit 0,12 bis 0,22% Si verfolgt (Abb. 7b). Hiernach ist ein Aluminiumzusatz von mindestens 0,5 kg/t Stahl erforderlich, um auf den geringstmöglichen Ausfall durch Pocken zu kommen. Dieser mit 30% als sehr hoch zu bezeichnende Ausfall ist zum Teil darauf zurückzuführen, daß die Stahlmarke MSt 3 S praktisch der Marke Mb 18 entspricht und die Bleche wegen ihrer häufigen Verwendung für den Kesselbau einer sehr scharfen Ausgangsprüfung unterzogen worden sind.

B. Der Einfluß des Gießens

Bereits 1948/49 verfolgte H. Möbius im Stahlwerk Riesa den Einfluß der Steigegeschwindigkeit der im Gespann gegossenen Brammen auf das Ausbringen an fehlerfreien Grobblechen. Als günstigste Steigegeschwindigkeiten ermittelte er seinerzeit für die Formate B 170 und B 240 eine Spanne von 15 bis 25 cm/min und für das Format B 350 einen Bereich von 15 bis 20 cm/min. Diesen Werten lag eine „wahre“ *Gießtemperatur* von 1520 bis 1540° C zugrunde. Eine von den Verfassern dieser Arbeit Mitte 1951 in Brandenburg mit dem Farbpyrometer „Bioptix“ vorgenommene Nachprüfung dieses Temperaturbereiches ergab 1560 bis 1580° C. Dieser verhältnismäßig enge Bereich wird, wie in Abb. 8a dargestellt ist, auch von Signora und Camolese [4] als günstig für das Vergießen eines beruhigten Stahles, ähnlich der in der DDR verwendeten Marke Mb 12, angesehen. Unterhalb rd. 1570° C nehmen, in Übereinstimmung mit den bei uns gesammelten Erfahrungen, die Überwallungen rasch ein gefährliches Ausmaß an. Oberhalb dieser Temperatur treten in zunehmendem Umfang „Risse“, nämlich Schrumpfrisse, auf. Bemerkenswert ist der Anstieg der dicht unter der Brammenoberfläche liegenden „Randblasen“ bei Temperaturen oberhalb 1560° C; diese Abhängigkeit wurde bei uns bisher nicht mit Sicherheit festgestellt. Die Prüfberichte unserer Walzwerke lassen nur erkennen, daß der den Randblasen zugeschriebene Ausfall pockiger Bleche zurückgeht, wenn der durch Überwallungen verursachte Ausfall querrissiger Bleche ansteigt. Über die Entstehung der oft vereinzelt auftretenden, oft nestförmig zusammengedrängten Blasen sehr verschiedener Größe und Tiefe sowie über die Maßnahmen zu ihrer Vermeidung herrscht in unseren Stahlwerken noch keine Klarheit. Diese Blasen wurden früher hauptsächlich auf ungenügende Eigenschaften des in der DDR erzeugten *Kokillenlackes* zurückgeführt. Die Mitte 1954 erfolgte Einführung eines den Wünschen der Stahlwerker entsprechenden Kokillenlackes brachte zwar einen Rückgang des Anfalls an pockigen Blechen, der z. B. im Walzwerk Kirchmöser bei Baublechen rd. 5%, bei Kesselblechen rd. 8% betrug; der Gesamtanfall an fehlerhaften Blechen wurde jedoch nicht wesentlich verringert. Abb. 8a zeigt vor allem, daß es keine Gießtemperatur gibt, bei der man nicht Gefahr läuft, entweder in den Bereich der Überwallungen oder in den der Randblasen und Risse zu geraten.

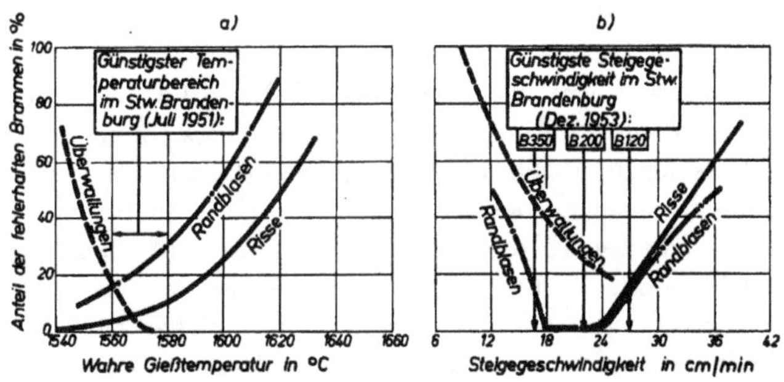

Abb. 8. Der Anteil infolge von Überwallungen, Randblasen und Rissen fehlerhafter Brammen in Abhängigkeit a) von der Gießtemperatur; b) von der Steigegeschwindigkeit. Nach M. Signora und G. Camolese (1953)

Aus Abb. 8b geht hervor, daß Signora und Camolese als günstigste *Steigegeschwindigkeit* für normalkonische Brammen den Bereich von 18 bis 24 cm/min ermittelt haben. Randblasen treten bei höheren und niedrigeren Steigegeschwindigkeiten, Risse nur bei höheren Geschwindigkeiten auf. Der angegebenen Spanne entsprechen praktisch die im Stahlwerk Brandenburg als günstig ermittelten Werte, die zwischen 17 cm/min bei der

Bramme B 350 mit dem größten und 27 cm/min bei der Bramme B 120 mit dem kleinsten Gewicht liegen. Überwallungen in dem Umfang, wie er nach SIGNORA und CAMOLESE in Abb. 8b angedeutet ist, sind bisher bei uns nicht beobachtet worden.

IV. Der Einfluß des Wärmens der Brammen auf den Anfall von Blechen mit Oberflächenfehlern

Die im vorigen Abschnitt dargelegten Beziehungen zwischen dem Schmelz- und Gießablauf einerseits und dem Auftreten von Überwallungen, Schrumpfrissen und Randblasen bei den Brammen andererseits dürfen dahingehend zusammengefaßt werden, daß *das Stahlwerk nicht in der Lage ist, mit Sicherheit völlig fehlerfreie Brammen aus beruhigtem Stahl herzustellen.* Unsere Stahlwerke bemühen sich, einen möglichst gleichmäßigen Gütestand dadurch zu erhalten, daß sie die Brammen vor dem Versand prüfen und Fehlstellen beseitigen, soweit sie dem Augenschein nach zu erkennen sind. Es besteht jedoch kein Zweifel darüber, daß das nachträgliche Putzen die Brammenoberfläche, im ganzen betrachtet, nicht wesentlich verbessern kann. Das Eisen-Forschungsinstitut hat deshalb, wie bereits erwähnt, seit Jahren die Frage verfolgt, inwieweit die Walzwerke in der Lage sind, durch die Wärmung der Brammen vor dem Walzen den Umfang des Auftretens der im Abschnitt II behandelten Oberflächenfehler zu beeinflussen. Über die Hauptergebnisse der hierbei durchgeführten Untersuchungen soll jetzt berichtet werden. Obwohl diese Arbeiten in den Walzwerken Kirchmöser, Ilsenburg und Hettstedt durchgeführt worden sind, beschränken sich die nun folgenden Darlegungen auf die Werke Kirchmöser und Hettstedt. Die Einbeziehung der Mitte 1953 im Werk Ilsenburg durchgeführten Beobachtungen besäße nur geringen Gegenwartswert, weil hier der Wärmofenbetrieb im Jahre 1954 von der Kohlenstaubfeuerung auf Generatorgasbeheizung umgestellt worden ist und die Untersuchung unter diesen veränderten Betriebsverhältnissen noch aussteht. Um den Einfluß der Wärmbedingungen der Brammen erörtern zu können, erweist es sich als zweckmäßig, zunächst den Betrieb der Wärmöfen in Kirchmöser und Hettstedt an Hand ihrer wesentlichen konstruktiven und wärmetechnischen Kennwerte kurz zu erläutern.

A. Bauart und Betrieb der Stoßöfen in den Walzwerken Kirchmöser und Hettstedt

Die Profilskizzen der Abb. 9 zeigen die Bauart der Brammenstoßöfen; ihre Hauptkennwerte sind in Tafel 4 zusammengestellt. In Kirchmöser stehen für die Wärmung der hier ausschließlich verwalzten kleinen Brammenformate B 120, B 130 und B 140 zwei mit Generatorkaltgas beheizte *Dreizonenöfen* gleicher Bauart und im wesentlichen gleicher Abmessungen zur Verfügung. Kennzeichnend für den Dreizonenofen ist die klare Unterteilung des Herdraumes in eine Vorwärmzone, Wärmzone und Ausgleichzone. Beide Öfen sind mit 5 Kopfbrennern sowie 3 Nacken- und 3 Unterbrennern, ferner mit 4 Seitenbrennern in der Vorwärmzone ausgerüstet. Zur Ausnutzung der Wärme der Rauchgase, die mit 800 bis 900°C aus dem Ofen austreten, sind unmittelbar hinter den Öfen im erweiterten Rauchgaskanal Rekuperatoren mit 163 bzw. 181 m² Heizfläche angeordnet, die das Frischgas und die Verbrennungsluft auf 300 bis 400°C vorwärmen. Die Regelung der Wärmezufuhr erfolgte zur Zeit der im Februar und März 1953 durchgeführten Versuche in der Weise, daß ein Gemischregler selbsttätig der augenblicklichen Gasmenge eine vorher eingestellte Luftmenge zuordnete. Es bestand die Möglichkeit, jederzeit das Gas-Luftverhältnis zu ändern und mithin die Zusammensetzung der Ofenatmosphäre zu beeinflussen. Unabhängig hiervon wurde angestrebt, die Gaszufuhr selbsttätig

Tafel 4. Die Hauptkennwerte der Brammenstoßöfen in den Walzwerken Hettstedt und Kirchmöser

	Einheit	Hettstedt		Kirchmöser
		Ofen C 1	Ofen C 3	Öfen I und II
I. Bauliche Kennwerte:				
1. Ofenart		normale Bauart		Dreizonen-Ofen
2. nutzbare Herdlänge	m	21,5	15,1	19,8
3. gesamte nutzbare Herdfläche	m^2	51,6	36,2	86,1
davon oberseitige Herdfläche	m^2	51,6	36,2	47,5
unterbeheizte Herdfläche . .	m^2	—	—	38,6
II. Beheizung:				
4. Art		gereinigtes Generatorgas und Öl		gereinigtes Generatorgas
5. Heizwert	$kcal/Nm^3$	~1500		~ 1500
6. Stirnbrenner	Stck.	5 Gasbrenner und 1 Ölbrenner		5
7. Nackenbrenner	Stck.	—		3
8. Unterbrenner	Stck.	—		3
9. Seitenbrenner	Stck.	6 Gasbrenner		4
III. Wärmgut:				
10. Stückgewicht	t	2,0 bis 4,5	1,7 bis 2,0	1,2 bis 1,4
11. Einsetztemperatur	°C	600 bis 700	20	20
12. Ziehtemperatur	°C	1350	1320	1300
IV. Leistungskennwerte:				
13. mittlere Ofenleistung . . .	t/h	12,0	7,6	11,0
14. mittlere Herdflächenleistung (bez. auf die oberseitige Herdfläche)	kg/m^2h	232	210	232
V. Wärmeverbrauch:				
15. spezifischer Wärmeverbrauch	kcal/t	$650 \cdot 10^3$	$600 \cdot 10^3$	$620 \cdot 10^3$

entsprechend der in der Wärmzone herrschenden Brammentemperatur zu regeln. Den hierzu erforderlichen Steuerimpuls sollte ein Strahlungspyrometer liefern, das in das Gewölbe der Wärmzone eingebaut und auf die Oberfläche der durchlaufenden Brammen gerichtet war. Dieser Teil der Regelung arbeitete jedoch wegen häufiger Verschmutzung der Linse des Pyrometers nicht befriedigend. Weiterhin waren die Öfen mit einer Druckregelung im Herdraum ausgerüstet. Der Druck im Ziehherd schwankte bei normaler Ofenbelastung zwischen 1,5 und 2,5 mm WS, während er am Einstoßende um ± 0 mm WS pendelte. Abgesehen von der Ziehtür traten an den Öfen keine Ausflammverluste auf.

Das Walzwerk Hettstedt verfügt über zwei Stoßöfen *normaler Bauart* mit gemauertem Herd von 21,5 m bzw. 15,1 m Länge. Beide Öfen weisen, abgesehen von der verschiedenen Herdlänge, praktisch die gleiche Bauart und Brennerausrüstung auf. Die in Abb. 9 unter b) gegebene Profilskizze des längeren Ofens C 1 läßt deutlich die konstruktiven Unterschiede, vor allem die einfachere Bauart dieser Öfen gegenüber den Dreizonenöfen in Kirchmöser erkennen. Die Beheizung der Hettstedter Öfen erfolgt mit Generatorkaltgas durch 5 Stirnbrenner und 6 Seitenbrenner, die vom Kopf aus bis etwa 3,5 m hinter der Ziehtür angeordnet sind. Um die zeitweilig nicht ausreichende Versorgung der Öfen mit Generatorgas überbrücken zu können, sind zusätzlich ein Ölbrenner in die Stirnwand und zwei Ölbrenner im Gewölbe, letztere mit einer zur Durchlaufrichtung der Brammen senkrecht verlaufenden Brennachse, angebracht worden. Rund 95 % des Gesamtwärmebedarfs werden am

Kopf der Öfen zugeführt. Dies hat beim Ofen C 1 infolge seiner großen Herdlänge niedrige Temperaturen der Verbrennungsgase im letzten Herddrittel zur Folge, die keine ausreichende Vorwärmung der kalt eingesetzten Brammen zulassen. Während bei dem kleineren Stoßofen C 3 die Rauchgase den Ofen mit einer Temperatur von 800 bis 850° C verlassen, beträgt die Rauchgastemperatur am Ofen C 1 nur 600° C. Bei beiden Öfen wird nur die Verbrennungsluft rekuperativ vorgewärmt.

Die Warmverformbarkeit der Bramme erfordert bestimmte, von der Stahlzusammensetzung abhängige *Ziehtemperaturen*, die bei den in Tafel 1 angegebenen Stahlmarken zwischen 1300 und 1350° C liegen. Der Temperaturunterschied zwischen der Oberseite und der kühlsten Schicht des Wärmgutes soll nach W. Heiligenstaedt [18] 50° C nicht übersteigen. Vor allem bei dem Hettstedter Stoßofen C 1 mit seinem 21,5 m langem Herd war dieser Unterschied infolge der hauptsächlich kopfseitig vorgenommenen Beheizung größer als 50° C. Die Vorwärmung der *kalt* eingesetzten Brammen verlief aus den oben erwähnten Gründen in diesem Ofen sehr langsam, so daß die Brammen nur ungenügend vorgewärmt in die Mitte des Ofens gelangten und erst hier, im Gebiet höchster Verbrennungstemperaturen, die Hauptwärme aufnehmen konnten. Stoßöfen normaler Bauart mit festem Herd haben gegenüber den Dreizonenöfen den Nachteil, daß die Wärme nur von der Oberseite und den Seitenflächen der Bramme aufgenommen werden kann. Dementsprechend besteht bei den Hettstedter Stoßöfen der größere Temperaturunterschied zwischen der Ober- und der Unterseite der Brammen.

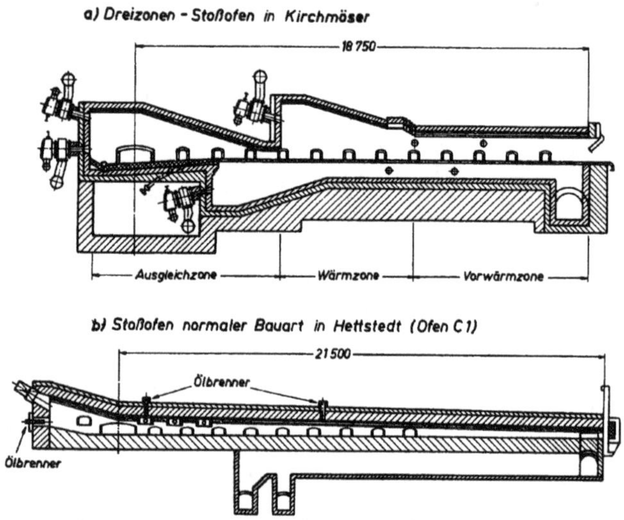

Abb. 9. Profilskizzen der Brammenstoßöfen in Kirchmöser und Hettstedt

Im Stoßofen C 1 konnte also bei kaltem Einsatz weder eine Ziehtemperatur von 1300 bis 1350° C im laufenden Betrieb eingehalten noch die erforderliche Durchwärmung der Brammen erreicht werden. Nachdem die Nachteile, die sich hieraus für die Oberflächenbeschaffenheit der gewalzten Bleche ergeben, erkannt worden waren, wurde im Einvernehmen zwischen dem Eisen-Forschungsinstitut und der Technischen Leitung des Walzwerkes Hettstedt der Bau eines *Vorwärmofens zum Stoßofen C 1* beschlossen. Dieser Vorwärmofen mit 14 m langem Herd wurde Mitte 1954 vom Werk Hettstedt selbst innerhalb kurzer Zeit gebaut. Seitdem werden in den Stoßofen C 1 nur noch auf 600 bis 700° C vorgewärmte Brammen eingesetzt (Tafel 4). Die Herdflächenleistung des Ofens C 1 entspricht jetzt mit 232 kg/m^2 · h den bei ähnlichen Ofenanlagen für warmen Einsatz üblichen Richtwerten; sie ist ebenso hoch wie die Leistung eines der Dreizonenöfen in Kirchmöser. Der spezifische Wärmeverbrauch aller in Tafel 4 angeführten Öfen liegt im Rahmen der von K. Rummel [19] gegebenen Anhaltszahlen. Bemerkenswert ist auch, daß der Gesamtwärmeverbrauch des Stoßofens C 1 und des Vorwärmofens mit zusammen 650 · 10^3 kcal/t nur unwesentlich größer ist als der Wärmeverbrauch eines Dreizonenofens.

Nach diesem Überblick über die Brammenstoßöfen in den Walzwerken Kirchmöser und Hettstedt soll jetzt auf die Untersuchungen über den Einfluß der Wärmzeit auf die Oberflächenbeschaffenheit der Grobbleche eingegangen werden.

B. Einfluß der Wärmzeit auf den Anfall an pockigen Blechen im Walzwerk Kirchmöser

Die Bedenken unserer Stahlwerker, daß die zeitweilig starken Schwankungen im Ausbringen an fehlerfreien Blechen zu einem erheblichen Teil die Folge einer unsachgemäßen Wärmung der Brammen wären, richteten sich vor allem gegen das Walzwerk Kirchmöser. Nachdem sich hier Anfang Februar 1953 beträchtliche Ausfälle infolge pockiger Bleche ergeben hatten, wurde durch eine großangelegte Betriebsuntersuchung geprüft, inwieweit man es durch Veränderung der Wärmbedingungen in der Hand hätte, das Abschweißen der unter der Brammenoberfläche liegenden Randblasen und damit das Auftreten der Pocken auf den Blechen zu beeinflussen. Diese Untersuchung umfaßte die Aufnahme von Wärmkurven des Walzgutes, die genaue Verfolgung der Wärmdauer, die laufende Bestimmung der Zusammensetzung der Ofenatmosphäre sowie die Beurteilung der fertigen Bleche. Sie führte im Endergebnis zu einem praktischen Vorschlag zur Einstellung der für die Blechqualität günstigsten Betriebsweise der Stoßöfen. Von den genannten Faktoren wird der *Abbrand* des Wärmgutes, in diesem Fall ausgedrückt in kg je m² Brammenoberfläche, maßgeblich beeinflußt. Vom Abbrand hängt wiederum die Oberflächengüte der Bleche insofern ab, als die Dicke der abgeschweißten Schicht darüber entscheidet, in welcher Tiefe und in welchem Umfang die Gasblasen unterhalb der Gußhaut der Brammen angeschnitten werden. Es wurde deshalb zunächst versucht, Aufschluß über die Größe des in Kirchmöser üblicherweise erreichten Abbrandes zu erhalten.

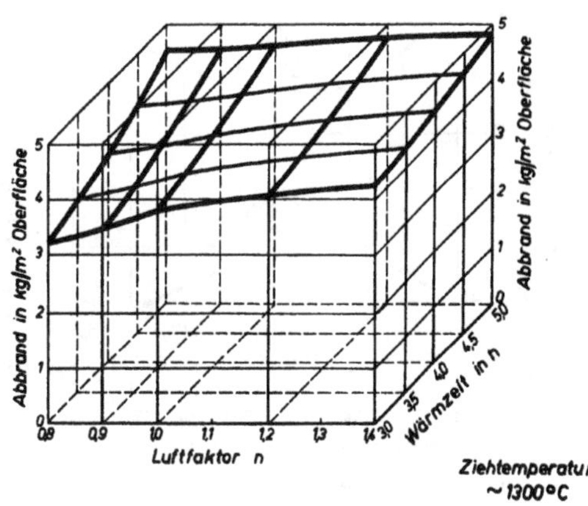

Abb. 10. Der Abbrand in Abhängigkeit vom Luftfaktor n und von der Wärmzeit, ermittelt auf Grund der Wärmkurven im Walzwerk Kirchmöser (1953)

Zu diesem Zweck wurde von den Ergebnissen umfangreicher, von R. Bourggraf [20] durchgeführter Laboratoriumsversuche ausgegangen, bei denen die Abhängigkeit des Abbrandes von der Zusammensetzung der Gasatmosphäre, der Wärmdauer, der Wärmtemperatur und der Gasgeschwindigkeit ermittelt wurde. Auf der Grundlage der in Kirchmöser aufgenommenen Wärmkurven konnte — in Verbindung mit dem „Luftfaktor" n und unter Einhaltung des von Bourggraf gegebenen Berechnungsganges — ein Raumbild aufgestellt werden (Abb. 10), das den Einfluß der Wärmzeit und des Luftfaktors auf den Abbrand klar erkennen läßt. Dieses Raumbild zeigt vor allem, daß der Abbrand bei *kurzer* Wärmzeit, z. B. bei 3 h, merklich vom Luftfaktor, d. h. von der Zusammensetzung der Ofenatmosphäre, beeinflußt wird; dies ist vor allem im Bereich luftarmer Verbrennung ($n < 1$) der Fall. Im Gegensatz hierzu bewirkt die Ofenatmosphäre bei *längerer* Wärmzeit, etwa bei 5 h, keine wesentliche Veränderung der Abbrandhöhe. Dieser mit steigender Wärmzeit geringer werdende Einfluß der Ofenatmosphäre auf die Höhe des Abbrandes wird von Bourggraf damit erklärt, daß der Abbrand nicht verhältnisgleich mit der Wärmdauer größer wird, sondern daß sich die Abbrandzunahme mit zunehmender Wärmdauer verringert. Ein Einfluß der Gasgeschwindigkeit auf die Abbrandhöhe liegt nach Bourggraf nicht vor.

Bei den in Kirchmöser durchgeführten Untersuchungen wurde, in Anlehnung an die betriebsüblichen Verhältnisse, der Luftfaktor nur in den engen Grenzen von 0,9 bis 1,1 verändert. In diesem Bereich ergab sich bei gleichbleibender Wärmzeit kein merklicher Einfluß des Luftfaktors auf den Anteil der Bleche, der infolge von Pocken abgewertet werden mußte. *Um so stärker war aber innerhalb des genannten Bereiches des Luftfaktors die Auswirkung der Wärmzeit auf das Grobblechausbringen*, wie die in Abb. 11 schaubildlich dargestellte Gesamtauswertung von 2311 Brammen der Formate B 120 und B 140 deutlich erkennen läßt. Die obere, ausgezogene Kurve gibt das Ausbringen an Blechen erster Wahl einschließlich solcher mit geringfügigen, ausschleifbaren Fehlern an, während die untere, strichpunktierte Kurve sich auf den Anteil der wegen Pocken auf zweite Wahl abgewerteten Bleche bezieht. Abb. 11 sagt aus, daß bei einer Wärmzeit von rd. 2,5 h das höchste Ausbringen an guten Blechen von rd. 74% vorlag, bedingt durch den niedrigsten Anfall

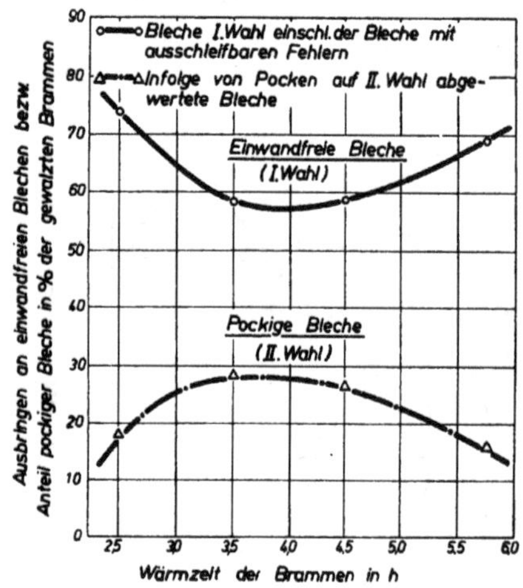

Abb. 11. Der Einfluß der Wärmzeit der Brammen auf das Ausbringen an einwandfreien Grobblechen sowie den Anfall an pockigen Blechen. — Walzwerk Kirchmöser (1953)

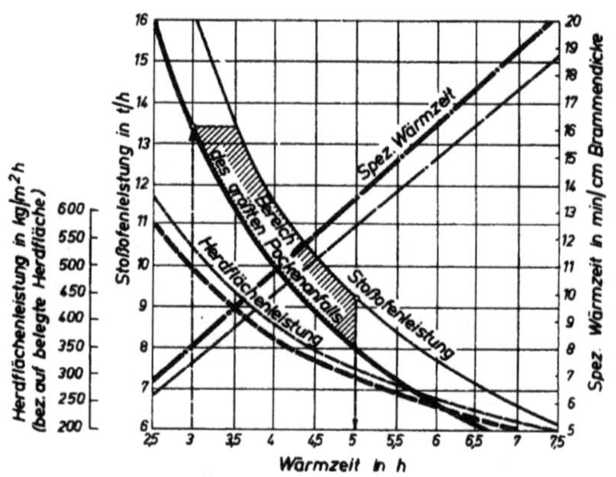

Abb. 12. Die Kennlinien des Stoßofenbetriebs im Walzwerk Kirchmöser unter Berücksichtigung der Auswertungsergebnisse bezüglich des Anfalls an pockigen Blechen

an pockigen Blechen von rd. 18%. Der Tiefstwert für das gute Ausbringen und dementsprechend der Höchstwert für den Pockenanfall ergaben sich in dem Wärmzeitbereich von 3,5 bis 4,5 h. Oberhalb 4,5 h stieg das gute Ausbringen wieder langsam an und erreichte bei einer Wärmzeit von 5,5 bis 6,0 h den Wert von rd. 70%; im entgegengesetzten Sinne veränderte sich der Anteil der pockigen Bleche. Bei Einhaltung der kurzen Wärmzeit wurden nur die wenigen, dicht unterhalb der Brammenoberfläche liegenden Randblasen angeschnitten. Mit zunehmender Wärmzeit stieg die Anzahl der freigelegten Blasen bis zu einem Höchstwert an, nach dessen Überschreitung die Blasen mehr und mehr abgeschweißt wurden.

Abb. 12 veranschaulicht einen vom Eisen-Forschungsinstitut gemachten Vorschlag zur Berücksichtigung der in Abb. 11 gezeigten Zusammenhänge beim praktischen Stoßofenbetrieb. Wie oben gesagt, verfügt das Werk Kirchmöser über zwei gleichartige Stoßöfen. Es besteht nun die Möglichkeit, im ersten Ofen eine Wärmzeit von etwa 3 h und im zweiten eine Wärmzeit von 4,5 bis 5 h einzuhalten. Damit würden Wärmzeiten von über 3 bis 4,5 h, die für die Pockenbildung besonders kritisch sind, vermieden werden. Unter der Voraussetzung, daß der erste, höher belastete Ofen nur Brammen des Formates B 120 und der zweite Ofen nur B 140 durchsetzt, würden sich Stoßofenleistungen von 13,4 bzw. 9,2 t/h ergeben. Hierbei betrüge die spezifische Wärmzeit (Durchwärmung) im ersten

Ofen 8,1 min/cm, im zweiten Ofen 12,6 min/cm Brammendicke. Da die Richtspanne für die spezifische Wärmzeit nach RUMMEL [19] 10 bis 15 min/cm Blockdicke beträgt, würde der zweite, weniger belastete Ofen eine normale Durchwärmung aufweisen, während der erste Ofen etwas unterhalb des von RUMMEL angegebenen unteren Grenzwertes gefahren werden müßte. Eine Herdbreitenausnutzung von 70% beim Format B 120 und eine Breitenausnutzung von 75% beim Format B 140 vorausgesetzt, würden nach der vorgeschlagenen Betriebsweise die auf besetzte Herdflächen bezogenen Leistungswerte 485 bzw. 315 kg/m² h betragen. Da im allgemeinen eine Herdflächenleistung von rd. 500 kg/m² h zwar als recht hoch, bei Unterbeheizung jedoch noch als tragbar angesehen wird, wären beim ersten Ofen sowohl die gewünschte Ziehtemperatur als auch die notwendige Durchwärmung erreichbar, allerdings unter der Voraussetzung der weitestgehenden Ofenausnutzung, d. h. eines Fahrens mit Abgastemperaturen von 900 bis 1000° C und entsprechend sorgfältiger Ofenüberwachung.

Als Beweis dafür, daß dieser Vorschlag praktisch zu verwirklichen wäre, mag die Tatsache gelten, daß bei dem früheren *Einofen*betrieb laufend Leistungen von 14 bis 15 t/h erreicht wurden und bei dieser Fahrweise noch ausreichende Ziehtemperaturen von 1300 bis 1320° C vorlagen. Bei dieser Betriebsweise lag das stückzahlmäßig errechnete Ausbringen an fehlerfreien Blechen, z. B. im IV. Quartal 1951, zwischen 70 und 80%.

C. Einfluß der Wärmzeit auf den Umfang und die Verteilung der Oberflächenfehler der Bleche im Walzwerk Hettstedt

Seit der Aufnahme der Grobblecherzeugung im Gebiet der DDR unterlag der Qualitätsstand in den Walzwerken Kirchmöser und Ilsenburg häufigen Schwankungen. Demgegenüber zeichnete sich das Ausbringen an fehlerfreien Blechen im Walzwerk Hettstedt zunächst durch einen verhältnismäßig gleichbleibenden Stand aus. Erst infolge des zunehmenden Bedarfs an Blechen mit besonderen Ansprüchen an die Oberflächengüte, vor allem für den Kesselbau, ergab sich auch für das Werk Hettstedt die Notwendigkeit, der Oberflächenbeschaffenheit seiner Bleche besondere Aufmerksamkeit zu widmen. Es hatte sich mehrmals erst bei der Verarbeitung normalgeglüht gelieferter und mit Glühzunder bedeckter Bleche herausgestellt, daß neben den bekannten Fehlern der Pocken und Risse sowohl die obere als auch die untere Blechseite mit Zundereinwalzungen bedeckt waren. Da in der Frage der Verantwortlichkeit für Pocken und Zundereinwalzungen verschiedene Ansichten bei den Vertretern der Stahlwerke und des Walzwerkes Hettstedt bestanden hatten, wurde vom Eisen-Forschungsinstitut der Einfluß der in Hettstedt gegebenen Wärmverhältnisse auf das Ausbringen an verwendungsfähigen Blechen untersucht. Diese Arbeiten, die sich mit Unterbrechungen über einen großen Teil des Jahres 1954 erstreckten, stützten sich sowohl auf eigene Betriebsbeobachtungen als auch auf Großzahlauswertungen von Betriebsaufzeichnungen. Die Auswertungen gingen davon aus, daß bei einer Untersuchung der *walzwerksbedingten* Einflüsse auf die Oberflächengüte der Bleche die einzelnen Stahlmarken wegen ihrer verhältnismäßig geringen Unterschiede in der chemischen Zusammensetzung (Tafel 1) nicht besonders berücksichtigt zu werden brauchten. Es wurden lediglich die Brammenformate und in einzelnen Fällen „Baubleche“ und „Kesselbleche“ unterschieden. Die Bleche wurden, ihrer Oberflächenbeschaffenheit nach, in folgende Bewertungsgruppen eingeteilt:

Gruppe I: Völlig fehlerfreie Bleche, bezeichnet mit „I. Wahl“.
„ Ia: Bleche mit ganz geringfügigen, meist in Hettstedt selbst ausgeschliffenen Fehlern.
„ Ib: Bleche mit leichten, noch ausschleifbaren Fehlern.
„ II: Auf II. Wahl abgewertete Bleche.

Zur Kennzeichnung des Betriebsablaufs des Umkehrwalzwerkes Hettstedt in der Zeit vom I. Quartal 1953 bis einschließlich Oktober 1954 sind in Abb. 13 die wichtigsten Betriebskennzahlen, wie Walzzeit, Walzleistung und spezifischer Wärmeverbrauch dem Anteil der auf II. Wahl abgewerteten Bleche, unterschieden nach Brammengewicht, Verwendungszweck der Bleche und Fehlerarten, gegenübergestellt worden. Walzzeit und Walzleistung[1]) des I. Quartals 1953 wurden gleich 100% gesetzt und die in den folgenden

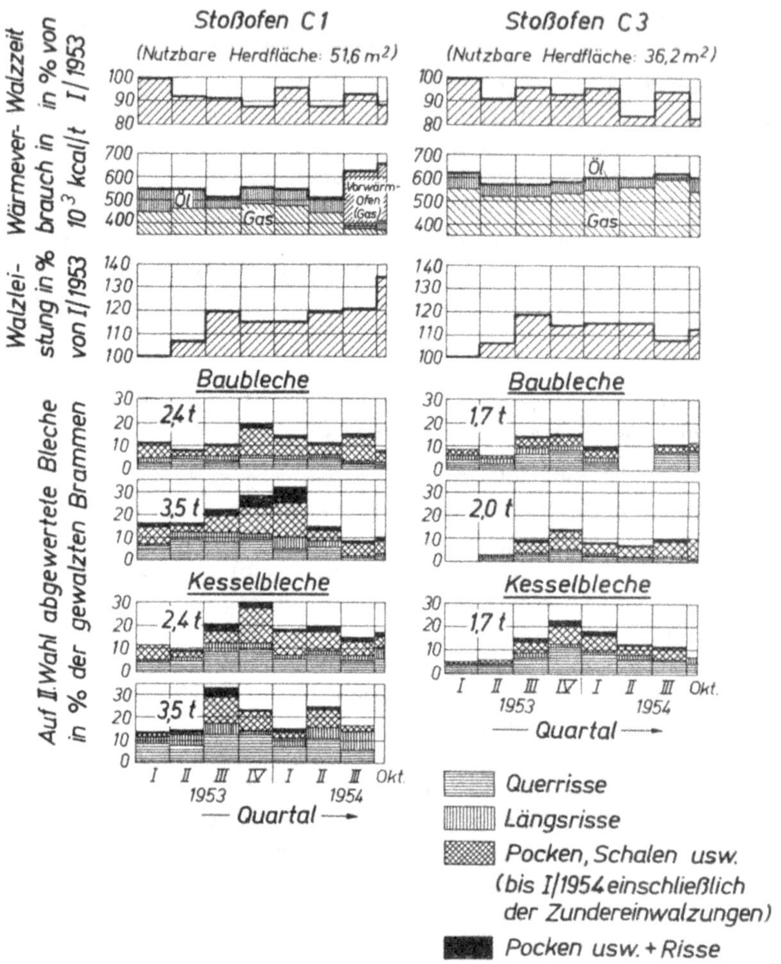

Abb. 13. Die Entwicklung der Walzleistung im Walzwerk Hettstedt von Anfang 1953 bis Oktober 1954 und ihr Einfluß auf den Anfall an Bau- und Kesselblechen II. Wahl

Quartalen erreichten Werte hierauf bezogen. Die für den Durchsatz der Stoßöfen C 1 und C 3 angegebenen Walzleistungen stiegen im II. Quartal 1953 gegenüber dem I. Quartal um rd. 20% an, während die Walzzeit im gleichen Zeitraum um rd. 10% sank. Der Rückgang der Walzleistung der in Ofen C 1 gewärmten Brammen im IV. Quartal 1953 und im I. Quartal 1954 war durch eine außergewöhnliche Häufung von Betriebsstörungen bedingt. Der spezifische Wärmeverbrauch unterlag bis einschließlich des II. Quartals 1954 nur

---

[1]) $\text{Walzleistung} = \dfrac{\text{Stoßofendurchsatz in t}}{\text{Reine Walzzeit in h}}$.

geringen Schwankungen, was auf eine Steigerung der Wärmezufuhr bei erhöhter Durchsatzgeschwindigkeit des Wärmgutes zurückzuführen ist. Im Oktober 1954 stieg die auf den Durchsatz des Ofens C 1 bezogene Walzleistung weiter an, und zwar auf rd. 135% des Standes vom I. Quartal 1953. Diese Leistungssteigerung war im wesentlichen eine Folge der Vorschaltung des Mitte 1954 gebauten *Vorwärmofens*. Die Vorwärmung hatte erwartungsgemäß eine Erhöhung des spezifischen Wärmeverbrauchs auf 600 bis 650 · 10^3 kcal/t zur Folge. Berücksichtigt man aber, daß die mit selbsttätiger Regelung sowie mit rekuperativer Gas- und Luftvorwärmung ausgerüsteten Öfen in Kirchmöser rd. 620 · 10^3 kcal/t

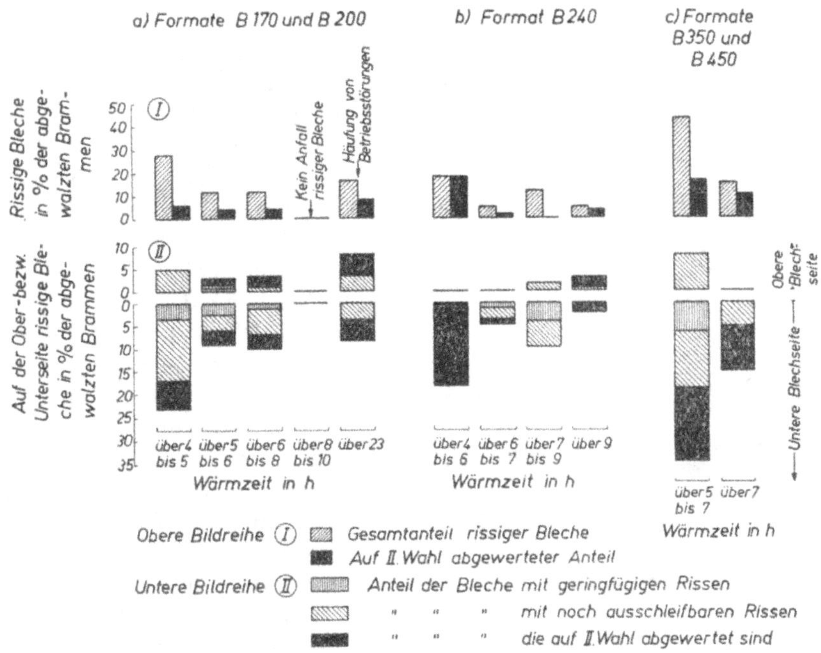

Abb. 14. Einfluß der Wärmzeit auf den Anfall an rissigen Blechen, unterteilt nach Lage der Fehler und Bewertungsgrad. — Walzwerk Hettstedt (1953/54)

verbrauchen, so kann der Gesamtwärmeverbrauch des Ofens C 1 in Verbindung mit dem Vorwärmeofen *nicht* als ungünstig bezeichnet werden.

Die in Abb. 13 dargestellte Entwicklung der Grobblechqualität zeigt, daß mit der Steigerung der Walzleistung im II. Halbjahr 1953 unverkennbar eine Zunahme des Anfalls an Blechen II. Wahl aller Brammenformate und aus beiden Stoßöfen verbunden war. Besonders auffällig ist die Erhöhung des Anteils der wegen Pocken und wegen Querrisse abgewerteten Bleche, wobei in dem Sammelbegriff der Pocken auch die walzwerksbedingten Zundereinwalzungen enthalten sind. Während sich bei den in Kirchmöser durchgeführten Untersuchungen ein unmittelbarer Zusammenhang zwischen der Wärmzeit der Brammen und dem Anfall an pockigen Blechen herausgestellt hatte, ergab sich diese Abhängigkeit hauptsächlich wegen des wesentlich geringeren Anfalls an pockigen Blechen in Hettstedt nicht. Dagegen ließ die Beurteilung von 418 Blechen aller Formate einen deutlichen Einfluß der Wärmzeit auf den Anfall an *rissigen* Blechen erkennen, wobei zwischen Längsrissen und Querrissen nicht unterschieden wurde. Abb. 14, Reihe I, zeigt, daß bei den Brammenformaten B 170 und B 200 der Anteil der rissigen Bleche stufenweise von 30 auf 0% gesunken ist, nachdem die Wärmzeit der Brammen von anfänglich 4 bis 5 h auf 8 bis 10h verlängert worden war. Brammen mit übermäßig langen, durch eine Häufung von Betriebsstörungen bedingten Wärmzeiten von 23 h und länger ergaben zwar einen Wiederanstieg des Anteils der rissigen Bleche; dieser Anteil lag jedoch noch um rd. 10% niedriger als bei den nur kurzzeitig gewärmten Brammen. Auch das mittelschwere Format B 240 sowie die schweren Formate B 350 und 450 zeigten ein Sinken des Anteils rissiger Bleche mit zunehmender Wärmzeit der Brammen. Besonders deutlich trat dieser Einfluß hervor, nachdem die Verteilung der Risse auf der oberen und unteren Seite der Bleche erfaßt worden war. Gemäß den Darstellungen der Reihe II der Abb. 14 betrug bei allen Brammenformaten nach der kürzesten Wärmzeit die Anzahl der auf der Blechunterseite festgestellten Risse ein Vielfaches der oberseitigen Risse. Mit zunehmender Wärmzeit glich sich dieser Unterschied bei den Formaten B 170, B 200 und B 240 aus. Bemerkenswert ist weiterhin, daß der Anteil der Risse, die zur Abwertung auf II. Wahl führten, hauptsächlich auf der Blech*unterseite* lag. Bei den schweren Formaten B 350 und B 450 war der Rißanfall auf der Blechunterseite am höchsten, weil hier das Temperaturgefälle von der Ober- zur Unterseite am steilsten war.

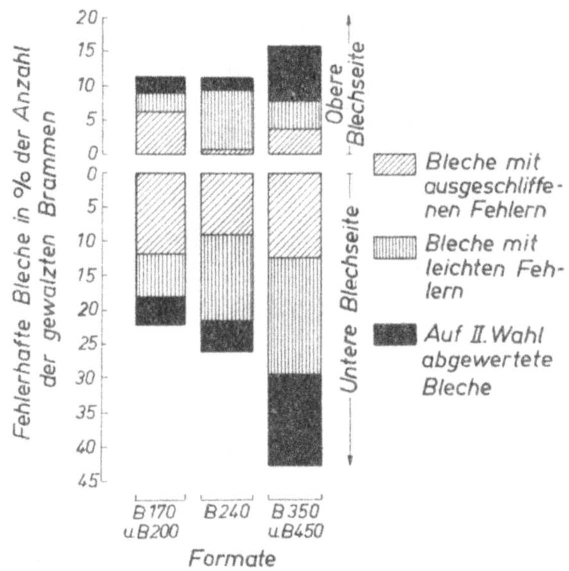

Abb. 15. Verteilung der stahlwerksbedingten Fehler auf die obere und untere Blechseite. — Walzwerk Hettstedt (1953/54)

Bezüglich des Auftretens der *Pocken* auf der Ober- und Unterseite der Bleche wurde festgestellt, daß die zunehmende Wärmzeit das Abschweißen der Brammenoberseite und mithin durch Freilegen der Randblasen die Pockenbildung begünstigte, sofern kein vollständiges Abschweißen der randblasigen Schicht erreicht wurde. Auf der unteren Brammenseite wurden in den Hettstedter Stoßöfen auch bei sehr langer Wärmzeit keine Blasen angeschnitten. Die auf der Unterseite der Bleche festgestellten pockenähnlichen, meist mit Zunder angefüllten Fehlstellen hatten ihre Ursache in Unebenheiten der Gußhaut und nahmen mit steigender Wärmzeit ab. Auch der Anteil der groben nichtmetallischen Ablagerungen und der Schalen ging mit zunehmender Wärmzeit zurück. Faßt man alle *stahlwerksbedingten* Fehler in ihrer Verteilung auf die Ober- und Unterseite der Bleche zusammen und ordnet sie den Brammenformaten zu, so ergibt sich Abb. 15. Hiernach stieg mit zunehmendem Brammengewicht der Prozentsatz der auf der Unterseite fehlerhaften Bleche stark an, wobei, in Übereinstimmung mit Abb. 14, der Anteil der auf II. Wahl abgewerteten Bleche zunahm. Auch hierin zeichnete sich der Nachteil einer ungenügenden Durchwärmung der kalt in den Stoßofen C 1 eingesetzten schweren Brammenformate deutlich ab.

Die in Hettstedt durchgeführten Untersuchungen brachten das wichtige Ergebnis, daß den Oberflächenfehlern der Brammen, insbesondere den Rissen, durch eine längere Wärmzeit und eine hierdurch bedingte bessere Durchwärmung mit gutem Erfolg begegnet werden kann. Als die unter den gegebenen betrieblichen Bedingungen zweckmäßigste technische Maßnahme erwies sich der Bau des bereits mehrfach erwähnten *Vorwärmofens* für den Stoßofen C 1. Der Hauptvorteil, den diese Maßnahme zur Folge hatte, kommt in

Abb. 16 zum Ausdruck. Hier ist der Temperaturunterschied zwischen der Oberseite der Bramme als der wärmsten und der Unterseite als der kühlsten Zone in Abhängigkeit vom Brammengewicht und der Ziehtemperatur eingetragen, und zwar sowohl für kalten als auch für vorgewärmten Einsatz. Die Berechnung dieses Temperaturunterschiedes erfolgte nach HEILIGENSTAEDT [18] auf Grund der Brammendicke, der von den Ofeninnenabmessungen und der Gasart abhängigen Wärmeübergangszahl und der durch Berechnung und Messung ermittelten Temperaturdifferenz zwischen den Verbrennungsgasen und der Brammenoberfläche. Die Einführung der Brammenvorwärmung hat bewirkt, daß bei etwa gleichbleibender Ofentemperatur und Ofenleistung einmal die Ziehtemperaturen um rd. 40°C angestiegen sind und zum anderen der Temperaturunterschied zwischen Ober- und Unterseite der Brammen wesentlich verringert, d. h. die Durchwärmung entsprechend verbessert worden ist.

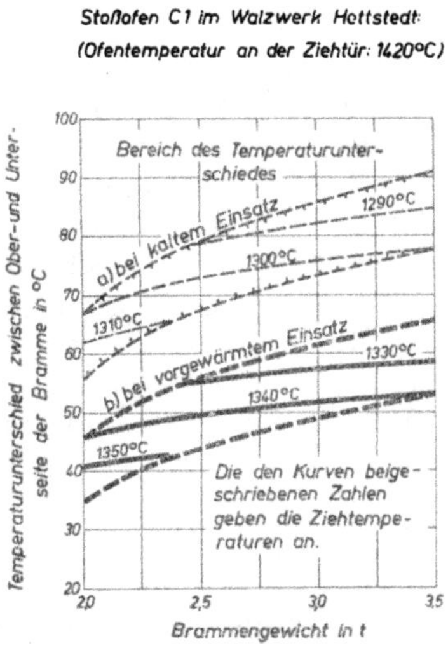

Abb. 16. Temperaturunterschied der Brammen bei kaltem und vorgewärmtem Einsatz in Abhängigkeit vom Brammengewicht und von der Ziehtemperatur

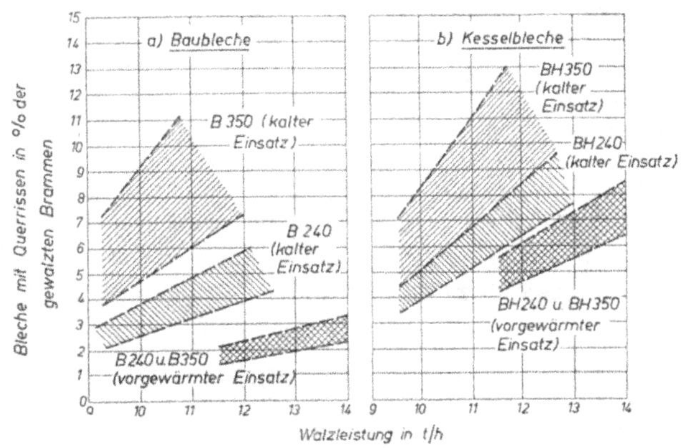

Abb. 17. Einfluß der Walzleistung auf den Anfall an querrissigen Blechen bei kalt bzw. vorgewärmt eingesetzten 2,4 t- und 3,5 t-Brammen. — Walzwerk Hettstedt (1953/54)

Als eine der Auswirkungen der Brammenvorwärmung auf die Oberflächenbeschaffenheit der Bleche zeigt Abb. 17 den Einfluß der Walzleistung auf den Anfall an *querrissigen* Bau- und Kesselblechen. Bei den früher nur kalt eingesetzten Brammen ergab sich mit zunehmender Walzleistung ein Ansteigen der querrissigen Bleche, wobei in Übereinstimmung mit den oben gemachten Ausführungen die 3,5 t-Brammen schlechter abschnitten als die 2,4 t-Brammen. Infolge der Vorwärmung wurde nicht nur dieser Unterschied ausgeglichen, sondern es ging auch der Anteil der querrissigen Baubleche auf 2 bis 3% zurück, während dieser Anteil bei den Kesselblechen auf 5 bis 8% gesenkt werden konnte. Bei beiden Blecharten konnte erreicht werden, daß bei einer Steigerung der Walzleistung auf 12 bis 14 t/h sich kein höherer Ausfall an querrissigen Blechen ergab als bei der früheren Leistung von 9 bis 10 t/h.

Ein Vergleich des Anteils der *Zundereinwalzungen* bei der früheren Betriebsweise mit kaltem und der jetzigen mit vorgewärmtem Einsatz kann mit der gleichen Sicherheit, wie es oben bei den anderen Oberflächenfehlern geschehen ist, nicht gegeben werden, denn die Zundereinwalzungen wurden bis zum I. Quartal 1954 nicht als solche erkannt und bewertet. Der Rückgang dieser Fehlerart kann hier nur durch zwei Zahlen angedeutet werden: Im April 1954, also *vor* dem Bau des Vorwärmofens, mußten 15% aller nach dem Walzen nicht fehlerfreien Bleche wegen Zundereinwalzungen ausgeschliffen werden; im Oktober ist dieser Anteil infolge des inzwischen eingeführten Vorwärmbetriebes auf 7,4% zurückgegangen.

Auch nach der Inbetriebnahme des Vorwärmofens wurde in Hettstedt der Stoßofenbetrieb ständig verbessert. Hierauf deuten die in Tafel 5 enthaltenen Angaben über die Senkung des Anteils der infolge von Zundereinwalzungen auf II. Wahl abgewerteten Bleche während der Monate August bis November 1954. Bemerkenswert ist hier nicht allein die günstige Entwicklung bei den vorgewärmten und im Ofen C 1 auf Walzhitze gebrachten schweren Brammen, sondern auch der Rückgang der Zundereinwalzungen bei den im Ofen C 3 gewärmten leichteren Brammen. Der Betrieb des Stoßofens C 1 mit vorgewärmtem Einsatz gestattet die Einhaltung längerer Wärmzeiten in dem nur mit kaltem Einsatz beschickten Ofen C 3 und bewirkt auf diese Weise mittelbar eine Verbesserung des Ausbringens an fehlerfreien Blechen kleiner und mittlerer Gewichte.

Tafel 5. Senkung des Anteils der infolge von Zundereinwalzungen auf II. Wahl abgewerteten Bleche im Walzwerk Hettstedt

1954	Stoßofen C 1 (Formate B 240 und B 350)	Stoßofen C 3 (Formate B 170 und B 200)
August	7,2%	8,3%
September	1,3%	2,3%
Oktober	0,5%	1,8%
November	0,3%	0,5%

ZUSAMMENFASSUNG

Nach einer kurzen Darstellung der Entwicklung der Grobblecherzeugung im Gebiet der DDR und nach Hinweisen auf die für Bau- und Kesselbleche verwendeten Stahlmarken und Brammenformate wurde ein Überblick über die verschiedenartigen Oberflächenfehler, wie Quer- und Längsrisse, Pocken und Zundereinwalzungen, und ihre Entstehungsursachen gegeben. Dann wurde der Einfluß der Schmelzführung im Siemens-Martin-Ofen und der Gießbedingungen auf die Fehler der Gußbrammen behandelt.

Die hohen Herdbelastungen der zur Erschmelzung der Grobblechstähle hauptsächlich verwendeten Öfen des Stahlwerkes Brandenburg lassen nur verhältnismäßig niedrige Werte für die mittlere Entkohlungsgeschwindigkeit zu. Hieraus ergibt sich die durch Angaben des Schrifttums gestützte, experimentell jedoch noch nicht bestätigte Schlußfolgerung, daß die Bildung von Blasen unter der Gußhaut der Brammen und somit die Entstehungsursache der Pocken auf den Blechen durch einen zu hohen Wasserstoffgehalt des Stahls gefördert wird. Erwiesen ist, daß der Anfall pockiger Bleche mit zunehmendem Silizium- und Mangangehalt des Fertigstahles und mit steigendem Aluminiumzusatz, also mit einer verstärkten Desoxydation, zurückgeht.

In den Stahlwerken der DDR wurde festgestellt, bestätigt durch Angaben des Schrifttums, daß der Anfall an fehlerhaften Gußbrammen wesentlich von der Gießtemperatur und der Steigegeschwindigkeit des flüssigen Stahls abhängt. Es gibt praktisch keine Gießtemperatur, bei der man nicht Gefahr läuft, entweder in das Gebiet der Überwallungen oder in das der Randblasen und Schrumpfrisse zu geraten. Außerdem ist der Bereich der günstigen Steigegeschwindigkeiten sehr eng. Unter diesen Bedingungen dürfte die Feststellung berechtigt sein, daß ein Ausbringen von 80 bis 90% fehlerfreien Brammen einer Schmelze als befriedigend bezeichnet werden kann.

Die Untersuchung der Wärmung der Brammenformate B 120 und B 140 in den beiden Dreizonenstoßöfen des Walzwerkes Kirchmöser ergab eine klare Beziehung zwischen der

Wärmzeit und dem Anfall an pockigen Blechen. Aus dieser Erkenntnis heraus wurde ein praktischer Vorschlag für die günstigste Betriebsweise der Stoßöfen entwickelt.

Ein enger Zusammenhang zwischen der Wärmzeit der Brammen und den Oberflächenfehlern der Bleche, unterschieden nach ihrer Lage auf der Ober- oder Unterseite, zeigte sich bei den Betriebsuntersuchungen an den Stoßöfen normaler Bauart des Walzwerkes Hettstedt. Der Bau eines Vorwärmofens, als praktische Folgerung dieser Untersuchungen, führte nicht nur zu einer Steigerung und Festigung des Ausbringens an fehlerfreien Blechen, sondern auch zu einer Erhöhung der mengenmäßigen Erzeugung.

Es besteht kein Zweifel darüber, daß die meisten Oberflächenfehler der Grobbleche ihre Ursache in fehlerhaften Gußbrammen haben. Demgegenüber konnte jedoch nachgewiesen werden, daß auch die Walzwerke durch Schaffung geeigneter Wärmbedingungen, insbesondere durch Einhaltung hoher Ziehtemperaturen und gute Durchwärmung, den Anfall an Blechen mit stahlwerksbedingten Fehlern fühlbar senken können.

LITERATUR

[1] THUM, A., u. HOLDT, H., Die Beurteilung von Kesselblechen durch die Kerbbiegeprobe. Stahl u. Eisen **53** (1933) S. 505/08.

[2] Standardliste Eisen und Stahl. Herausgegeben vom Ministerium für Schwerindustrie, Berlin, 1. Dez. 1953.

[3] MEERBACH, K., Die Werkstoffe für den Dampfkesselbau. Verlag von J. Springer, Berlin 1922.

[4] SIGNORE, M., u. CAMOLESE, G., Fattori che contribuiscono alla formazione di difetti superficiali su lingotti per lamiere di acciaio calmato a medio tenore di carbonio. La Metallurgia Italiana XI (1952) S. 560/67. Vgl. Rev. Mét. **51** (1954) Nr. 4, Extr. S. 138/41.

[5] GUTHMANN, K., Kennzahlen der deutschen Siemens-Martin-Öfen. — Aus der Facharbeit auf dem Gebiete des Eisenhüttenwesens in den Jahren 1939—1945, S. 319/44. Verlag Stahleisen m. b. H., Düsseldorf 1953.

[6] STOLLBERG, H., Zusammenhänge zwischen Größe, Herdfläche, Herdbelastung und Leistung von Siemens-Martin-Öfen. Vorgetragen auf der 4. Tagung des Fachausschusses „Siemens-Martin-Stahlwerke" am 24. 1. 1955.

[7] BEITTER, F., Die Abscheidung von Phosphor, Schwefel und Sauerstoff bei der Qualitätsstahlerzeugung im Siemens-Martin-Ofen. Stahl u. Eisen **53** (1933) S. 369/75 und S. 398/404.

[8] LOISY, M. DE, Die Geschwindigkeit der Kohlenstoffverbrennung aus dem Einsatz im Siemens-Martin-Ofen. Rev. Mét. **23** (1926) Nr. 7, S. 369/80.

[9] MAURER, ED., u. BISCHOF, W., Zur physikalischen Chemie der Manganreaktion, ihre Beeinflussung durch Bad und Schlacke. Ergebn. angew. physikal. Chemie **1** (1931) S. 109/97.

[10] SCHENCK, H., Erörterungsbeitrag zu G. Leiber: Das Reaktionsgeschehen im basischen Siemens-Martin-Ofen. Stahl u. Eisen **57** (1937) S. 237/49.

[11] SCHENCK, H., Einführung in die physikalische Chemie der Eisenhüttenprozesse, II. Band, S. 186/91. Verlag von J. Springer, Berlin, 1934.

[12] SPEITH, K. G., u. ENDE, H. VOM, Die Sauerstoffgehalte flüssiger Thomas-, Siemens-Martin- und Elektro-Stähle. Stahl u. Eisen **74** (1954) S. 509/25.

[13] WENTRUP, H., FUCKE, H., u. REIF, O., Wasserstoffgehalte flüssigen Stahles verschiedener Herstellung. Stahl u. Eisen **69** (1949) S. 117/22.

[14] PIPER, E., HAGEDORN, H., u. BACKES, H., Das Verhalten des Wasserstoffes bei der Stahlerzeugung. Stahl u. Eisen **73** (1953) S. 817/28.

[15] PANFILOW, M. I., Das Schnellschmelzen von Stahl. S. 133/34. Fachbuchverlag G.m.b.H., Leipzig 1953.

[16] KRONMARCK, S., Blockoberflächenfehler und ihre Ursachen. Metallurgie u. Gießereitechnik **4** (1954) S. 243/49.

[17] TAYLOR, H. F., ROMINSKI, E., u. BRIGGS, C. W., Trans. Am. Foundrymen's Assoc. **49** (1941) S. 1/93. — Vgl. auch C. W. Briggs: The Metallurgy of Steel Castings, S. 171/82. New York und London 1946.

[18] HEILIGENSTAEDT, W., Wärmetechnische Rechnungen für Industrieöfen. 3. Auflage, S. 327/39. — Verlag Stahleisen m.b.H., Düsseldorf 1951.

[19] RUMMEL, K., Anhaltszahlen für die Wärmewirtschaft insbesondere auf Eisenhüttenwerken. 4. Auflage, S. 108/10. — Verlag Stahleisen m. b. H., Düsseldorf 1947.

[20] BOURGGRAF, R., Abhängigkeit des Abbrandes von der Zusammensetzung der Gasatmosphäre, der Wärmdauer, der Wärmtemperatur und der Gasgeschwindigkeit. Stahl u. Eisen **60** (1940) S. 129/37 u. 156/59.

Alterung und Sauerstoff beim technischen Eisen

Eduard Maurer

Einleitung

Die durch Kaltverformung bewirkten plastischen Formänderungen mit Steigerung der Festigkeit versuchte 1923 G. Tammann [1] mit der „Translationstheorie", J. Czochralski [2] mit der „Verlagerungshypothese" zu deuten. Die Translationstheorie nahm keine Störung des Raumgitters an, während die Verlagerungshypothese mit einer derartigen Störung rechnete. Die 1934 bekannt gewordene „Versetzungstheorie" von M. Polanyi [3a] bzw. von G. I. Taylor [3b] kann als Fortführung der Verlagerungshypothese gelten. Eine „Versetzung" ist nach R. Houwink [4] dann vorhanden, wenn entlang einer gewissen Strecke auf einer Gleitebene die Atomreihe unmittelbar oberhalb der Ebene ein Atom mehr oder weniger enthält als die Reihe unterhalb der Ebene. Auch zwei der bekanntesten deutschen Metallkundler, W. Köster [5] und G. Masing [6], schlossen sich in ihren 1950 anläßlich einer Werkstoffausschuß-Tagung des Vereins Deutscher Eisenhüttenleute in Düsseldorf gehaltenen Vorträgen dieser Theorie an. Mit Hilfe der Versetzungstheorie wurden von den Metallphysikern auch Vorgänge wie die „Ausscheidungshärtung" und die „Alterung" von verformten Metallen, worunter die „Alterung des Eisens" fällt, behandelt. Das Schrifttum darüber hat derartig zugenommen, daß der ersten referierenden Darstellung von 1949 in der Buchreihe: „Progress in Metal Physics" [7] bereits 1953 eine zweite folgte, die sich mit den angeführten Fragen weiterhin eingehend befaßte.

Die Frage der „Alterung" wird im folgenden nicht vom Standpunkt der Metallphysik bzw. der Metallkunde aus behandelt. Eine eingehende Darstellung in dieser Richtung erfolgte kürzlich von einem Mitarbeiter [8] des Max-Planck-Instituts für Eisenforschung in seiner Veröffentlichung: „Der gegenwärtige Stand der Forschung über die Alterung weicher Stähle." In der vorliegenden Arbeit wird das Problem vom Standpunkt der praktischen Metallurgie aus angegangen, wenn auch dieser Art der Behandlung ohne weiteres entgegengehalten werden kann, daß sie eine Klärung in bezug auf die mitwirkenden Elemente, wie insbesondere den Sauerstoff, nicht bringt. Auf Grund der früheren Veröffentlichungen, vor allem der Eilenderschen Schule, konnte von einer unmittelbaren Mitwirkung des Sauerstoffs bei der Alterung von Eisen nicht mehr ge-

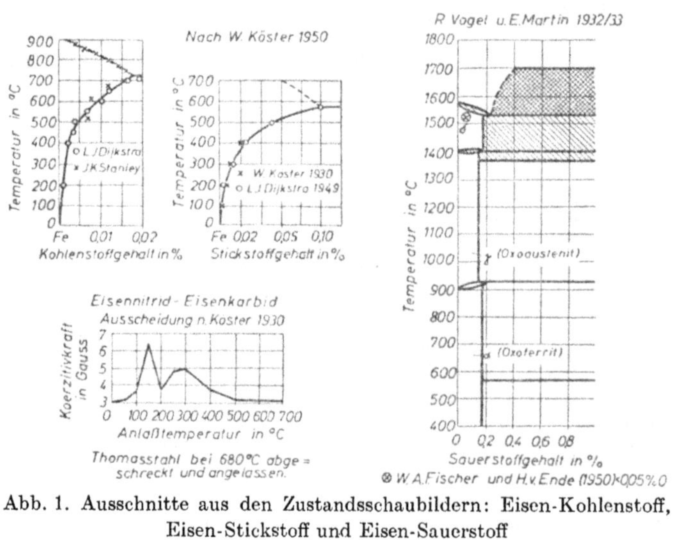

Abb. 1. Ausschnitte aus den Zustandsschaubildern: Eisen-Kohlenstoff, Eisen-Stickstoff und Eisen-Sauerstoff

sprochen werden, und man kam, entsprechend der Zustandsschaubilder, von denen in Abb. 1 Teilausschnitte wiedergegeben sind, zur Annahme der alleinigen Wirkung von Ausscheidungen von Eisenkarbid und Eisennitrid, wie dies von J. D. FAST [9] durch unmittelbare Versuche auch gezeigt wurde. Im Gegensatz zu den älteren Versuchen von L. B. PFEIL [10], welcher seine Proben in Luft oxydierte und dabei den Stickstoff nicht absonderte, und denen von G. SCHMIDT [11] war der Einfluß des Sauerstoffs auf die Reckalterung negativ, was kürzlich auch von F. WEVER [12] und Mitarbeitern vom Max-Planck-Institut für Eisenforschung bestätigt wurde. Gegenüber den neueren Arbeiten verlieren die älteren ihre Beweiskraft, da die neueren über eine größere experimentelle Kenntnis und Erfahrung verfügen. Wenn aber auch bei dem üblichen Thomasstahl nach Abschrecken von 650° C durch die jeweilige Erhöhung der Koerzitivkraft die Ausscheidung

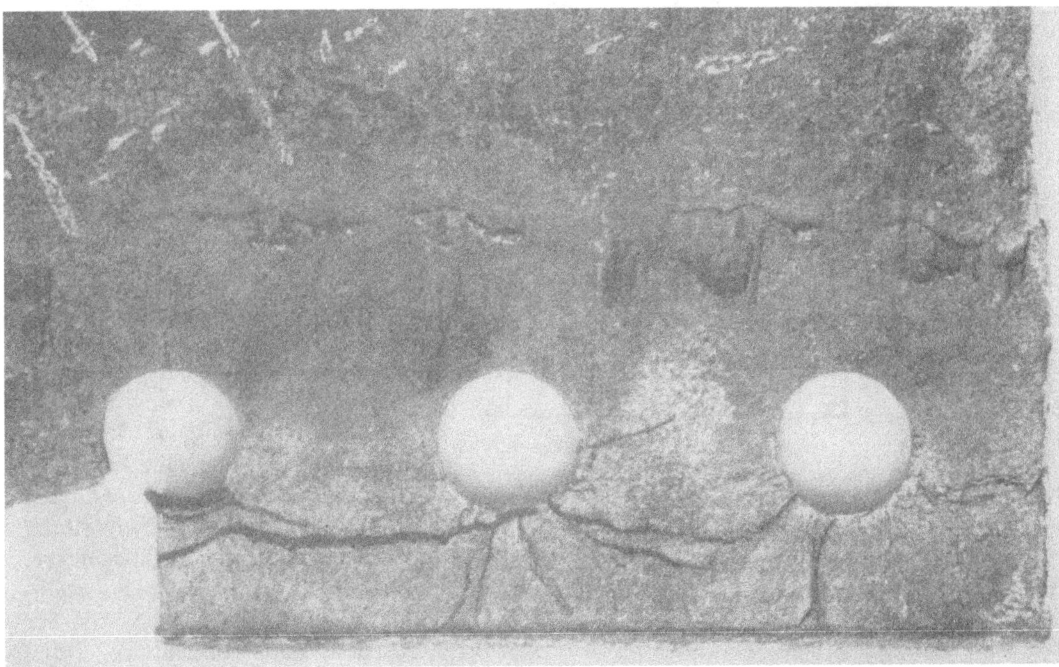

Abb. 2. Blech aus einem ausgeschiedenen Kessel mit Rissen in der Nietlochreihe (1:1)

von Eisennitrid bei 150° und von Eisenkarbid bei 250—300° C nach KÖSTER deutlich in Erscheinung tritt, wie es aus Abb. 1 zu ersehen ist, so zeigt sich doch manches, wenn man das Gesamtgebiet im metallurgischen Sinne überblickt, was durch eine Ausscheidung von Eisenkarbid bzw. Eisennitrid keine Erklärung findet.

Im folgenden wird der Frage der „Alterung des Eisens“ in dem angegebenen Sinne nachgegangen, wobei eine Reihe von eigenen Versuchsergebnissen mitbehandelt werden.

Wesen und Auswirkungen der Alterung

Der Ausdruck „Alterung des Eisens“ geht auf den damaligen Oberingenieur der Manchester Steam-Users' Association C. E. STROMEYER [13] zurück. 1907 berichtete er in einem Vortrag anläßlich der Frühjahrsversammlung des Britischen Iron and Steel Institute über die Feststellung, daß aus einem Thomasstahlblech sofort nach dem Walzen kalt mit der Schere herausgeschnittene Biegeproben bei den unmittelbar daraufhin durchgeführten Biegeversuchen gute Ergebnisse zeigten. Fünf Tage später ergaben sich bei Wiederholung der Biegeversuche starke Anbrüche an den Biegestellen, anscheinend so weit wie der Einfluß des Scherenschnitts in das Blech eingedrungen war. Die mittleren Teile der Probestreifen waren noch zähe. Sechs Wochen nach der ersten Erprobung sollen die Proben im ganzen so spröde gewesen sein, daß sie, ohne sich zu biegen, zersprangen.

Mit unseren heutigen Erfahrungen ist der letzte Satz nur dann in Einklang zu bringen, wenn die Endwalztemperatur des Thomasblechs annähernd schwarz gewesen wäre. Die Mitteilung, daß die kaltverformten Schnittkanten zeitlich versprödeten, besteht zu Recht. Stromeyer nannte die Erscheinung, daß weicher Flußstahl nach vorausgegangener Kaltverformung zeitlich versprödet, erstmalig „Alterung des Eisens". Die Risse, die sich mit der Zeit in den Nietreihen bei Kesseln im Betrieb ausbilden, führte er auf die geschilderte Versprödung zurück. Abb. 2 gibt das typische Aussehen eines ähnlichen Kesselblechausschnitts mit Rissen in der Nietreihe wieder [14], welcher Schaden früher des öfteren im Schrifttum behandelt wurde.

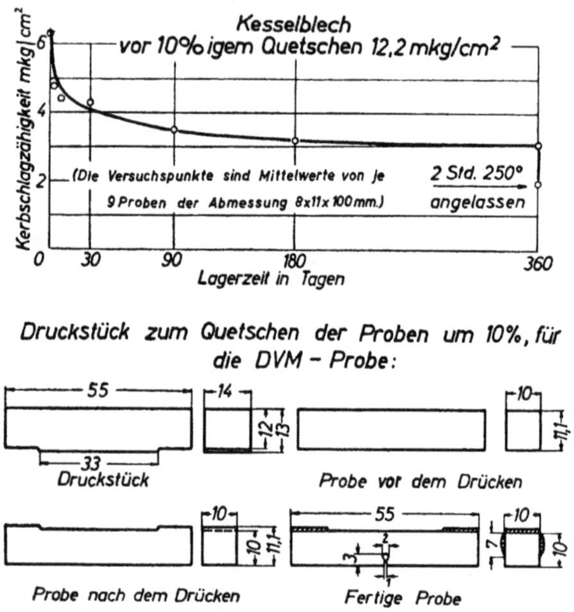

Abb. 3. Zeitlicher Verlauf der Kerbschlagzähigkeit nach O. Bauer 1921

Seit längerem ist bekannt, daß zu der Entstehung derartiger Risse auch die Laugenhaltigkeit des Kesselwassers beiträgt, wobei die Risse durch die sogenannte „interkristalline Spannungskorrosion" entstehen [15]. Wesentlich ist aber die nach einer Kaltverformung zeitlich eintretende Versprödung, eine Tatsache, die auch zu bestimmten gesetzlichen Verordnungen bei der Herstellung von Kesseln führte, so insbesondere, daß die gestanzten Nietlöcher nachzubohren sind, daß beim Nieten der Nietdruck eine bestimmte Höhe nicht überschreiten darf und daß an den Nietköpfen der Rand nicht angestemmt werden darf.

Abb. 3 (nach Versuchsergebnissen aus dem Materialprüfungsamt Großlichterfelde [16]) zeigt, wie sich die Versprödung mit der Zeit ausbildet. Der Vorgang wird die „natürliche" Alterung genannt im Gegensatz zur „künstlichen", die üblicherweise durch ein $^1/_2$stündiges Halten bei 250° C erreicht wird, nachdem vorher eine durch Quetschen oder Recken veranlaßte Kaltverformung von 10% erfolgte. Die Temperatur von 250° C ist durch Übereinkunft entstanden, ohne daß dadurch ausgesagt wäre, daß sich bei ihr auch stets der größte Alterungseffekt einstellte. Den umgekehrten Vorgang, daß die Alterung, d. h. die Härte und die Versprödung um die Nietlöcher, nach längerer Betriebszeit wieder rückgängig wurde, habe ich bei keiner der von mir in den Jahren 1909 bis 1919 zahlreich durchgeführten Kesselblechuntersuchungen mit angerissenen Nietlöchern festgestellt.

Zwei Jahre nach seinem ersten Vortrag führte Stromeyer [17] neben Phosphor als Ursache der Versprödung noch den Stickstoff ein, da er mit Phosphor nicht auskam, um bei seinen Biegeversuchen zu einer Übereinstimmung mit der chemischen Zusammensetzung zu gelangen. Aber die Wertung des Stickstoffs gleich der des Phosphors reichte hierzu auch noch nicht aus. Erst, nachdem er deren prozentuale Gehalte durch das Quadrat des jeweiligen Molekulargewichts geteilt hatte, erreichte er die gewünschte Übereinstimmung, wobei der Stickstoff 5mal höher bewertet wurde als der Phosphor und die Summe 0,08% nicht überschreiten sollte.

43 Jahre später, nämlich 1952, wurde durch eine Arbeit von H. KORNFELD [18] die Auswirkung der Summe (% P + 5 · % N) auf die Alterungskerbschlagzähigkeit als richtig festgestellt und in der Erörterung im Werkstoffausschuß des VDEh, Düsseldorf,

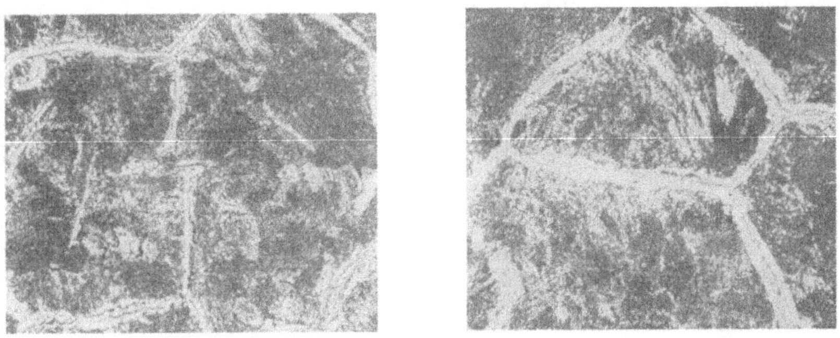

Elektrolyteisen

In Wasserstoff geglüht (36^h 930° C) in Benzol aufgekohlt (8^h 930° C) — In Luft geglüht (36^h 930° C) in Benzol aufgekohlt (8^h 930° C)

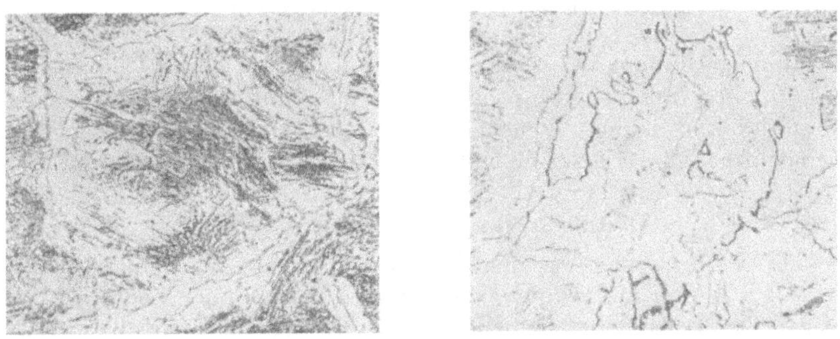

Elektrolyteisen

In Wasserstoff geglüht (30^h 930° C) in Gemisch von 60 Teilen Holzkohle u. 40 Teilen Bariumkarbonat aufgekohlt (8^h 930° C) — In Luft geglüht (30^h 930° C) in Gemisch von 60 Teilen Holzkohle u. 40 Teilen Bariumkarbonat aufgekohlt (8^h 930° C)

Abb. 4. Eisensauerstoff und Aufkohlung (rd. 130:1)

bestätigt. Eine weitere Stellungnahme zu der ursprünglichen Formel von Stromeyer brachte dann kürzlich noch H. SCHMITZ [19], nachdem in einer vorhergehenden Arbeit aus dem Jahre 1953 H. KNÜPPEL u. K. MAYER [20] die Kennziffern für den Einfluß des Phosphors, des Stickstoffs und auch des Sauerstoffs auf die Alterung mit 1,0 bzw. 3,3 und 0,75 festlegten. Die Annahme der Mitwirkung des Sauerstoffs bei der Alterung trat hierdurch bei der Auswertung eigentlicher Betriebsschmelzen nach längerer Zeit wieder in Erscheinung.

Bei der Mitwirkung des Sauerstoffs kann nur der als FeO gelöste Sauerstoff in Frage kommen. Daß Eisen von Sauerstoff als FeO gelöst wird, geht außer einer 1950 veröffentlichten Arbeit von W. A. FISCHER und H. VOM ENDE [21] mit der zahlenmäßigen Angabe von unter 0,05 bis 0,06% O noch deutlicher aus einer im selben Jahr erschienenen Arbeit von W. A. FISCHER und W. KOCH [22] hervor. In dieser Arbeit wurde nachgewiesen, daß das anomale Zementations-, d. h. Aufkohlungsverhalten von unlegiertem Einsatzstahl, in Übereinstimmung mit einer 1929 von M. A. GROSSMANN [23] vertretenen Ansicht, mit dem beim Zementieren aufgenommenen Sauerstoff in Zusammenhang steht in der Weise, daß mit der Bindungsform des im Eisen vorhandenen Sauerstoffs eine erhöhte Diffusionsgeschwindigkeit des Kohlenstoffs im Gamma-Eisen bewirkt werden soll und zu „knollartigem" Zementit führt. Wie Abb. 4 (nach einem früheren Mitarbeiter [24] von mir) zeigt, bilden sich bei Elektrolyteisen durch 8stündiges Aufkohlen in Holzkohle mit Bariumkarbonat bei 930° C breite Eisenkarbidschnüre praktisch ohne Perlit aus. Im Gegensatz hierzu ergab Elektrolyteisen, in Benzol aufgekohlt, normale Ausbildung der Zementation. Die anomale Ausbildung der Zementation wurde noch verstärkt durch eine

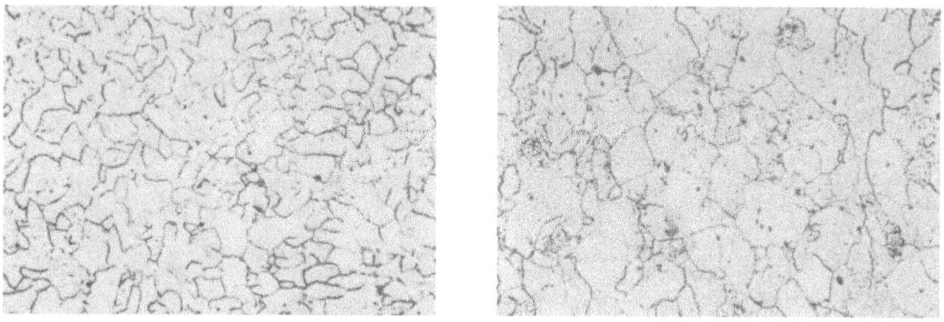

0,29% Mn, 0,096% O. O an Fe: 0,013% — 0,09% Mn, 0,092% O. O an Fe: 0,066%

Abb. 5. Eisensauerstoff und Korngröße (rd. 100 : 1)

vorherige 30stündige Glühung des Elektrolyteisens in Luft. Schon 1927 hatte ein weiterer Mitarbeiter [25] von mir den in Abb. 5 dargestellten Einfluß des an das Eisen gebundenen Sauerstoffs auf dessen Korngröße nachgewiesen. An Hand dieses Tatsachenmaterials ergibt sich eindeutig, daß das Eisen einen bestimmten Betrag von Sauerstoff lösen kann.

Alterungsverhalten technischer Stähle

Bereits 1950 bin ich in einer Veröffentlichung [26] darauf eingegangen, daß der Stickstoff *nicht allein* die Alterung bedinge, sondern daß hierbei auch noch der Sauerstoff zu berücksichtigen sei. Trotz der ablehnenden Haltung der Metallphysiker ergibt sich die Berechtigung dieser Ansicht aus der Zusammenstellung von Abb. 6. Es handelt sich um 4 SM-Stähle St 37 mit dem an sich niedrigen Stickstoffgehalt von 0,005 und 0,006%.

Aus Abb. 6 geht hervor, daß bei Stahl 1, einem Breiteisen von 200 × 20 mm, und dem Stahl 4 von 25 mm Ø durch das 10%ige Recken die Brinellhärte von 118 bzw. 117 um 18 und 21% anstieg und durch das darauf folgende künstliche Altern bei 250° C um weitere 14 und 15%, entsprechend einer Festigkeitssteigerung von rd. 6 kg/mm². Nach der allgemein vertretenen Ansicht zeigt sich durch diese Härtesteigerung ein Ausscheidungsvorgang an.

Die Kerbschlagzähigkeit des Breiteisens sank durch das Recken und Altern um 89%, so daß mit 1,7 mkg/cm² sich nur noch 11% des Anfangswertes ergaben. Gleich verhielt sich der unberuhigte 25 mm Ø Stahl 2, dessen Kerbschlagzähigkeit auf 1,5 mkg/cm² sank, entsprechend auf 6,4% seiner anfänglichen Kerbschlagzähigkeit. Der Stahl 3, St 37 mit FeSi beruhigt und einem Gehalt von 0,29 Si, ergab nach dem Recken und Altern eine Kerbschlagzähigkeit von noch 7,6 mkg/cm², welcher Betrag 40% seiner anfänglichen Kerbzähigkeit entsprach. Da der Stickstoffgehalt, wie bereits angeführt, in allen Fällen nur 0,005 bis 0,006% betrug, muß man zu dem Schluß kommen, daß hier ein weiterer Faktor vorliegt, der nur in Sauerstoff gesehen werden könnte, da eine Entstickung durch Silizium jedenfalls bis jetzt nicht bekannt geworden ist, es sei denn, man wollte annehmen, daß durch Silizium die Löslichkeit von Kohlenstoff bzw. Stickstoff im Alpha-Eisen verringert würde.

Abb. 6. Änderung der Härte und der Kerbschlagzähigkeit durch Recken und Altern

SM-Stähle St 37 mit normgemäßem P- und S-Gehalt bei einem N-Gehalt von 0,005 bis 0,006%
(Versuche von 1936 und 1953)

	Härte (Brinell)				Kerbschlagzähigkeit in mkg/cm² (DVM-Probe)				
Stahl	1	2	3	4	1	2	3	4	
Abmessung	200 × 20 mm	70 mm □	25 mm Ø	25 mm Ø	200 × 20 mm	70 mm □	25 mm Ø	25 mm Ø	130 mm □
Si %	0,0	0,01	0,29	0,03	0,0	0,01	0,29	0,03	
Al met. %	0,0	0,0	0,0	0,02	0,0	0,0	0,0	0,02	
Anlieferungszustand, normalisiert.	118	106	130	117	15,6	24,1	19,0	21,2	22,1
10% kaltverformt prozentuale Änderung .	+ 18	—	—	+ 21	—37	—	—	—35	—
Gealtert, prozentuale Änderung .	+ 14	—	—	+ 15	—52	—	—	—12	—
Gesamt, prozentuale Änderung .	+ 32	—	—	+ 36	—89	— 93,6	—60	—47,0	—38,0
Gesamtzu- bzw. -abnahme gleich 100% gereckt % . . . . . . gealtert %	56 44	— —	— —	60 40	—41 —59	— —	— —	—75 —25	— —
Nach dem Altern	%-Betrag der anfänglichen Kerbzähigkeit				11	6,4	40,0	53,0	62,0

Die Möglichkeit hierzu kann von vornherein nicht von der Hand gewiesen werden. Mein früherer Mitarbeiter W. BISCHOF [27] erhielt 1953 bei Aushärtungsversuchen — nach Glühung bei 900° C und Abkühlung im Ofen, dann Abschrecken von 650° C — bei einem halbberuhigten unlegierten Versuchsstahl mit 0,21 % C, *0,08 % Si* und 0,09 % Mn nach 14tägigem Lagern eine Steigerung der Brinellhärte von 132 auf 180 und bei einem beruhigten Versuchsstahl mit 0,25 % C, *0,30 % Si* und 0,63 % Mn eine Steigerung von 143 auch auf 180, also entsprechend 36 und 26 %, das heißt, daß sich also tatsächlich Härteunterschiede zeigen. Eine Differenzierung der beiden Stähle in bezug auf ihre Kerbschlagzähigkeit ergab sich hingegen nicht. Die Kerbzähigkeitszahlen betrugen 5,8 und 5,1 mkg/cm² bzw. 8,8 und 10,8 mkg/cm² und nach der Aushärtung in beiden Fällen 0 mkg/cm². Versuche in der angeführten Richtung wären fortzusetzen.

Zu den angeführten Versuchen wurde auch ein beruhigter Mn-Stahl mit 0,23 % C, 0,27 % Si und 1,20 % Mn, jedoch mit 0,073 % P herangezogen. Dieser Stahl gab bei 900° C geglüht und im Ofen abgekühlt eine Kerbzähigkeit von 5,2 mkg/cm², aber bereits eine solche von Null nach dem darauffolgenden Abschrecken bei 650° C, also ohne vorheriges Lagern. Hieraus ergibt sich, daß bei *Thomasstahl* auch mit dessen *Phosphorgehalt* gerechnet werden muß und nicht allein mit dessen Stickstoffgehalt. Jedenfalls sind die in Abb. 6 gezeigten Ergebnisse keineswegs Einzelergebnisse: *Tatsache ist, daß bei üblicher Raum-*

temperatur der beruhigte Flußstahl weniger altert als der unberuhigte, d. h. etwa 10 zu 2 mkg/cm². Wie jedoch aus Abb. 6a hervorgeht, verhalten sich sowohl der unberuhigte als auch der beruhigte St 37 ab 0°C und darunter, gealtert, gleich ungünstig; ihre jeweilige Kerbschlagzähigkeit ab 0°C lag unter 1 mkg/cm².

Herstellung alterungsbeständiger Stähle

Verschiedene Querschnittsabmessungen brauchen sich grundsätzlich auf die Alterung nicht auszuwirken. Stahl 4 ergab bei 25 mm Ø nach dem Recken und Altern noch 53% seiner anfänglichen Kerbschlagzähigkeit und vor dem Abwalzen auf diese Abmessung bei 130 mm Vierkant sogar 62%. Eine nach dem Recken und Altern noch vorhandene Kerbschlagzähigkeit von rd. 50% gegenüber der anfänglichen ist verhältnismäßig hoch, was dem Gehalt an metallischem Aluminium dieses Stahls zugeschrieben werden muß. Der Gehalt an met. Al von 0,02% weist auf einen besonderen Zusatz von Aluminium hin, welcher den üblich gegebenen wesentlich überstieg. In dieser gesteigerten Zugabe von Aluminium fand A. FRY [28] 1926 auf rein empirischem Wege das Mittel, um die Alterungsanfälligkeit von weichem Flußstahl wesentlich einzuschränken. In dem entsprechenden Deutschen Reichspatent werden Titan und Vanadin als Zusätze mit derselben Wirkung genannt.

5) St 37.12 unber. C 0,10%, Si 0,01%, Mn 0,37%, N 0,003%, Al 0%

6) St 37.12 ber. C 0,14%, Si 0,29%, Mn 0,50%, N 0,004%, Al 0%

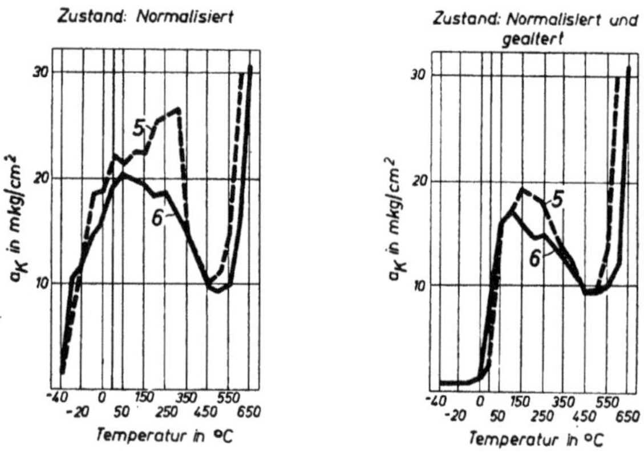

Abb. 6a. Kerbschlagzähigkeit und Alterung

Für die Angelegenheit war sein fünf Jahre vorher gefundenes Makro-Ätzmittel [29] — Kupferchlorid mit konzentrierter Salzsäure — ausschlaggebend, da dieses Ätzmittel ein rascheres Arbeiten gestattete als das jeweilige Herausarbeiten von Kerbschlagproben aus dem zu untersuchenden Material. Bekannt war seit langem die Ausbildung von sogenannten Fließlinien auf der Oberfläche von Zerreißproben während des Zerreißversuchs. Abb. 7 zeigt derartige Fließlinien auf der Oberfläche eines poliert gewesenen Zerreißstabes [30]. Derartige Fließlinien, die sich in einem Winkel von 45 bis 60° schneiden und als Neumannsche Linien (1849) [31 a] bekannt sind, wurden erstmalig von W. LÜDERS [31 b] (1860) durch Ätzen mit verdünnter Salpetersäure auch im Innern der beanspruchten Proben dargestellt. Die Ätzung durch verdünnte Salpetersäure oder durch ein anderes Ätzmittel, wie beispielsweise durch Kupferammoniumchlorid, gelingt nun aber nicht in jedem Falle. FRY kam dazu, diese Fließlinien, die er Kraftwirkungslinien nannte, nach vorherigem $^1/_2$stündigem Halten bei 250°C, durch sein Ätzmittel sichtbar zu machen. In Abb. 7 ist eine derartige Ätzung wiedergegeben. Es handelt sich hier um ein Flacheisen von 23 mal 40 mm aus unberuhigtem SM-Stahl, das zu einem Ring von etwa 1 m Ø zusammengebogen war und beim Schweißen, 20 cm von der Schweißstelle, sprang. FRY probierte mit seiner Makroätzprobe alles ihm zugängliche Material durch, bis er auf eines stieß, das *keine* Kraftwirkungslinien zeigte. Wie mir später einmal der damalige Leiter der Essener Stahlwerke mitteilte, handelte es sich um ein Material mit großer magnetischer Weichheit, das mit einem besonders hohen Satz an Aluminium für Siemens hergestellt worden war.

Es ergab sich, daß, um die Alterungsanfälligkeit nennenswert herabzumindern, dem Stahl 1,2 bis 1,4 kg reines Aluminium je Tonne beim Abgießen zugegeben werden müssen, wobei im fertigen Stahl noch ein nachweisbarer Gehalt an met. Al von mindestens 0,02% vorhanden sein muß.

Die praktische Ausgestaltung zur Einführung des Stahls war indes nicht einfach gewesen, denn ein Stahlfriedhof im Werte von einer Viertelmillion, wie ich damals hörte, zeigte die durchgemachten schmelztechnischen Schwierigkeiten. Der betreffende Stahl erhielt den

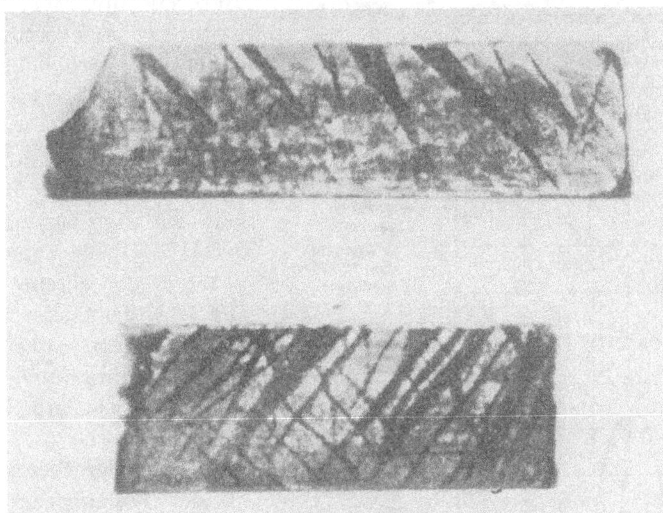

Flacheisen 23 × 40 mm C: 0,05%, Si: 0%, Mn: 0,45%, P: 0,055%, S: 0,040%, Cu: 0,14%

Abb. 7. Fließlinien auf der Oberfläche eines Zerreißstabes; Fließlinien im Innern (Frysche Ätzung, 1 : 1)

Namen „Izett" von „Immer zäh". Seine Eigenschaften im Vergleich zum üblichen Kesselflußeisen ergeben sich aus Abb. 8.

Aus dem Bilde ist ersichtlich, daß die Kerbschlagzähigkeit des üblichen Flußstahls II mit einer Festigkeit von 41 bis 51 kg/mm² durch 10%iges Verformen und Altern bei 250° C von 12,5 auf 2,5 mkg/cm², also auf 20% absinkt und die des Izettmaterials II und III mit den beiden Festigkeitsbereichen von 41 bis 51 bzw. 44 bis 53 kg/mm² jedoch nur von 25 auf 12,5 mkg/cm², also auf 50% der anfänglichen Kerbschlagzähigkeit.

Der Izett-Stahl wurde früher in keinem Stahlwerk auf dem Gebiet der jetzigen DDR hergestellt. Seine Herstellung lief Ende 1951 auf Veranlassung und unter verantwortlicher Leitung des Eisen-Forschungsinstitutes im Stahlwerk Gröditz an, und zwar zwecks Herstellung von Feuerbuchsblechen für die Reichsbahn, dann im Jahre 1953 weiter für Kesselbleche.

Das Alterungsverhalten des eigenen Stahls ist aus Abb. 9 ersichtlich. Zum Vergleich sind in diesem Bild nochmals die Kurven für das Izettmaterial miteingezeichnet. Es ist zu ersehen, daß die Kerbzähigkeit des eigenen Materials nach dem Normalglühen bei 22,5 mkg/cm² liegt gegenüber 25 mkg/cm² beim Izettstahl. Gealtert zeigen beide dieselbe Kerbschlagzähigkeit von 12,5 mkg/cm², wobei, wie bereits angeführt, der Izettstahl noch 50 % und der eigene Stahl noch 54 % der Kerbschlagzähigkeit vor dem Altern besitzt.

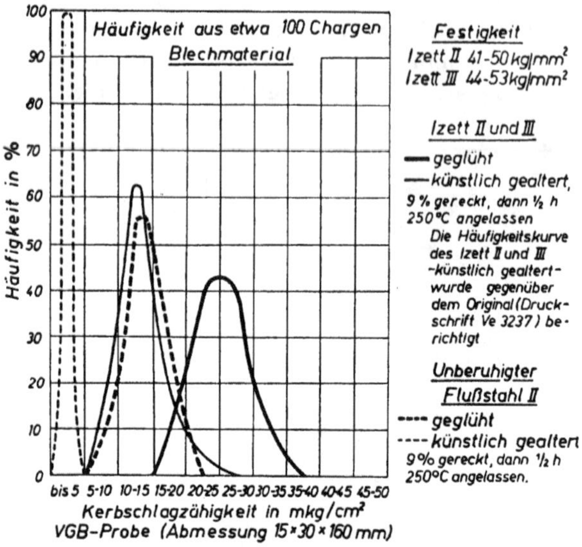

Abb. 8. Kerbschlagzähigkeit von Izett-Stahl II, III und unberuhigtem Flußstahl II

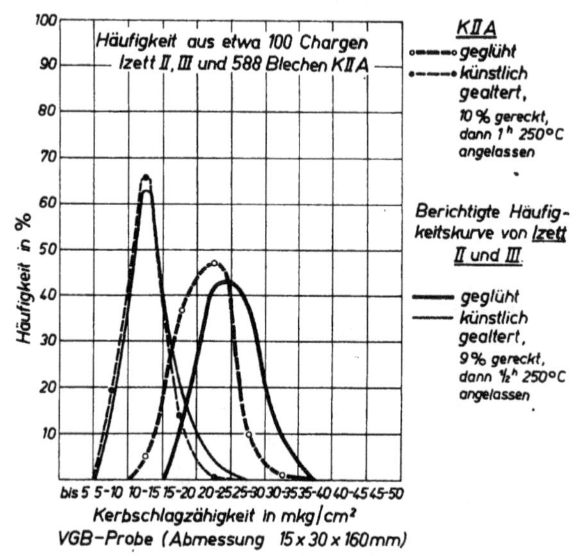

Abb. 9. Vergleich der Kerbschlagzähigkeit von Izett II, III mit beruhigtem Flußstahl KIIA

Um zu einem Vergleich zu den Izettkurven kommen zu können, mußten die eigenen Werte durch den Umrechnungsfaktor von 0,60 geteilt werden, der dem Übergang von der DVM-Probe auf die VGB-Probe entspricht [32]. In Abb. 10 sind aber nochmals die für das eigene Material mit der DVM-Probe erhaltenen Auswertungen wiedergegeben, um Vergleiche mit den weiter mitgeteilten Kerbschlagzähigkeiten zu ermöglichen, wobei ersichtlich ist, daß die oben angeführten 54 % der anfänglichen Kerbschlagzähigkeit sich auch bei den Originalwerten der DVM-Probe ergeben.

Wenn der eigene Stahl in bezug auf Alterungsverringerung dem früheren Izettstahl entsprach, so entsprach er ihm auch in dessen zeitweiligem Ausschuß. Dieser Ausschuß ging bis zu 50 %. Beim autogenen Schneiden der Bleche traten parallel zu der Walzoberfläche feine Risse auf, wie es in Abb. 11 ersichtlich ist. Die herausgearbeiteten Proben zeigten nach dem Aufbrechen der Risse in erheblichem Maße unverschweißte Ungänzen mit Ablagerungen von weißem Aluminiumoxyd. Es gelang mir, durch die eigene Durchführung einer Reihe von Chargen diese Abscheidungen zu vermeiden, so daß der Ausschuß durch die Risse beim autogenen Schneiden unter 3 % zu liegen kam. Dies erreichte ich dadurch:

1. daß ich das Stahlbad vor dem Abstich mit Ferrosilizium und Ferromangan zusammen vordesoxydierte, wodurch ich den meisten als FeO im Stahlbad gelösten Sauerstoff fortnahm, und
2. daß ich für das in die Pfanne zu gebende Aluminium reines Aluminium verwandte.

Abb. 12 zeigt hierzu eine betriebsmäßig ausgeführte und März 1953 abgenommene Kesseltrommel von 11 m Länge und 1,6 m innerem Durchmesser, die durch Zusammenschweißen von eigenen 62 mm dicken Blechen aus 16 Mn 3 hergestellt wurde und die nach dem Normalglühen die durch die entsprechende DIN-Vorschrift festgesetzten mechanischen Werte hatte, einschließlich der für die Kerbschlagzähigkeit nach dem Altern.

Abb. 13 zeigt hierzu eine gleichfalls von der DIN-Vorschrift geforderte mit eigenen Kb52-Elektroden geschweißte Biegeprobe, die wegen Anwendung eines im Durchmesser zu geringen Dorns im Innern zwei Quetschrisse zeigt, außen jedoch völlig einwandfrei ist.

Das Normalglühen ist nun nicht nur erforderlich, um die Schweißspannungen zu beheben, sondern es zeigte sich betrieblich, daß die Verminderung der Alterungsanfälligkeit der Bleche nicht allein von der gesteigerten Zugabe von Aluminium abhängt, sondern auch noch von einem ordnungsgemäß durchgeführten Normalglühen, d. h. nicht nur von einem Halten wirklich oberhalb des oberen Umwandlungspunktes des Stahls — hier also nach dem Eisen-Kohlenstoff-Schaubild 840° C + einer zuzuschlagenden Überspanne von 100 bis 120° C —, sondern auch von einer richtig durchgeführten Luftabkühlung. Aus einer entsprechenden Zusammenstellung in Abb. 14 geht dies deutlich hervor. Es handelt sich um Bleche von 25 und 35 mm der Chargen 8833 und 9018, welche nach der durchgemachten Betriebsnormalglühung und bei einer weiteren ordnungsmäßig durchgeführten und überwachten Normalglühung bei 960° C bzw. 920° C nach Kaltverformung und Alterung eine Kerbschlagzähigkeit von 54 und 43% bzw. 64 und 52% der anfänglichen Kerbschlagzähigkeit hatten.

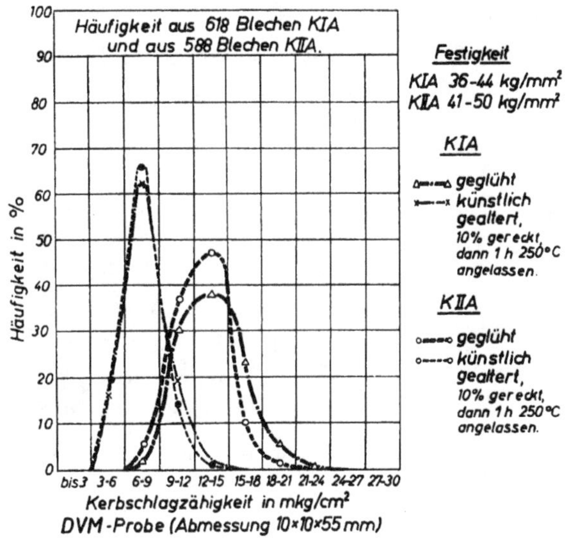

Abb. 10. Kerbschlagzähigkeit alterungsbeständiger Kesselbleche KIA und KIIA (sowjetisches Seeregister)

Die angegebenen Kerbschlagzähigkeiten wurden mit der üblichen DVM-Probe erhalten. Die von der DIN-Vorschrift 17155 v. Okt. 1951 für Kesselbleche in den beiden angeführten Festigkeitsbereichen verlangte Kerbschlagzähigkeit beträgt 6 bzw. 5 mkg/cm², so daß das 25 mm-Blech der Charge 8833 der DIN-Forderung mit seiner Betriebsbehandlung und einer Kerbschlagzähigkeit von 7,6 mkg/cm² genügte, das 35 mm-Blech der Charge 9018 mit 4,8 mkg/cm² jedoch nicht. Sieht man sich die in Abb. 15 wiedergegebenen Gefüge der beiden Bleche an, so ist das Versagen des zweiten Bleches ohne weiteres verständlich: sehr grobes Korn und noch grob zusammengeballter Perlit. Das wirklich einwandfreie Gefüge nach der ordnungsmäßig durchgeführten zweiten Normalglühung zeigt dieselbe Abbildung.

Es ist also die Frage des sogenannten alterungsbeständigen Stahls nicht allein eine metallurgische, sondern auch noch eine Angelegenheit der Wärmebehandlung, d. h. *in der Richtung der Ausbildung eines feineren und gleichmäßigen Korns.* Dies kann geschehen:

1. durch Zusatz eines Legierungselementes, wie beispielsweise Nickel, und
2. durch Ablöschen von einer Temperatur oberhalb des oberen Umwandlungspunktes.

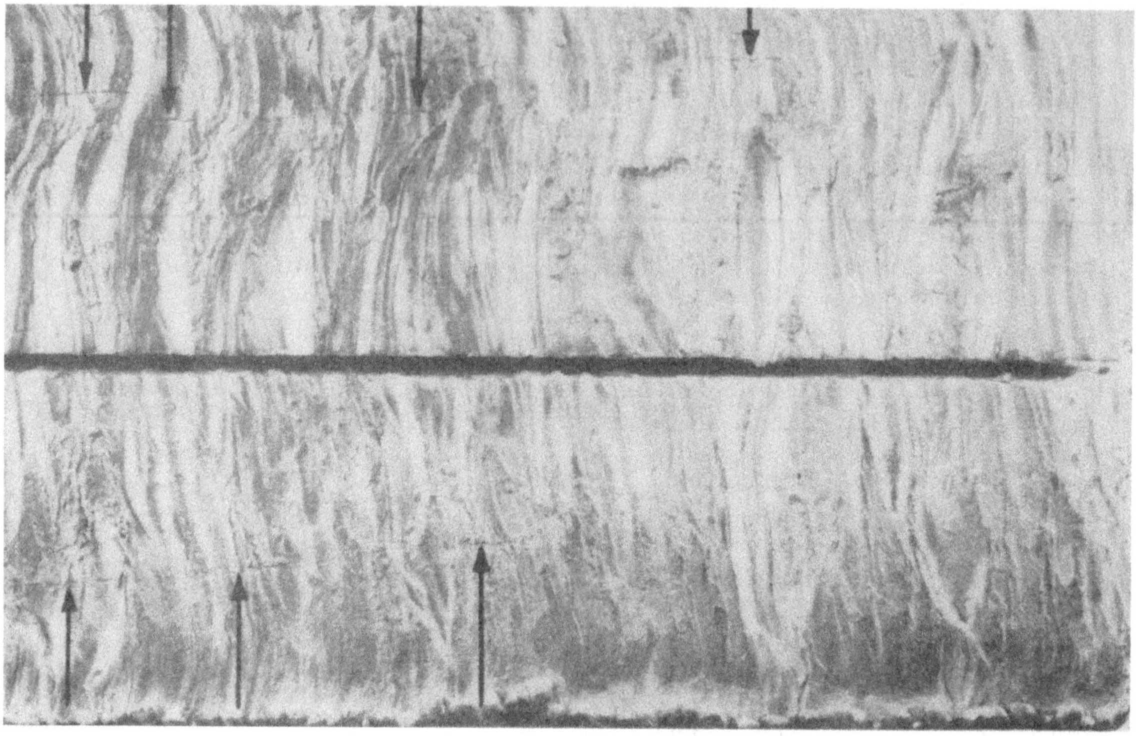

Risse in den Brennschnittflächen von 2 Blechen der Schmelze Nr. 8715 und Nr. 8761 (1 : 1)

Schmelze Nr. 8715 (1 : 1)

Schmelze Nr. 8761 (1 : 1)

Bruchflächen mit Belag nichtmetallischer Verunreinigungen nach dem Aufbrechen der Risse

Abb. 11. Risse in der Brennschnittfläche von 48 mm-Blechen der Stahlmarke C 18 A

Zu 1. Es ist allgemein bekannt, daß durch einen Zusatz von Nickel ohne weiteres ein feineres Korn zu erzielen ist. Es war auch ein Nickelstahl, der in dieser seiner Eigenschaft

Länge: 11 m, innerer Φ: 1,6 m, Blechdicke: 62 mm

Nach Werkstoffvorschriften für Landdampfkessel. Vorschrift: Vor dem Altern 6 mkg/cm²
Nach dem Altern 4 mkg/cm²

Abb. 12. Kesseltrommel Kraftwerk Klingenberg aus 16 Mn 3 mit σ_B = 44 bis 53 kg/mm²

gewissermaßen als Feinkornstahl zur erstmaligen Herstellung von alterungsbeständigen Kesseltrommeln in Essen verwandt wurde, nachdem ich einen 2- bzw. 5%igen Nickelstahl zu diesem Zweck 1921 dort als geeignet bezeichnet hatte. Ich kam zu dem Nickelstahl durch Versuche von G. CHARPY [33] von 1914. Aus dessen Versuchsergebnissen ließ sich folgern, daß ein 2%iger Nickelstahl nach Verformung bei 225° C, also auch nach künstlicher Alterung, noch 82% seiner Anfangskerbschlagzähigkeit hatte und ein 6%iger Nickelstahl noch 50%. Eine von den Essener Stahlbetrieben 1923, also drei Jahre vor FRY, durchgeführte Nachprüfung meines Hinweises durch Erschmelzen einer Versuchscharge ergab sowohl für einen 3%igen als auch für einen 5%igen Nickelstahl nach Verformen und Altern noch 90% des Anfangswertes. Ein zu gleicher Zeit ähnlich geprüfter unruhiger Flußstahl St 37 ergab nur 11% seiner Anfangskerbschlagzähigkeit, war also in Übereinstimmung mit den oben behandelten eigenen Feststellungen.

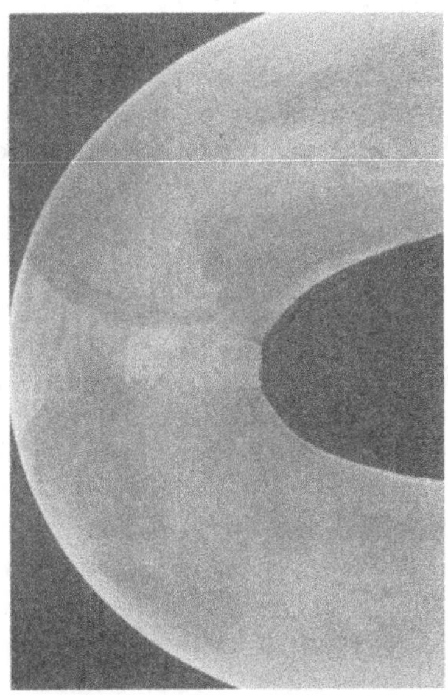

Kesseltrommel Klingenberg 1953 geschweißt mit „Kb 52" (KbXS)

Abb. 13. 62 mm-Schweißprobe aus 16 Mn 3

Zu 2. Wie aus Abb. 16 hervorgeht, ist den angeführten Versuchen von CHARPY weiter zu entnehmen, daß durch Ablöschen ein weicher SM-Flußstahl, nach Verformen bei 275° C, noch 84% seiner anfänglichen Kerbschlagzähigkeit behielt, ein Thomasflußeisen

Abb. 14. Kerbschlagzähigkeit gealterter Kesselbleche K II A nach Betriebs- u. Labor-Normalglühung

Chemische Zusammensetzung								
Schmelze Nr.	Blech Nr.	Blechdicke	C	Si	Mn	P	S	Al_{met}
		mm	%	%	%	%	%	%
8833	3673	25	0,18	0,26	0,55	0,026	0,024	0,055
9018	7571	35	0,20	0,25	0,62	0,042	0,032	0,050

Kerbschlagzähigkeit											
Blech Nr.	Blechdicke	Prüfzustand	ungealtert mkg/cm²				gealtert¹) mkg/cm²				Alterungsbeständigkeit²)
	mm		1	2	3	Mittel	1	2	3	Mittel	%
3673	25	Anlieferungszustand	13,6	14,3	13,9	13,9	7,4	7,7	—	7,6	54,6
		Normalgeglüht bei 960° C	13,6	15,1	15,0	14,6	9,6	9,2	9,0	9,3	63,7
7571	35	Anlieferungszustand	11,2	11,0	11,2	11,1	4,5	5,1	—	4,8	43,2
		Normalgeglüht bei 920° C	12,1	12,7	11,3	12,0	6,3	5,3	7,0	6,2	51,7

¹) 10% gequetscht, 1^h 250° C

²) Verhältnis $\frac{a_K \text{ gealtert}}{a_K \text{ ungealtert}} \cdot 100$

Abmessungen der im Labor normalgeglühten Proben 200 × 200 × 25 bzw. 35 mm

noch 42%, ein weiteres aber auch nur 11%. Ergebnisse ähnlicher Versuche wurden 1924 von P. Goerens [34] mitgeteilt. Proben aus einem unberuhigten 20 mm dicken Kesselblech mit 0,11%C, 0,53% Mn, 0,026%P und 0,031%S ergaben normalgeglüht, dann verformt und gealtert nur 12%, jedoch in Wasser abgelöscht noch 68% ihrer anfänglichen Kerbschlagzähigkeit. Weitere Versuchsdaten liegen 1926 von Fry [35] vor, die sich auf einen unberuhigten Stahl St 37 mit: 0,08% C, Sp. Si, 0,43% Mn, 0,014% P, 0,028% S, 0,004% N und 0,041% O beziehen. Bei 930° in Wasser abgelöscht und 3^h bei 650°C angelassen ergab sich eine auf die DVM-Probe umgerechnete Kerbschlagzähigkeit von 26,4 mkg/cm² und gleich warmbehandelt, 5% gereckt und gealtert eine solche von 25,4 mkg/cm², entsprechend einer noch vorhandenen Kerbschlagzähigkeit von 96%. Nicht angelassen ergab sich nur 38% der anfänglichen Kerbzähigkeit.

Der von Fry mitgeteilten Feststellung, daß Abschrecken und Anlassen sich am günstigsten auf die Verringerung der Alterungsneigung auswirkt, widersprechen die 1952 veröffentlichten Versuchsergebnisse von W. Gilde und E. Benser [36], die in Abb. 17 wiedergegeben sind. Es handelt sich hier um üblichen Thomasstahl der Maxhütte. Das Alterungsverhalten nach dem Normalglühen ist das übliche, die Kerbschlagzähigkeit sinkt auf rd. 1 mkg/cm² herunter. Wird aber vorher bei 920°C in Wasser abgeschreckt und 10% gereckt, so steigt gegenüber dem Recken beim darauffolgenden Altern die Kerbschlagzähigkeit ganz eindeutig an und die Härte geht um 10 BE zurück. Dieses Verhalten bleibt bis zu einer Abschrecktemperatur von 1000°C bestehen. Bei 1100°C abgeschreckt, tritt die „Anlaßerscheinung" bei der Alterungstemperatur von 250°C nicht mehr auf, desgleichen auch nicht mehr, wenn ein Anlassen auf 500, 600 und 700°C dem Abschrecken von 920° C in Wasser folgt. Bei Abschrecken von 920° C in Wasser beträgt nach dem Recken und Altern die Restkerbschlagzähigkeit 95% im Gegensatz zu der FRYschen

25 mm-Blech Nr. 3673

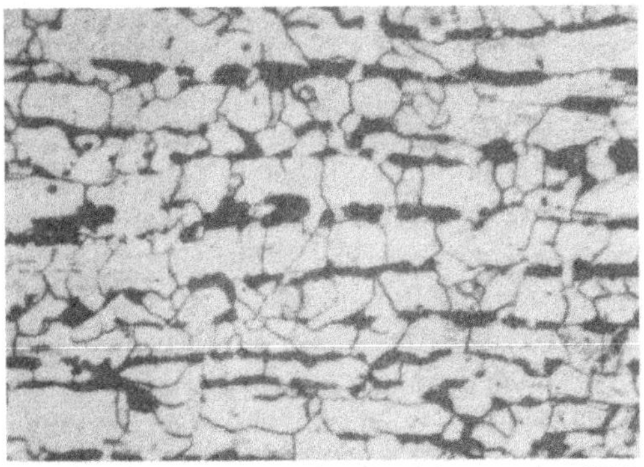

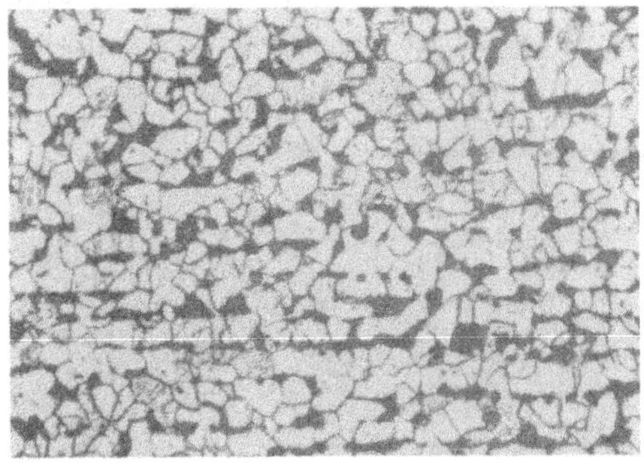

13,9 mkg/cm² (54,6%) Im Betrieb normalgeglüht 14,6 mkg/cm² (63,7%) Im Labor normalgeglüht
(200 : 1)

35 mm-Blech Nr. 7511

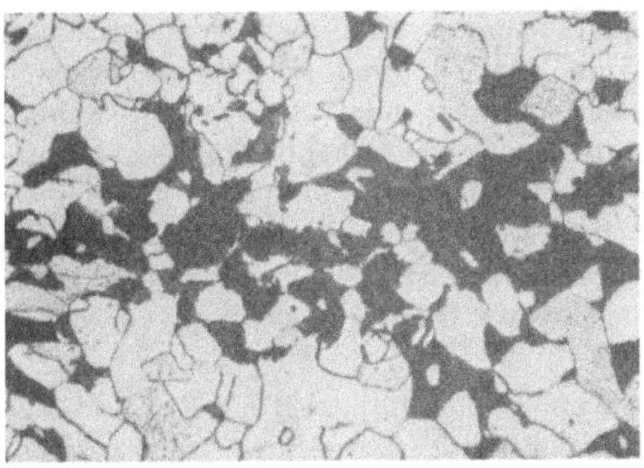

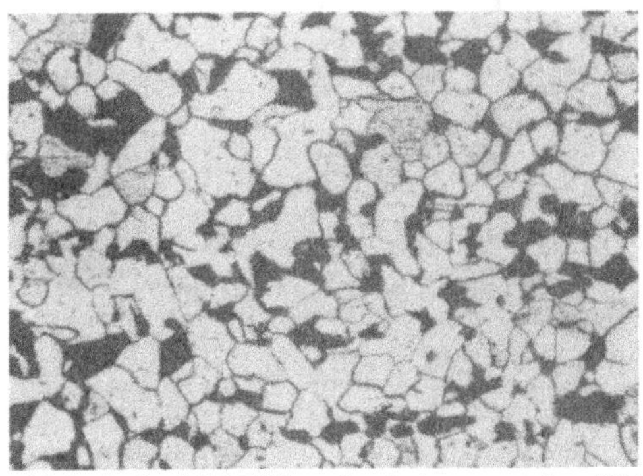

11,2 mkg/cm² (43,2%) Im Betrieb normalgeglüht 12,0 mkg/cm² (52,0%) Im Labor normalgeglüht
(200 : 1)

Abb. 15. Gegenüberstellung von betriebsmäßig und labormäßig normalgeglühten Blechen

Abb. 16. Alterung und Wärmebehandlung

	Noch vorhandene Kerbschlagzähigkeit
G. CHARPY 1906	
Weicher SM-Stahl in Wasser abgelöscht und bei 275° C verformt	84%
desgleichen Thomasflußstahl I	42%
desgleichen Thomasflußstahl II	11%
P. GOERENS 1924	
Weicher SM-Stahl mit 0,11% C, 0,53% Mn, 0,026% P, 0,031% S normalisiert, verformt und gealtert	12%
bei 920° C in Wasser abgelöscht, verformt und gealtert	68%
A. FRY 1926	
0,08% C, Sp. Si, 0,43% Mn, 0,014% P, 0,028% S, 0,004% N, 0,041% O, 930° C Wasser, 5% gereckt und gealtert	38%
930° C Wasser, angelassen bei 650° C 3 h, dann 5% gereckt und gealtert	96%

Feststellung von 38%. Angelassen auf 600°C ergeben die Versuche mit dem Thomasstahl der Maxhütte nach dem Recken und Altern eine Restkerbschlagzähigkeit von 53%, aus den FRYschen Angaben bei der Anlaßtemperatur von 650°C errechnete sich 96%.

Daß das Ablöschen oberhalb des Ac_3-Punktes zu einer nennswerten Alterungsbeständigkeit führt, dürfte als sicher gelten, nachdem auch dieses Verfahren bei den damaligen Leunawerken betrieblich durchgeführt wurde. Voraussetzung ist jedoch, daß der Stahl nach W. KÜNTSCHER, H. KILGER und H. BIEGLER [37] mindestens 0,09% C enthält. Unabhängig hiervon ist die Tatsache, daß der übliche Thomasstahl von allen Massenstählen der alterungsanfälligste ist. Übertroffen wird er, worauf von A. POMP [38] hingewiesen wurde, in der Alterungsanfälligkeit noch durch das im basischen SM-Ofen erschmolzene sogenannte „Armco-Eisen". Das Armco-Eisen wird später noch eingehender behandelt werden.

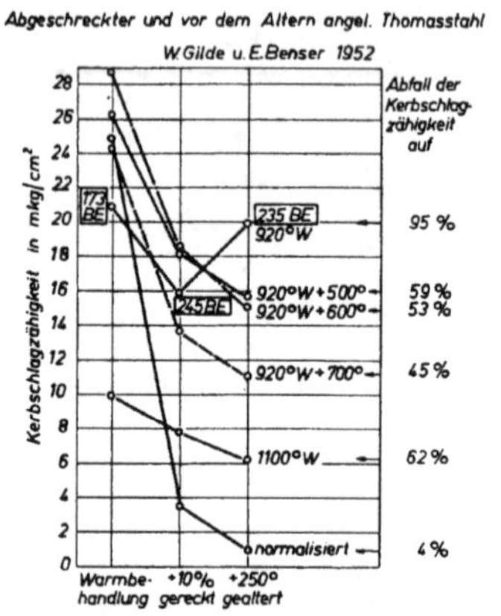

Abb. 17. Kerbschlagzähigkeit und Alterung

Einfluß von Aluminium und Silizium auf die Alterung

Es ist genügend bekannt, daß man durch Erblasen des Thomasstahls mit an Sauerstoff angereichertem Wind und durch entsprechendes Kühlen mit Schrott und Erz neuerdings zu einer erheblichen Verringerung des Stickstoffgehaltes gelangte. Unabhängig hiervon war die Gutehoffnungshütte schon 1941 zu einem verbesserten Thomasstahl durch Zusatz von Ferrosilizium und Aluminium, dem sogenannten „Altostahl" [39], gekommen. Das zugesetzte Ferrosilizium sollte als Desoxydationsmittel wirken und das zugesetzte Aluminium als Entstickungsmittel.

Mit der Richtigkeit dieser Annahme setzte ich mich 1950 [26] an Hand der Bildungswärmen auseinander. Das Aluminiumoxyd hat eine Bildungswärme von — 390 kcal und das Aluminiumnitrid eine solche von — 64 kcal. Auf 1 Al in Al_2O_3 kommen mithin — 195 kcal gegen — 64 kcal, daß also auf 1 Al bei der Bildung von Aluminiumoxyd gegenüber Aluminiumnitrid dreimal mehr Wärmeeinheiten frei werden. Auf Grund dieser zahlenmäßigen Überlegung sah ich 1950 bei der Behandlung der Frage: „Wirkt das Aluminium als Überdesoxydations- oder als Entstickungsmittel?" die Wirkung des Aluminiums als Alterungsgegenmittel in seiner desoxydierenden Eigenschaft. Zu einer versuchsmäßigen Entscheidung war damals nicht zu kommen, da eine chemische Bestimmungsmethode des Aluminiumnitrids nicht bekannt war. Anfang 1951 wurde in der eisenhüttenmännischen Fachzeitschrift „Stahl und Eisen" der Auszug einer mittlerweile von H. F. BEEGLY 1949 [40] geschaffenen Aluminiumnitrid-Bestimmungsmethode veröffentlicht. Erst im Laufe von 1953 kam ich im Eisen-Forschungsinstitut dazu, entsprechende Kleinschmelzversuche anzusetzen, um der Verteilung von Sauerstoff und Stickstoff im Thomasstahl bei Zusatz von Aluminium nachzugehen. Thomasstahl enthält von Hause aus kein Aluminium, so daß mit einem derartigen Stahl mit 0,04% C, 0,02% Si, 0,44% Mn, 0,054% P, 0,028% S und 0,030% N die einzelnen Kleinschmelzen mit steigenden Aluminiumzusätzen durchgeführt werden konnten.

Die auf den Bildungswärmen von Aluminiumoxyd und Aluminiumnitrid basierende Überlegung, daß die Bildung von Aluminiumoxyd dreimal wahrscheinlicher sein müßte als die Bildung von Aluminiumnitrid, bestätigte sich hierbei nicht. Abb. 18 zeigt die festgestellte Verteilung des Aluminiums auf den im geschmolzenen Thomasstahl enthaltenen Sauerstoff und Stickstoff, woraus zu erkennen ist, daß die Bildung von Aluminiumnitrid gegenüber der Bildung von Aluminiumoxyd den Vorrang hat. Selbst bei dem Zusatz, der eine Menge an Gesamt-Aluminium von 0,1 % im Stahl ergab, war die Ausnutzung des vorhandenen Aluminiums nur 20 %, so daß genügend überschüssiges Aluminium vorhanden war. Bei 1 % Gesamt-Aluminium im Stahl betrug dessen Ausnutzung sogar nur rd. 5 %.

Abb. 19 zeigt die Sauerstoff- und Stickstoffgehalte im Stahl in Abhängigkeit vom jeweiligen Gehalt an metallischem Aluminium. Das Aluminiumnitrid wurde unmittelbar

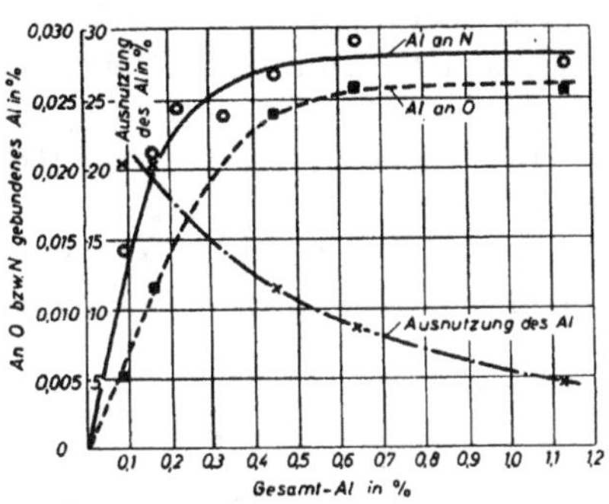

Abb. 18. An O bzw. N gebundenes Al sowie Ausnutzung des Al bei Kleinschmelzversuchen mit Thomasstahl

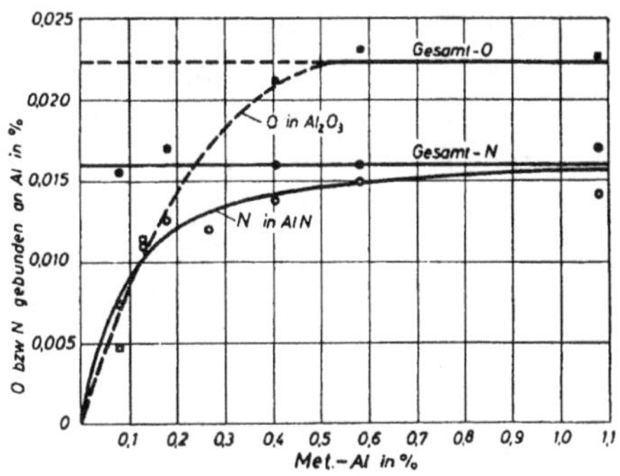

Abb. 19. Verhalten von O und N mit steigenden Al-Zusätzen bei Kleinschmelzversuchen mit Thomasstahl

mit der oben angeführten Bromestermethode bestimmt. Die chemische Kontrolle der Aluminiumnitrid-Gehalte bei den höheren Aluminium-Gehalten liegt darin, daß der Gesamtstickstoff auch noch weiter nach der üblichen Methode bestimmt wurde. Dieser

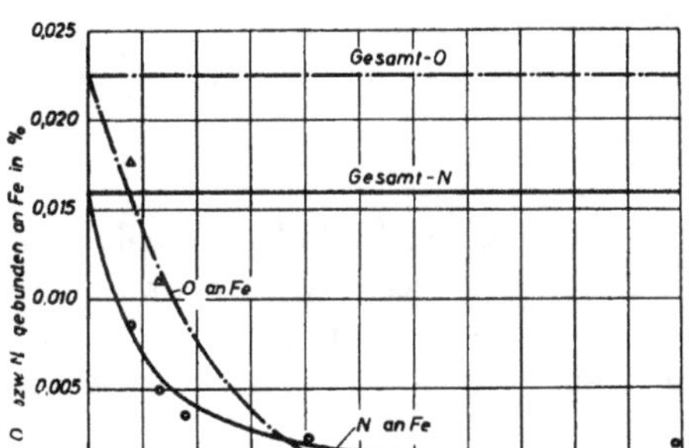

Abb. 20. Abnahme von im Eisen gelöstem O und N bei Kleinschmelzversuchen mit Thomasstahl bei steigenden Al-Zusätzen

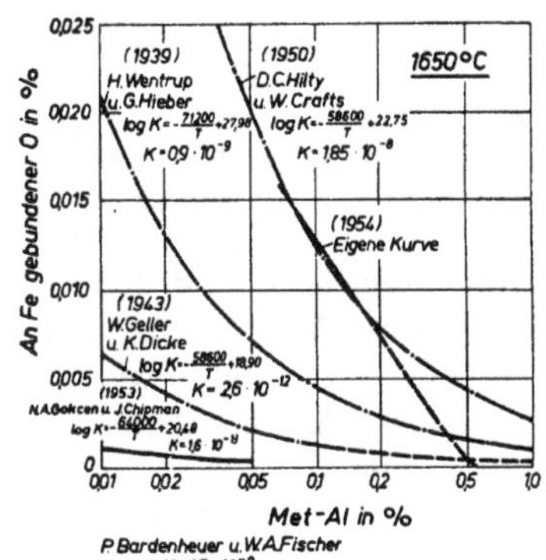

Abb. 21. Vergleich der eigenen Tastversuche über das Verhalten des O und des Al mit Versuchen aus dem Schrifttum

N-Gehalt betrug nach dem Einschmelzen des Stahls noch 0,016 % gegenüber dem anfänglichen von 0,030 %. Aus Abb. 19 ist zu ersehen, wie der Aluminiumnitrid-Stickstoff bei etwa 1 % Al sich dem unmittelbar bestimmten Gesamtstickstoff stark nähert. Was weiter die im selben Bild wiedergegebene Sauerstoffkurve angeht, so konnte der jeweilige Sauerstoffgehalt nur aus dem O-Gehalt des festgestellten Al_2O_3 errechnet werden.

Abb. 20 zeigt dieselben Kurven, nur daß hier die noch an das Eisen gebundenen Gehalte von Sauerstoff und Stickstoff in Abhängigkeit des Gehaltes an metallischem Aluminium aufgetragen wurden. Daß für den Eisensauerstoff die festgestellten Werte ihre Berechtigung haben, geht aus Abb. 21 hervor. Diese Abb. gibt die von verschiedener Seite ermittelten Gleichgewichtskurven von $K = Al^2 \cdot O^3$ wieder. Die eigenen Werte liegen bei den für Stahl in Frage kommenden Aluminiumgehalten auf der 1950 für die Temperatur von 1650° C veröffentlichten Gleichgewichtskurve von D. C. HILTY und W. CRAFTS [41]. In den Grenzen von 0,08 bis 0,18% met. Aluminium ist jedenfalls Übereinstimmung mit der angeführten Gleichgewichtskurve vorhanden. Im selben Bild sind dann auch die früheren Kurven nach H. WENTRUP und G. HIEBER [42] 1939 bzw. nach W. GELLER und K. DICKE [43] wiedergegeben. Diese Kurven liegen in bezug auf die Konzentration von noch in Gegenwart von Aluminium vorhandenem Eisensauerstoff erheblich tiefer als die von HILTY und CRAFTS. Noch tiefer liegt die Gleichgewichtskurve von N. A. GOKCEN und J. CHIPMAN [44] 1953. Deren Gleichgewichtskennzahl beträgt bei 1650° C $1,6 \cdot 10^{-13}$. Nach GELLER und DICKE beträgt diese Konstante $2,6 \cdot 10^{-12}$, nach WENTRUP u. HIEBER $0,9 \cdot 10^{-9}$ und nach HILTY u. CRAFTS $1,85 \cdot 10^{-8}$. Ganz kürzlich stellten dann P. BARDENHEUER u. W. A. FISCHER [45] versuchsmäßig als Konstante $1,7 \cdot 10^{-9}$ fest, so daß die Überprüfung der Al-Desoxydationsgleichung gegeben erscheint. Trotzdem wurden die eigenen

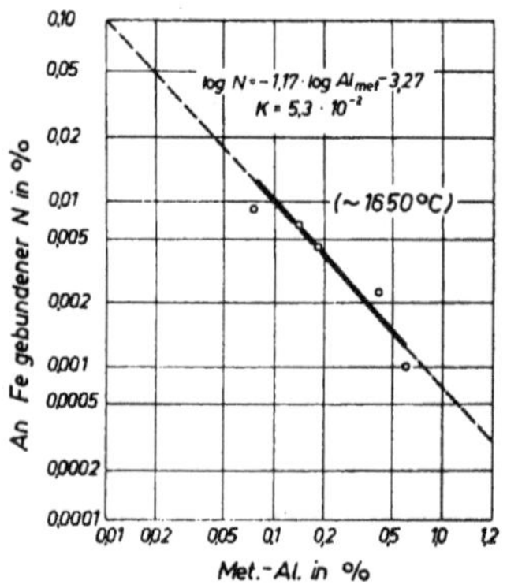

Abb. 22. Abhängigkeit des an Fe gebundenen N vom Al-Gehalt der Schmelze bei Klein-Schmelzversuchen mit Thomasstahl

Stahlmarke	Probenabmessung	Analyse					Festigkeit bei	Kerbschlagzähigkeit Mittelwerte aus mindestens 3 Proben		Alterungsbeständigkeit %
		C	Si	Mn	N	Al	20°C	a_K ungealtert	a_K gealtert	$\frac{a_K \text{ gealtert}}{a_K \text{ ungealtert}} \cdot 100$
	mm	%	%	%	%	%	kg/mm²	mkg/cm²	mkg/cm²	
1) M2 Al (Armco)	70 Φ	0,02	0,01	0,08	0,006	0	32,5	17,5	0,70	4,0
	P %: 0,007	S %: 0,026		Cu %: 0,12						
2) WE-Versuchsschmelze Nr. 250	50 Φ	0,045	0,06	0,09	0,026	0,27	34,0	27,0	3,1	11,5
	P %: 0,007	S %: 0,011		Cu %: 0,15						
3) WE-Versuchsschmelze Nr. D 9545	70 Φ	0,045	0,03	0,10	0,005	0,29	34,7	26,9	6,2	23
	P %: 0,011	S %: 0,026		Cu %: 0,04						
4) WE-Versuchsschmelze Nr. 252	50 Φ	0,045	0,18	0,08	0,024	1,13	36,3	0,95	–	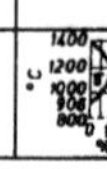
	P %: 0,012	S %: 0,004		Cu %: 0,17						

Abb. 23. Alterungsversuche mit Weicheisen (M2Al)

Tastversuche in bezug auf den an Eisen gebundenen Stickstoff in Abhängigkeit vom vorhandenen met. Aluminium ausgewertet. Abb. 22 bringt diese Ergebnisse in doppellogarithmischer Darstellung. Bei 0,2% met. Al wären hiernach noch 0,005% an Eisen gebundener Stickstoff möglich, ein Gehalt, der dem üblichen alterungsanfälligen SM-Stahl entspricht.

Gewissermaßen in Übereinstimmung hiermit gelang es auch nicht, *durch alleinigen Zusatz von Aluminium* das bereits erwähnte Armco- oder Weicheisen wirklich alterungsbeständig zu machen.

Das Armco-Eisen ist bekanntlich ein an C, Si, Mn, P und S sehr armes Eisen, das erstmalig 1909 in den Vereinigten Staaten erschmolzen wurde, mit einem Gehalt an chemischen Verunreinigungen von rd. 0,075%. Das Armco-Eisen bzw. Weicheisen eigener Schmelzung hatte nach Abb. 23 einen Gehalt an chemischen Verunreinigungen von 0,163%. Tatsächlich kommt dann noch hinzu der Gehalt von N mit rd. 0,005%, von O mit rd. 0,05% und von Cu mit rd. 0,15%, so daß sich die Summe der chemischen Verunreinigungen um 0,205% erhöht und bei dem eigenen Eisen 0,37% betrug gegenüber dem Original-Armco-Eisen von 0,28%. Das Armco-Eisen wird durch den Zusatz von 1,2 bis 1,5 kg Al/t Stahl beruhigt und hat eine kritische Verformungszone von 1050 bis herunter zu 850° C, in welcher es warmbrüchig ist. Um diese Warmbrüchigkeit zu verringern, wurde bei dem eigenen Weicheisen der Mangangehalt bei rd. 0,08% gehalten.

Durch K. F. LÜDEMANN vom Eisen-Forschungsinstitut wurde in Döhlen im Dezember 1950 die erste Charge des Weicheisens erschmolzen. In den letzten Jahren kamen in Hennigsdorf etwa 560 t zum Verwalzen. Dieses Weicheisen „M 2 Al" wurde deswegen erschmolzen, da von mir ein nicht gasendes Eisen zur Herstellung von Röntgenröhren und von Elektronenmikroskopen gefordert wurde und ich hierzu das Armco-Eisen angab, das auch der geforderten Bedingung entsprach. Neben der Rotbrüchigkeit hat das Armco-Eisen die weitere oben bereits erwähnte Eigenschaft, einer der alterungsanfälligsten Flußstähle zu sein. Wie aus Abb. 23 zu entnehmen ist, beträgt nach 10%igem Quetschen oder Recken und nach $^1/_2$stündigem Erwärmen auf 250° C seine Kerbschlagzähigkeit nur noch 0,70 mkg/cm². Durch Zusatz von Aluminium, und zwar bis zu einem Gehalt, dem ein Betrag von 0,27% im Stahl 2 entsprach, ist die Alterungsanfälligkeit etwas abgeschwächt, und bei dem üblichen Kaltverformen und Altern betrug die Kerbschlagzähigkeit noch 11,5% gegenüber nur 4,0% im Falle des üblichen Armco-Eisens. Zu bemerken ist, daß dessen Stickstoffgehalt aber nur 0,006% betrug, im Falle des Stahls 2 hingegen 0,026%. Bei diesem Stahl handelt es sich um eine Kleincharge aus dem Versuchs-Elektroofen des Eisen-Forschungsinstituts, und der hohe Stickstoffgehalt ist allgemein dem Elektrostahl eigen. Bei gleichem Gehalt an metallischem Aluminium von 0,29% ergab eine im basischen SM-Ofen durchgeführte Weicheisencharge, aber nur mit 0,005% N, nach Recken und Altern eine doppelt so hohe Rest-Kerbschlagzähigkeit wie Stahl 2 mit 0,026% N, entsprechend 6,2 mkg/cm² bzw. noch 23% der anfänglichen Kerbschlagzähigkeit.

Eine weitere Erhöhung des Gehaltes an met. Aluminium auf 1,13% erbrachte in der Elektroversuchsschmelze 4 mit 0,024% N ein völlig sprödes Weicheisen, dessen Alterungsanfälligkeit mit der üblichen Methode nicht mehr geprüft werden konnte. Wie aus Abb. 23 ersichtlich ist, liegt die Grenze der Gamma-Eisenabschnürung bei 1%, so daß der betreffende Stahl schon nicht mehr alpha-ferritisch, sondern delta-ferritisch, d. h. ohne Gammaeisen-Umwandlung war. Zur Kennzeichnung dieses Stahls 4 im Vergleich mit den drei vorhergehenden Stählen mußte zu einer anderen Prüfmethode geschritten werden, und zwar diente zur Prüfung der Alterungsanfälligkeit der *Zugversuch*, durchgeführt bei Raumtemperatur und bei um je 50° steigenden Zerreißtemperaturen bis 650° C. Aus Abb. 24, welche die Kurvencharakteristik eines alterungsanfälligen Stahls und eines alterungssicheren Stahls wiedergibt, wenn auch das Auftreten der Zacken bei den Zerreißkurven in dem Temperaturgebiet von 150 bis 300° C diese Bezeichnung für den betreffenden Stahl noch zweifelhaft erscheinen ließe, ist deutlich ersichtlich, daß der alterungsanfällige Stahl bei rd. 250° C einen Höchstwert der Festigkeit zeigt, der merklich höher ist als der Festigkeitswert bei Raumtemperatur, während bei dem alterungsbeständigen Stahl bei der angeführten Temperatur bzw. Temperaturabschnitt die Bruchfestigkeit

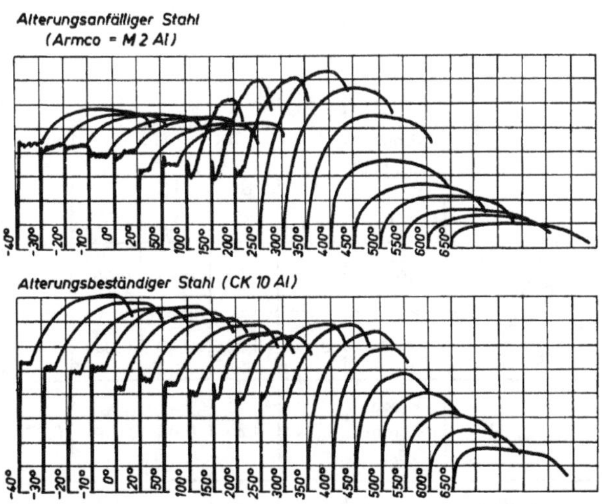

Abb. 24. Zerreißkurvencharakteristik eines alterungsanfälligen und eines alterungsbeständigen Stahls bei 20 bis 650° C

unter der bei Raumtemperatur liegt. Diese Art der Prüfung der Alterungsanfälligkeit ist bei uns nicht geläufig, sie wird aber vielfach in den Vereinigten Staaten von Amerika angewandt [46]. Begründet ist diese Art der Prüfung durch die 1919 von F. FETTWEIS [47] ausgesprochene Theorie der Wesensgleichheit von Alterung und Blaubrüchigkeit, die versuchsmäßig durch die 1925 erschienene Veröffentlichung von mir und R. MAILÄNDER [48]: „Zur Frage der Blausprödigkeit" belegt wurde.

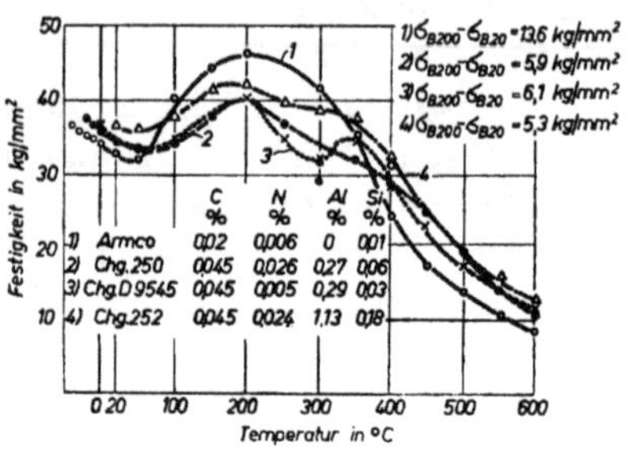

Abb. 25. Warmzerreißkurven von Weicheisen mit verschiedenen Al-Gehalten

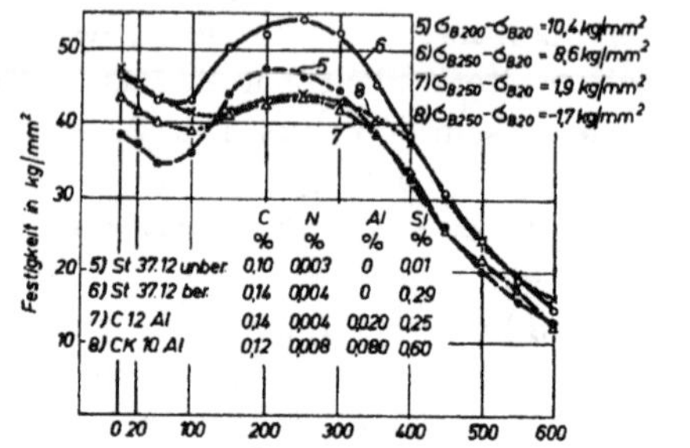

Abb. 26. Warmzerreißkurven von Stählen ohne und mit Al-Gehalten

Die Warmzerreißkurven der behandelten vier Weicheisen mit Al-Gehalten von 0 bis 1,13% zeigen in Abb. 25 deutlich den angeführten Buckel bei 200° C und es fällt der Unterschiedsbetrag von Zerreißfestigkeit bei 200° und Raumtemperatur von 13,6 kg/mm² auf 5,9 6,1 und 5,3 kg/mm² bei einem Al-Gehalt von 0,27 bis 1,13%. Aber selbst bei einem Gehalt an met. Aluminium von 0,29% wurde bei der im Betriebsumfang durchgeführten Schmelze D 9545 Alterungsbeständigkeit nicht erreicht.

Wie aus Abb. 26 zu ersehen ist, wird dies erst bei Stahl 8 erreicht bei gleichzeitigem Zusatz von Silizium und met. Aluminium. Bei einem Gehalt dieses Stahls von 0,60% Si und 0,09% met. Al ergibt sich der Unterschied zwischen Warmfestigkeit bei 250° C und Raumtemperatur zu — 1,7 kg/mm². Der Stahl 7 (C 12 Al) mit 0,25% Si und 0,020% met. Al

Abb. 27. Alterungsversuche von Stählen ohne und mit Al-Gehalten

Stahlmarke	Probenabmessungen mm	Analyse C %	Si %	Mn %	N %	Al %	Festigkeit bei 20° C kg/mm²	Kerbschlagzähigkeit Mittelwerte aus mindestens 3 Proben α_K ungealtert mkg/cm²	α_K gealtert mkg/cm²	Alterungsbeständigkeit % $\frac{\alpha_K \text{ gealtert}}{\alpha_K \text{ ungealtert}} \cdot 100$
5. St 37.12 unber.	70⌀	0,10	0,01	0,37	0,003	0	37,2	24,1	1,50	6,2
6. St 37.12 beruhigt	25⌀	0,14	0,29	0,50	0,004	0	45,4	19,0	7,6	40,0
7. C 12 Al	Blech 20 mm dick	0,14	0,25	0,52	0,004	0,020	41,5	22,0	15,9	72,3
8. CK 10 Al Chg. 166	50⌀	0,12	0,60	0,51	0,008	0,080	45,1	23,9	17,8	74,6

ergab hingegen einen noch positiven Festigkeitsunterschied von 1,9 kg/mm². Aus Abb. 27 läßt sich dann entnehmen, daß bei diesem Stahl nach Recken und Altern 72,3 % der anfänglichen Kerbschlagzähigkeit vorhanden sind. Stahl 8 mit einem Gehalt an Silizium von 0,60 % und an met. Aluminium von 0,080 % ergab nach Recken und Altern einen etwas höher liegenden Restbetrag der anfänglichen Kerbzähigkeit von 74,6 %.

In meinem Vortrag: „Fünf Jahre Eisen-Forschungsinstitut" zeigte ich, daß bei 0° C beide Stähle nach dem Altern noch dieselbe hohe Kerbschlagzähigkeit von 14,9 mkg/cm² haben, daß aber bei — 20° und insbesondere — 40° der Stahl mit 0,008 % gegenüber dem Stahl mit 0,004 % N nach dem Altern nur noch 30 bzw. 25 % von dessen Kerbschlagzähigkeit besitzt, wie dies auch aus Abb. 28 hervorgeht. Bei der praktischen Verwendung der Stähle ergibt also die Kerbschlagzähigkeit gegenüber dem Warmzerreißversuch zweifelsohne die bessere Beurteilungsmöglichkeit.

7) C12Al C = 0,14 %, Si = 0,25 %, Mn = 0,52 %, N = 0,004 %, Al = 0,020 %
8) CK10Al C = 0,12 %, Si = 0,60 %, Mn = 0,51 %, N = 0,008 %, Al = 0,080 %

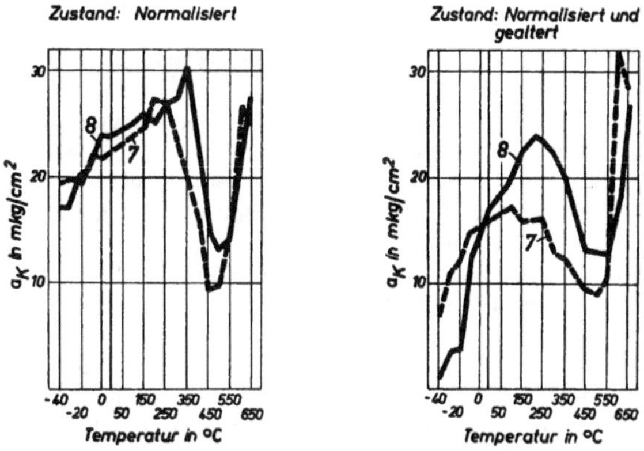

Abb. 28. Kerbschlagzähigkeit und Alterung

Schlußfolgerungen in bezug auf das Wesen der Alterung des Eisens

Auf Grund des festgestellten Einflusses des Siliziums und des Aluminiums gemeinsam gegenüber der nicht ausreichenden Einzelwirkung der beiden Stahlzusätze wäre die im Laufe der gemachten Ausführungen öfter angeführte „Überdesoxydation", also die Mitwirkung des Sauerstoffs, bei der Alterung *metallurgisch* in genügender Weise belegt worden. Es wurde aber auch die Feststellung gemacht, daß betrieblich nicht nur die metallurgische Seite bei der Alterungsbeständigkeit in Frage kommt, sondern auch ein ordnungsgemäß durchgeführtes Normalglühen. Darüber hinaus wurde gezeigt, daß bereits allein durch Abschrecken in Wasser selbst Thomasstahl alterungsbeständig zu machen ist. Dies scheint man mit der Mitwirkung des Sauerstoffs kaum in Einklang bringen zu können, denn wenn man selbst über Jahrzehnte in vielen praktischen Fällen unter dem Mikroskop das Verhalten von Oxyd- und Schlackeneinschlüssen verfolgte, so hält es schwer, sich zu der Auffassung zu bekennen, daß diese Einschlüsse bereits bei Temperaturen von rd. 950° C irgendwie in Lösung gehen sollten, bei welcher Temperatur ein alterungsanfälliger Stahl durch Abschrecken in Wasser zu einem nichtalterungsanfälligen Stahl wird.

Von seiten der Metallphysik werden als Grund der Alterung Ausscheidungen von Eisenkarbid und Eisennitrid angegeben. Es wurden im Laufe der Ausführungen eigene Versuchsergebnisse auf quantitativ chemischer Grundlage mitgeteilt, so daß die bisher angenommene Abbindung des Stickstoffs durch Aluminium bis zu einem durch das chemische Gleichgewicht bedingten Gehalt jetzt tatsächlich gegeben ist. Wie aber Silizium unmittelbar oder mittelbar auf die Verringerung einer Eisennitridlöslichkeit im Alpha-Eisen hinwirken soll bzw. Silizium und Aluminium auf eine solche des Eisenkarbids, bleibt eine offene Frage.

LITERATUR

[1] TAMMANN, G., Lehrbuch der Metallographie. 4. Aufl., Leipzig 1932, S. 119/29.

[2] CZOCHRALSKI, J., Moderne Metallkunde in Theorie und Praxis. Berlin 1924, S. 204.
Verlagerungshypothese und Röntgenforschung. Z. f. Metallkunde **15** (1923) S. 60/67 und 126/32.

[3a] POLANYI, M., Über eine Art Gitterstörung, die einen Kristall plastisch machen könnte. Z. f. Physik **89** (1934) S. 660/64.
Kristalldeformation und Verfestigung. Z. f. Metallkunde **17** (1925) S. 94/95.

[3b] TAYLOR, G. I., The Mechanism of Plastic Deformation of Crystals. Proc. roy. Soc. Ser. A. **145** (1934) S. 362/404.

[4] HOUWINK, R., Elastizität, Plastizität und Struktur der Materie. Verlag Theodor Steinkopff, Dresden u. Leipzig 1950, S. 117/18.

[5] KÖSTER, W., Einfluß der Zustandsänderungen unterhalb A_1 auf die Eigenschaften des technischen Eisens. Arch. Eisenhüttenw. **21** (1950) S. 305/14.

[6] MASING, G., Streckgrenze und Alterung bei weichem Stahl. Arch. Eisenhüttenw. **21** (1950) S. 315/25.

[7] COTRELL, A. H., Theory of Dislocations. Progress in Metal Physics **1**, London 1949, S. 77/126; desgl. **4** (1953) S. 205/64.

[8] WEPNER, W., Der gegenwärtige Stand der Forschung über die Alterung weicher Stähle. Arch. Eisenhüttenw. **26** (1955) S. 71/98.

[9] FAST, J. D., Le vieillissement du fer et de l'acier. Rev. de Métallurgie **47** (1950) S. 779/86.

[10] PFEIL, L. B., The Change in tensile Strength due to Ageing of cold-drawn Iron and Steel. Journal Iron Steel Inst. **118** (1928) S. 167/94. Auszug: Stahl u. Eisen **48** (1928) S. 1837/38.

[11] SCHMIDT, G., Über den Einfluß der im technischen Eisen enthaltenen Verunreinigungen, insbesondere des Sauerstoffs, auf den Verlauf der Kerbzähigkeits-Temperatur-Kurven normalisierten, kaltverformten und künstlich gealterten Materials, festgestellt an sehr reinen Eisenschmelzen. Arch. Eisenhüttenw. **8** (1934/35) S. 263/67.

[12] WEVER, F., FISCHER, W. A., u. ENGELBRECHT, H., Der Einfluß von Sauerstoff auf Gefüge und Alterung von reinem Eisen. Stahl u. Eisen **74** (1954) S. 1521/26.

[13] STROMEYER, C. E., The Ageing of Mild Steel. Journal Iron Steel Inst. **73** (1907) No. 1, S. 200/60. Auszug: Stahl u. Eisen **27** (1907) S. 849/51 und S. 1432/34.

[14] Gußstahlfabrik Essen, Alterungs- und laugenrißbeständige Izett-Stähle. Druckschrift Ve 4220 (Ausgabe April 1932) S. 15.

[15] HOUDREMONT, ED., u. WENTRUP, H., Erforschung und Bekämpfung der interkristallinen Korrosion des unlegierten Stahls. Stahl u. Eisen **60** (1940) S. 758/63 u. S. 791/801.

[16] BAUER, O., Beitrag zur Kenntnis des „Alterns" kaltgereckten Eisens. Mitt. aus d. Materialprüfamt Berlin **39** (1921) S. 251/54.

[17] STROMEYER, C. E., The Ageing of Mild Steel and the Influence of Nitrogen. Journal Iron Steel Inst. **79** (1909) No. 1, S. 404/20. Auszug: Stahl u. Eisen **29** (1909) S. 1491/93.

[18] KORNFELD, H., Beziehungen zwischen Alterungs-Kerbschlagzähigkeit und chemischer Zusammensetzung bei unberuhigten Stählen. Arch. Eisenhüttenw. **23** (1952) S. 345/52.

[19] SCHMITZ, A., Formel von C. E. Stromeyer zur Unterscheidung sprödbruchanfälliger und zäher Stähle. Stahl u. Eisen **74** (1954) S. 1741/42.

[20] KNÜPPEL, H., u. MAYER, K., Zusammenhang zwischen chemischer Zusammensetzung und Alterungs-Kerbschlagzähigkeit unberuhigter Stähle. Stahl u. Eisen **73** (1953) S. 401/10.

[21] FISCHER, W. A., u. ENDE, H. VOM, Sauerstoffgehalt von Weicheisenschmelzen und die Sauerstofflöslichkeit von festem Eisen. Arch. Eisenhüttenw. **21** (1950) S. 297/304.

[22] FISCHER, W. A., u. KOCH, W., Anomales Zementationsverhalten von Stahl. Arch. Eisenhüttenw. **21** (1950) S. 345/54.

[23] GROSSMANN, M. A., In Stahl gelöster Sauerstoff und sein Einfluß auf das Gefüge. Trans. Amer. Soc. Steel Treat. **16** (1929) S. 1/56. Auszug: Stahl u. Eisen **50** (1930) S. 207/08.

[24] ZIEGLER, R., Einfluß des Sauerstoffgehaltes auf Überhitzungsempfindlichkeit und Gefügeanomalität von Stahl. Stahl u. Eisen **61** (1941) S. 43/44.

[25] JANSEN, F., Die Bruchproben des Stahlwerkers. Arch. Eisenhüttenw. **1** (1927/28) S. 147/55.

[26] MAURER, ED., Stand der praktischen und wissenschaftlichen Erkenntnisse zur metallurgischen Qualitätsbeherrschung des Massenstahls. Die Technik **5** (1950) S. 499/514.

[27] BISCHOF, W., Beitrag zur Frage der Anlaßsprödigkeit. Arch. Eisenhüttenw. **8** (1934/35) S. 297.

[28] FRY, A., Verfahren zum Herstellen von alterungsbeständigem Eisen oder Stahl. DRP Nr. 545166, Kl. 18c, Gr. 10 vom 4. 4. 1926.

[29] FRY, A., Kraftwirkungsfiguren in Flußeisen, dargestellt durch ein neues Ätzverfahren. Stahl u. Eisen **41** (1921) S. 1093/97.

[30] MARTENS, A., Handbuch der Materialkunde für den Maschinenbau. Springer-Verlag, Berlin 1898, Teil I, Tafel 1, Bild 16.

[31a] NEUMANN, J. G., Über die kristallinische Struktur des Meteoreisens von Braunau. Naturwiss. Abh. v. W. Haidinger **3** (1849), Abh. 2, S. 95.

[31b] LÜDERS, W., Über die Äußerung der Elastizität an stahlartigen Eisenstäben und Stahlstäben und über eine beim Biegen solcher Stäbe beobachtete Molekularbewegung. Dinglers polyt. Journal **155** (1860) S. 18/22.

[32] BIHLMAIER, C., Das Verhältnis der Kerbschlagzähigkeit bei Verwendung verschiedener Probenformen. Arch. Eisenhüttenw. **20** (1949) S. 31/35.

[33] CHARPY, G., Sur la fragilité produite dans les fers et aciers par la déformation à différentes températures. Comptes rendus **158** (1914) S. 311/14. Auszug: Stahl u. Eisen **34** (1914) S. 844.

[34] GOERENS, P., Die Kesselbaustoffe. Z VDI **68** (1924) S. 41/47.

[35] FRY, A., Herstellung von Gegenständen, die Alterungssicherheit erfordern aus kohlenstoffarmem Eisen oder Stahl. DRP 575001, Kl 18c, Gr. 850 vom 8. Juli 1926.

[36] GILDE, W., u. BENSER, E., Einige Versuche zur Frage der mechanischen Alterung. Metallurgie und Gießereitechnik **2** (1952) S. 419/22.

[37] KÜNTSCHER, W., KILGER, H., u. BIEGLER, H., Technische Baustähle. Verlag Wilhelm Knapp, Halle/Saale. 2. Aufl., 1953, S. 369.

[38] POMP, A., u. KLEIN, O., Über die Alterung von Feinblechen aus Flußstahl. Mitt. K. W. J. für Eisenforschung **15** (1933) S. 221.

[39] HAUTTMANN, H., Mit Silizium und Aluminium beruhigter härterer Thomas-Baustahl. Stahl u. Eisen **61** (1941) S. 129/36 u. S. 164/70.

[40] BEEGHLY, H. F., Determination of Aluminum-Nitride/Nitrogen in Steel. Analytical Chemistry **21** (1949) S. 1513/19. Auszug: Stahl u. Eisen **71** (1951) S. 254.

[41] HILTY, D. C., u. CRAFTS, W., The Solubility of Oxygen in Liquid Iron Containing Aluminum. Journ. of Metals, Trans. AIME, **188** (1950) S. 414/24.

[42] WENTRUP, H., u. HIEBER, G., Umsetzungen zwischen Aluminium und Sauerstoff in Eisenschmelzen. Arch. Eisenhüttenw. **13** (1939) S. 15/20.

[43] GELLER, W., u. DICKE, K., Über die Gleichgewichte der Desoxydation von flüssigem Stahl mit Aluminium sowie Aluminium und Silizium gemeinsam. Arch. Eisenhüttenw. **16** (1943) S. 431/36.

[44] GOKCEN, N. A., u. CHIPMAN, J., Aluminum-Oxygen Equilibrium in Liquid Iron. J. Metals, Trans. **5** (1953) S. 173/78.

[45] BARDENHEUER, P., u. FISCHER, W. A., Verschlacken von Titan aus Stahlschmelzen im sauren u. basischen Hochfrequenzofen unter verschiedenen Schlacken. Arch. Eisenhüttenw. **25** (1954) S. 515/21.

[46] EPSTEIN, S., u. FRAME, J. W., New Vanadium Steel for Deep Drawing Sheets. Iron Age **166** (1950), S. 158/63. Auszug: Stahl u. Eisen **71** (1951) S. 627/28, vgl. auch Stahl u. Eisen **54** (1934) S. 1112/13.

[47] FETTWEIS, F., Über die Blaubrüchigkeit und das Altern des Eisens. Stahl u. Eisen **39** (1919) S. 1/7 u. S. 34/41.

[48] MAURER, ED., u. MAILÄNDER, R., Zur Frage der Blausprödigkeit. Stahl u. Eisen **45** (1925) S. 409/23.

www.ingramcontent.com/pod-product-compliance
Lightning Source LLC
LaVergne TN
LVHW081348011026
849161LV00013BB/3030